风电场电力监控系统
安全防护技术与应用

主 编 唐 坚

哈尔滨工业大学出版社
HARBIN INSTITUTE OF TECHNOLOGY PRESS

内 容 简 介

本书以问题为导向,融合电力监控系统"安全分区、网络专用、横向隔离、纵向认证"的十六字防护方针与新时期等级保护 2.0 的新标准要求,提出构建基于物理基础设施防护、通信网络与区域边界防护、网络设备和安全设备防护等多个维度的安全防护技术体系,与基于全生命周期的风电场网络安全防护管理体系,从而建立起适用于风电场电力监控系统的综合防御体系,相关成果应用于实践,成效显著。

本书内容源于长期的风电场工控网络安防建设与实践,可作为风电领域网络安防体系建设、风电场现场网络安全运维的参考书和培训资料。

图书在版编目(CIP)数据

风电场电力监控系统网络安全防护技术与应用/唐坚主编. —哈尔滨:哈尔滨工业大学出版社,2023.9
ISBN 978 - 7 - 5767 - 0360 - 3

Ⅰ.①风… Ⅱ.①唐… Ⅲ.①风力发电 – 电力监控系统 – 网络安全 – 安全防护 – 研究 Ⅳ.①TM614

中国版本图书馆 CIP 数据核字(2022)第 147989 号

策划编辑 李艳文 范业婷
责任编辑 李长波 惠 晗
出版发行 哈尔滨工业大学出版社
社 址 哈尔滨市南岗区复华四道街 10 号 邮编150006
传 真 0451 - 86414749
网 址 http://hitpress.hit.edu.cn
印 刷 哈尔滨市石桥印务有限公司
开 本 787 毫米 × 1092 毫米 1/16 印张 16.25 字数 366 千字
版 次 2023 年 9 月第 1 版 2023 年 9 月第 1 次印刷
书 号 ISBN 978 - 7 - 5767 - 0360 - 3
定 价 88.00 元

《风电场电力监控系统安全防护技术与应用》编写组

主　　编　　唐　坚

副 主 编　　朱志成　邓　欢　孟凯锋

编审人员　　王其乐　王寅生　王　栋　孟　元　张国珍

　　　　　　胡　鹏　斛晋璇　吴佳琪　黎　皓　丛静怡

　　　　　　杨白桦　杨佛涛　丁中旭　周　扬　孔祥启

　　　　　　孙俊杰　韦开源　尹振宇　高小钧

前　言

随着"30·60"碳达峰、碳中和目标的提出,我国风电行业将迎来又一波发展的黄金时期,未来5～10年内将有大量的风电场新建与并网,以风电、光伏为代表的新能源装机量占全国电力总装机的比例将超过50%。在此能源清洁化之际,风电行业将在信息技术的推动下,进一步加速从相对封闭、孤立的状态走向开放、协作、联动的智慧能源网。然而,与此同时,巴西电力公司 Light S. A. 被黑客组织入侵与勒索(2020)、美国最大燃油管道公司 Colonial Pipeline 因网络攻击而瘫痪(2021)等事件的频繁发生,也引发了全社会对电力等工控系统安全的普遍焦虑与关注。

风电场电力监控系统是由风机监视 SCADA、风功率 WPPS 等多个子系统共同构成的有机整体,其主要作用是监控风电场各子系统内装置的运行状态,并接受电网调度侧通信指令与调控,以对相关设备进行遥控、遥测与遥调,确保电力发、变、输等环节正常运转,并向电网输送稳定的电能。然而,受业内"重功能实现,轻安全防护"等固有思想影响,风电场电力监控系统普遍存在 IP 规划不合理、病毒查杀有死角等诸多隐患,易遭受非法入侵与攻击。一旦有关环节遭受损害,会导致风电场电力监控系统性能下降、可用性降低、关键数据被篡改等问题,严重时甚至会引发电网系统震荡,造成不可估量的损失。因此,加强风电场电力监控系统的安全防护,对于风电场及区域电网的安全稳定运行至关重要。

为了根据风电场电力监控特点有针对性地开展风电场安全防护策略制订、安防技术实施与安防设备部署及安防人员管控,中能电力科技开发有限公司基于近30年电力行业的专业技术积累,依托所属集团公司的平台优势,组织风电工控网络安防领域的专家与业务骨干赴全国数百余个风电场开展实地调研并进行一手资料的收集,理清风电场电力监控系统安全防护现状与需求,开展风电场电力监控系统网络安全防护关键技术研究与应用实践。

本书以问题为导向,融合电力监控系统"安全分区、网络专用、横向隔离、纵向认证"的十六字防护方针与新时期等级保护2.0的新标准要求,提出构建基于物理基础设施防护、通信网络与区域边界防护、网络设备和安全设备防护等多个维度的安全防护技术体系,与基于全生命周期的风电场网络安全防护管理体系,从而建立起适用于风电场电力监控系统的综合防御体系,相关成果应用于现场实践,成效显著。本书内容可作为风电场、风电集控中心电力监控系统安防体系建设、安全运维的参考书和培训资料。

本书共6章,由龙源电力集团股份有限公司、中能电力科技开发有限公司风电工控网络安全领域资深团队成员共同编写。本书在编写过程中得到了龙源电力各区域省公司、技术合作与支持单位等的大力支持,同时各位编辑也付出了很多心血,使本书能够尽快出版。在此,对各单位和朋友给予的帮助和指导以及付出的艰辛劳动表示诚挚的感谢与深深的敬意!

本书在编写过程中参阅了大量的资料文献与技术规范,力求覆盖风电场电力监控安全防护的各个方面,但由于编者水平所限、编写篇幅与时间关系,疏漏与不足在所难免,敬请广大读者朋友批评指正。

本书编写组

2023 年 9 月

目　　录

## 第 1 章

风电场工控系统网络安全防护概论

风电场工控系统是指风力发电场内各种自动化控制组件和过程组件组成的业务流程管控系统,用于收集和监控风电场电力监控系统的实时数据,以确保电力监控系统的自动化运行、过程控制和实时监控。随着"工业互联网"和"互联网＋"的发展,以风力发电为代表的新能源电力工控系统从早期的相对封闭和孤立,大步地迈向开放和智能,已经逐步形成了智慧互联的新能源工控网络。随着越来越多风电场的新建与并网,风电新能源行业电力系统自动化程度日趋复杂、电力信息网络交互越发频繁,整个行业对信息网络的依赖越发强烈。然而新能源电力工控系统网络节点地理位置分散且数量众多、接入环境复杂且方式多样,易遭受非法入侵与攻击。并网风电场工控系统的故障或问题,可能会造成系统震荡,影响电力系统的稳定运行,严重时甚至会导致区域性大面积性停电事故,造成不可估量的损失。因此,加强并网风电场电力工控系统的安全防护,对于新能源行业电力系统及区域电网的安全稳定运行至关重要。

1.1 工控网络安全威胁态势与重大安全事件盘点

▶▶ 1.1.1 工控网络安全态势 ▶▶ ▶

1. 境外敌对威胁与攻击持续加剧

2021年,国家工业信息安全发展中心完成全国工业控制系统威胁诱捕网络部署工程,全年共捕获来自境外100多个国家和地区对我国境内工业控制系统实施的多达600多万次的网络扫描探测、信息读取等恶意攻击行为。境外网络攻击主要瞄准我国境内使用EtherNet/IP协议的设备。从协议类型来看,针对EtherNet/IP、IEC104、S7comm等工控协议发起的攻击次数位列前三,其中对EtherNet/IP的攻击占比最高,达37%。从攻击协议分析,S7comm、Modbus两种主流通用协议遭受攻击次数最多,DNP3、IEC104等专属协议遭受攻击次数相对较少。

2. 低防护联网工控设备激增

2020年12月最新监测数据显示,我国有超过500万的互联网设备网络安全防护能力薄弱,极易遭受网络攻击,其中可编程逻辑控制器(Programmable Logic Controller,

PLC)、数据传输单元(Data Transfer Unit,DTU)、数据采集与监控系统(Supervisory Control and Data Acquisition,SCADA)等工业控制系统专用设备超过 2.5 万个。工业控制系统的低防护联网设备中,电力系统占比最高,主要集中为电能采集主站、Modbus 协议设备、DTU 数据采集终端,分别占比 31.6%、20.52%、20.03%,其中 Modbus 设备涉及施耐德、和利时、罗克韦尔等国内外主流厂商。由于 Modbus 协议自身安全性不足、加密手段缺失、授权认证不足等固有问题,此类设备联网存在较大安全隐患。

3. 低门槛高风险工控隐患层出不穷

2021 年,国家工业信息安全发展中心抽样研判全国范围内风险案例 931 个,涉及制造、能源、交通等重点行业。抽样结果表明,工业信息安全风险主要集中在智能制造、能源、交通等关键行业,其中制造业 25%、能源 19%、交通 11%。从风险分类来看,安全风险表现出低门槛高风险特征,其中风险数量占比前 5 的分别是弱口令 48%、未授权访问 14%、SQL 注入 12%、目录遍历 7%、敏感信息泄露 5%。这些漏洞的利用门槛低、影响范围广,存在较大安全隐患,受影响设备多为 SCADA、串口服务器等。

▶▶ 1.1.2　十大工控网络安全事件盘点　▶▶ ▶

1. 2000 年澳大利亚马卢奇污水处理厂非法入侵事件

2000 年 3 月,澳大利亚昆士兰的马卢奇污水处理厂前工程师 Vitek Boden 因不满工作续约被拒而蓄意报复该污水处理厂,Vitek Boden 通过一台手提电脑和一个专用的无线发射器控制了该厂 150 多个污水泵站,导致该厂无线连接信号丢失,污水泵无法正常工作。前后历时三个多月,该厂总计有超过 100 万升的污水未经处理直接经雨水渠排入自然水系,对当地自然环境造成极大破坏。

2. 2006 年美国 Browns Ferry 核电站受到网络攻击事件

2006 年 8 月,位于美国亚拉巴马州的 Browns Ferry 核电站的 3 号发电机组核反应堆再循环泵和冷凝除矿控制器工作失灵,导致该机组无法正常工作而被迫关闭。后经调查发现,该核电站的 3 号机组反应堆遭受了网络攻击,造成当天核电站局域网中出现了信息洪泛,用于冷凝除矿的可编程逻辑控制器(PLC)和可以调节再循环泵马达速度的变频器(Variable - Frequency Drive,VFD)由于无法及时处理洪泛数据,致使这两台设备瘫痪。

3. 2010 年震网(Stuxnet)病毒席卷全球

2010 年 10 月,一款名为 Worm. Win32. Stuxnet 的蠕虫病毒席卷全球工业界,短时间内全球被该病毒感染的网络就超过 45 000 个,该计算机病毒的出现严重威胁了全球众多企业工业控制系统的正常运行,Stuxnet 病毒被多国安全专家形容为全球首个“超级工厂病毒”,目前为止,该病毒感染了伊朗、印尼、美国等地众多企业网络,造成了难以估量的经济损失。

4. 2014 年德国钢铁厂遭受 APT 攻击

德国一家钢铁厂在 2014 年 2 月遭受了高级持续性威胁(Advanced Persistent Threat,

APT)网络攻击,对该厂工业控制系统造成了重大损坏。据德国政府相关部门公布消息称,此次攻击导致该厂工业控制系统的整个生产线和控制组件被迫停止运转,使得炼钢炉非正常关闭,给该钢铁厂造成了巨大的经济损失。

5. 2015 年乌克兰电力系统被恶意软件攻击导致大规模停电

乌克兰电力系统在 2015 年 12 月 23 日遭受网络攻击,当时至少有三个区域的电力系统被破坏性极高的恶意软件攻击,导致该国大面积停电,其中伊万诺－弗兰科夫斯克地区停电持续数小时之久,造成该地区超过一半家庭(约 140 万人)遭遇停电困扰,给当地民众的日常生活带来极大影响。

6. 委内瑞拉国家电网遭受网络攻击导致全国大面积停电

委内瑞拉国家电网在 2020 年 5 月 5 日遭到网络攻击,涉及委内瑞拉国家电网 765 条电网干线,导致该国除首都外,其余各州府均发生停电事故。个别地区停电时间甚至超过 6 h,导致民众交通生活等受到极大影响。

7. 2021 年美国最大输油管道系统遭遇勒索软件攻击暂停运营

2021 年 5 月 8 日,美国最大的输油管道商 Colonial Pipeline 遭遇勒索软件攻击暂停运营。该攻击切断了半个美国的燃油管道运输,美国东海岸 17 个州进入"紧急状态",多州宣布紧急放宽道路运输燃油的限制。

1.2 风电场工控系统安防特点与风险分析

1.2.1 风电场工控系统特点

1. 结构与通信特点

一个完整风电场工控系统通常由现场控制网络与执行终端层、控制与监控网络层以及企业网络层组成(图 1.1)。现场控制网络与执行终端层位于工业控制系统的最底层,该层不仅包括 PLC 等控制器,同时也包括传感器、执行器等输入/输出设备,是生产环节的直接控制层;控制与监控网络层是连接现场层和企业网络的中间层级,通常包括工业上位机、采集和记录现场数据的服务器等,其主要功能是向上上报现场层各种设备的状态信息、向下传达层控制指令;企业网络层主要包括值班管理系统、邮件管理服务器、Web 服务器等,因而其具备生产企业所需的信息网络功能。

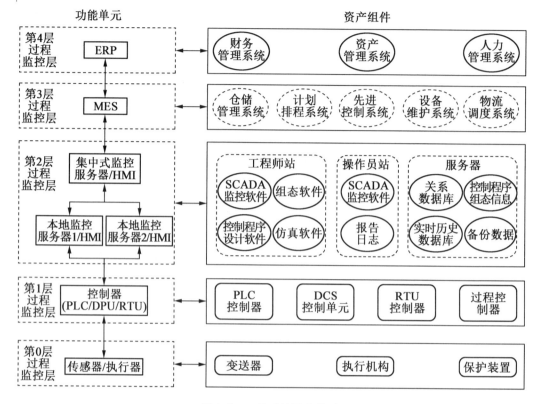

图 1.1　工控系统层次模型

2. 工作环境与运行状态特点

相对于一般的信息系统,风电场工控系统作为电力基础设施的重要组成部分,其工作环境与运行状态有其自身特点,具体表现在以下 6 个方面:

(1)实时性要求高,强调实时 I/O 能力,可达秒级、毫秒级。

(2)可用性要求高(如图 1.2 所示,优先级别从大到小排列为:可用性、完整性、保密性),系统一旦上线,不能接受重新启动之类的响应,中断必须有计划和提前预订时间。

(3)工控硬件要求寿命长,防爆、防尘、防潮、防电磁干扰等要求非常严格。

(4)特有的工控通信协议,不同厂商生产的工业控制设备采用不同的通信协议,很多协议为厂商开发的私有协议,不对外公开。

(5)工控系统上线生产后,一般不会调整。

(6)工控系统对封闭性的要求比较强。

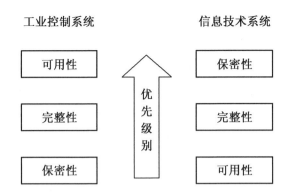

图 1.2 风电场工控系统与信息技术系统安全三要素优先序列

▶▶ **1.2.2 风险分析** ▶▶ ▶

风电场工控系统安全防护面临的风险总体可以分为外部风险、内部风险和行为风险3 类(表 1.1)。

表 1.1 风电场工控系统安全防护面临的风险

	风险	说明
外部风险	网络边界防护缺失	边界处未部署防护设备或防护设备策略配置不合理
	数据窃取与篡改	数据明文传输,使得恶意攻击者能够窃取和篡改数据
	病毒防范体系不完善	病毒特征库长期不更新
内部风险	设备安防策略配置不合理	网络设备及安全设备相关安全策略参数设置不合理,存在安全隐患
	不安全服务和端口的开放	开启了 telnet、ftp 等服务和 135、445 等端口
	数据库、网络设备等存在漏洞	数据库、网络设备未定期升级更新,存在风险
	易受攻击操作系统的使用	Windows 操作系统易受到病毒、木马的攻击
	有毒终端的接入	调试终端"带病上岗"
行为风险	设备维护管理不善	不同的维护人员使用相同的账号和口令
	非法使用 USB 存储介质	未经审批,非法使用 USB 存储介质
	远程维护不当	远程不当操作导致设备误动
	审计功能缺失	未对登录与操作过程进行审计

1. 外部风险

风电场工控系统安全防护面临的外部风险主要体现在以下 3 个方面:

(1)网络边界防护缺失。网络结构划分不合理、区域边界无安全防护或现有安全防护措施不到位,使得风电场工控系统易遭受来自互联网的网络攻击。

（2）数据窃取与篡改。数据远程传输时未对数据进行加密，或者虽然部署了加密设备，但加密设备未配置加密策略，使得数据依旧在网络中以明文形式传输，攻击者能够轻而易举地篡改或窃取数据并发起恶意攻击。

（3）病毒防范体系不完善。风电场建设之初往往会在工控系统中的主机上安装单机版杀毒软件进行病毒查杀和防御，但因风电场工控系统与互联网物理隔离，主机上安装的单机版杀毒软件病毒特征库长期得不到更新，而且一旦通过连接互联网更新主机上的杀毒软件病毒特征库则会将风电场整个工控系统暴露于互联网之上，可能导致更危险的情况发生。

2. 内部风险

风电场工控系统安全防护面临的内部风险主要表现在以下5个方面：

（1）设备安防策略配置不合理。网络设备和安全设备的安全防护策略配置不合理、未配置安全防护策略、安全防护范围未进行细化、未设置安全的用户身份验证方式、用户账户权限划分不合理等问题均可能对风电场工控系统造成安全隐患。

（2）不安全服务和端口的开放。开启了 telnet、ftp 等服务和135、445 等端口，导致系统面临暴力破解、SQL 注入、病毒木马感染等安全风险。常见的不安全服务和端口见表1.2。

（3）数据库、网络设备等存在漏洞。自系统投用后，数据库、网络设备没有进行升级或固件版本更新，随着时间的推移，大量的高危漏洞逐渐暴露给攻击者，极易被黑客利用或感染病毒，导致工控系统瘫痪、设备损坏或重要数据被窃取、篡改。

（4）易受攻击操作系统的使用。与类 Unix 系统相比，Windows 系统因用户配置不当、默认配置或长期不进行补丁程序安装，导致其安全性降低，更容易遭受病毒、木马攻击。

（5）有毒终端的接入。设备调试人员所使用的终端设备未经检测杀毒，"带病上岗"，感染控制网络。

表1.2　常见的不安全服务和端口

序号	服务器	端口号	可能影响的业务	防护建议
1	ftp	21	ftp 文件传输	关闭
2	telnet	23	telnet 登录	关闭
3	SMTP	25	邮件服务	关闭
4	DNS	53	域名服务	关闭
5	Finger	79	finger 服务	关闭
6	POOP3	110	邮件服务	关闭
7	RPC	111	OPC 通信等	关闭或设置策略
8		135	—	—
9	NetBIOS	137	文件和打印共享	关闭
10	Samba	137、138、139、445	samba	关闭

续表1.2

序号	服务器	端口号	可能影响的业务	防护建议
11	IMAP	143	邮件服务	关闭
12	SMB	445	IPC	关闭
13	SQLServer	1433	数据库服务	修改默认端口号
14	Oracle	1521	数据库服务	修改默认端口号
15	mstsc	3389	远程桌面	关闭

3. 行为风险

风电场工控系统安全防护面临的行为风险主要表现在以下4个方面：

（1）设备维护管理不善。缺少严格的访问控制措施，设备往往只有一个超级管理员账户或管理员账户，所有维护人员均使用该账户进行日常操作，缺少对账户的权限管控和操作行为审计，导致因违规操作造成系统故障后无法进行溯源追责。

（2）非法使用USB存储介质。维护人员常因网络安全意识淡薄，非法使用USB存储设备拷贝主机文件造成主机感染病毒，一旦一台机器中病毒，极短时间内病毒程序便可通过网络感染工控系统中其他主机，导致整个网络瘫痪。

（3）远程维护不当。远程维护操作不当导致误操作或网络非法外联。

（4）审计功能缺失。没有对用户登录及其操作进行审计记录，出现问题时难以追责。

 1.3 风电场工控系统网络安防相关政策与标准

▶▶ **1.3.1 法律与政策历史沿革** ▶▶ ▶

1. 网络安全法律体系架构

随着网络信息技术在各行各业的快速发展和应用，我国网络空间安全形势日趋复杂严峻，虽然网络世界是虚拟空间，但也并非"法外之地"，网络空间应当建立在法治基础之上，网络空间法治化是国家网络安全的重要保障。建立健全网络安全法律法规是保障网络空间安全、健康与洁净必不可少的工作。网络安全法律是一个国家法律体系的重要组成部分，是由保障网络安全的法律、行政法规和部门规章等多层次规范相互配合形成的法律体系。网络法律体系既要体现国家治理网络空间的意志，又要保证网络法与其他法律部门相协调，还要具有特定的功能和作用，维护国家法律体系的完整和统一，以保证我国网络安全相关法律整体功能的发挥（图1.3）。

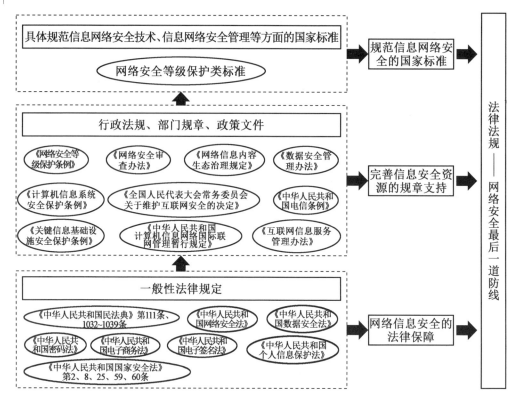

图1.3　网络安全法律体系架构

2. 网络安全法律政策体系发展历史

自1994年中国全网络接入国际互联网以来,我国对网络空间治理和网络立法的认识开始进入一个循序渐进的过程。相关网络安全法律体系发展整体经历了起步、发展、提速和完善4个阶段(图1.4)。

(1)1994—2000年的起步阶段。

在起步阶段,我们对互联网的认识并不全面,当时只将其作为新兴的技术工具看待,《中华人民共和国计算机信息网络国际联网管理暂行规定》和《中华人民共和国计算机信息系统安全保护条例》等规定均将互联网作为新兴的技术对待,在宏观上对计算机信息系统及互联网的安全性也进行了一些规范,但并未深入内部细节及各行业实际情况。

①《中华人民共和国计算机信息系统安全保护条例》(国务院令第147号)。

1994年2月中华人民共和国国务院令第147号发布了《中华人民共和国计算机信息系统安全保护条例》,到了2011年,又根据《国务院关于废止和修改部分行政法规的决定》对其进行了修订。该条例共五章三十一条,是为了促进我国计算机的应用和发展,保护我国计算机信息系统的安全,保障我国社会主义现代化建设的顺利完成而制定的法律法规。

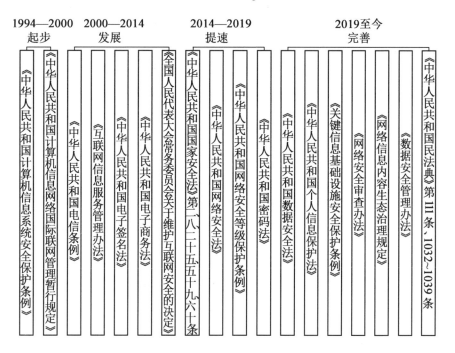

图 1.4 网络安全法律体系发展历程

②《中华人民共和国计算机信息网络国际联网管理暂行规定》（国务院令第 195 号）。

1996 年 2 月中华人民共和国国务院令第 195 号发布《中华人民共和国计算机信息网络国际联网管理暂行规定》，到了 1997 年，又根据 1997 年的《国务院关于修改〈中华人民共和国计算机信息网络国际联网管理暂行规定〉的决定》修正。该规定共十七条，是为了保障国际计算机信息交流的健康发展，加强对我国计算机信息网络国际联网的管理而制定的法律法规。

（2）2000—2014 年的发展阶段。

在发展阶段，我国政府和人民逐渐认识到互联网强大的商业机会和社会价值，《互联网信息服务管理办法》和《中华人民共和国电信条例》等相关规定相继颁布，我国各政府部门开始重视参与网络信息治理，同时出台了《中华人民共和国电子商务法》和《中华人民共和国电子签名法》，这两部法律的出台极大地推动了我国电子商务的发展，《全国人民代表大会常务委员会关于维护互联网安全的决定》则强调了网络安全。随着互联网应用的深入普及，网络已经从虚拟空间变成了现实社会不可或缺的重要组成部分，也开启了我国互联网全面社会化的新阶段。

①《中华人民共和国电信条例》（国务院令第 291 号）。

2000 年 9 月中华人民共和国国务院令第 291 号发布《中华人民共和国电信条例》，该条例根据 2014 年 7 月发布的《国务院关于修改部分行政法规的决定》进行了第一次修订，根据 2016 年发布的《国务院关于修改部分行政法规的决定》进行了第二次修订。条例共七章八十条，是为了维护电信用户和电信业务经营者的合法权益，规范电信市场秩序,促进电信业的健康发展,保障电信网络和信息的安全而制定的条例。

②《互联网信息服务管理办法》(国务院令第 292 号)。

2000 年 9 月由中华人民共和国国务院令第 292 号发布《互联网信息服务管理办法》,该办法根据 2011 年 1 月 8 日《国务院关于废止和修改部分行政法规的决定》进行了修订。办法 共二十七条,是为了促进我国互联网信息服务健康有序发展,规范我国互联网信息服务活动而制定的管理办法。

③《全国人民代表大会常务委员会关于维护互联网安全的决定》。

2000 年 12 月第九届全国人民代表大会常务委员会第十九次会议通过了《全国人民代表大会常务委员会关于维护互联网安全的决定》。决定共七个大项,是为了兴利除弊,维护国家安全和社会公共利益,促进我国互联网的健康发展,保护个人、法人和其他组织的合法权益而做出的。

④《中华人民共和国电子签名法》(主席令第 18 号)。

2004 年 8 月中华人民共和国第十届全国人民代表大会常务委员会第十一次会议通过了《中华人民共和国电子签名法》,规定了自 2005 年 4 月 1 日起正式实施,该法律当前版本为 2019 年 4 月第十三届全国人民代表大会常务委员会第十次会议修正版本。该法律共五章三十六条,是为了确立电子签名的法律效力、维护相关各方的合法权益而制定的法律。

⑤《中华人民共和国电子商务法》。

2004 年 8 月中华人民共和国第十届全国人民代表大会常务委员会于 2013 年 12 月正式启动了《中华人民共和国电子商务法》的立法进程。2018 年 8 月,十三届全国人大常委会第五次会议表决通过《中华人民共和国电子商务法》,并规定了该法律自 2019 年 1 月 1 日起正式实施。《中华人民共和国电子商务法》是我国政府调整个人和企业以数据电文为交易手段,通过信息网络所产生,因交易形式所引起的各种商事交易关系,以及与这种商事交易关系密切相关的政府管理及社会关系的法律规范的总称。

(3)2014—2019 的提速阶段。

在提速阶段,我国网络安全法律体系建设迅速发展,网络安全被提升至国家安全高度,受到国家政府的高度重视。中央网络安全和信息化领导小组于 2014 年 2 月 27 日成立,我国开始朝着统筹协调和全面依法治网的方向发展。中央网络安全和信息化领导小组在第一次会议上便提出要抓紧制定网络安全立法规划,全面落实完善我国的互联网信息内容管理和关键信息基础设施保护等法律法规。同年 10 月全国第十八届四中全会通过了《中共中央关于全面推进依法治国若干重大问题的决定》,该决定提出要尽快加强我国互联网领域相关立法工作,完善网络信息服务、网络社会管理、网络安全保护等方面的法律法规,依法规范各种网络行为。2016 年我国正式颁布《中华人民共和国网络安全法》以及处于征求意见阶段的《中华人民共和国密码法》和《中华人民共和国网络安全等级保护条例》等,该阶段的一系列最新立法实践均表明,我国网络安全立法工作正处于提速阶段,而且已经取得了极为显著的成效。

①《中华人民共和国国家安全法》。

2015 年 7 月 1 日,国家主席习近平签署第 29 号主席令公布《中华人民共和国国家安全法》,该法律共七章八十四条,对国土安全、政治安全、文化安全、科技安全、军事安全等共 11 个领域的国家安全任务进行了明确的规定,并规定该法律自发布之日起立即生效正式实施。

《中华人民共和国国家安全法》把保障我国国家安全的制度设计作为重点突破方向,其中涉及网络安全审查方面的相关规定内容备受关注。网络安全审查制度承接于《中华人民共和国国家安全法》,是网络法律法规体系的重要组成部分。《中华人民共和国国家安全法》为网络安全审查制度指明了方向,明确了安全与发展的关系,确定了"风险控制"的目标和思路。

《中华人民共和国国家安全法》中的第二条间接明确了网络安全审查的范围,第二十五条明确了网络安全审查"安全可控"的目标和"风险控制"的具体思路。以此为基础,《国家安全法》第五十九条最终确立了针对网络信息技术产品和相关服务的国家网络安全审查制度,并在第六十条中规定中央国家机关各部门依照行政法规和法律行使国家安全审查职责,依法做出国家安全审查决定或者提出安全审查意见,由此提出并建立了完整的国家网络安全审查制度框架,为推动我国网络安全相关法律法规的建设奠定了坚实基础。

②《中华人民共和国网络安全法》。

2016 年 11 月中华人民共和国第十二届全国人民代表大会常务委员会第二十四次会议通过了《中华人民共和国网络安全法》,规定该法律自 2017 年 6 月 1 日起施行。该法律共七章七十九条,是为了维护国家安全、网络空间主权、保障网络安全和社会公共利益,保护我国法人、公民和其他组织的合法权益,促进我国社会信息化健康有序发展而制定的法律法规。该法律的制定,具有极其重要的意义,是维护我国网络空间安全和主权的强大武器。

《中华人民共和国网络安全法》明确了我国网络空间安全主权的原则,明确了网络运营者的网络安全义务,明确了网络服务提供者的网络安全义务,建立健全了关键信息基础设施网络安全保护制度,完善了个人信息网络安全保护规则,确立了关键信息基础设施重要数据跨境传输的网络安全规则,该法律是我国网络空间安全法治建设的重要里程碑,是化解网络安全风险、依法治网的重要法律武器,是让我国互联网在法治轨道上健康运行的基础。未来,我国网络空间安全将有法可依,网络空间在法律的框架下将营造出更加健康、美好和谐的环境。

③《中华人民共和国网络安全等级保护条例》。

中华人民共和国公安部于 2018 年 6 月 27 日在其官网发布了《中华人民共和国网络安全等级保护条例(征求意见稿)》,开始了为期一个月的意见征求。该条例是《中华人民共和国网络安全法》的重要延伸,值得大家高度关注。该条例的颁布是为加强我国网络安全等级保护工作,提高我国网络安全防范能力和水平,维护国家网络空间主权和社会公共利益、国家安全,保护法人公民和其他组织的合法权益,促进社会信息化健康有序发展,该条例依据《中华人民共和国保守国家秘密法》和《中华人民共和国网络安全法》等法律而制定的。

④《中华人民共和国密码法》。

2019年10月中华人民共和国第十三届全国人民代表大会常务委员会第十四次会议通过了《中华人民共和国密码法》,并规定自2020年1月1日起施行。该法律是中国密码领域的基础性、综合性法律。《中华人民共和国密码法》的制定是为了促进密码事业发展,规范密码应用和管理,维护国家安全和社会公共利益,保护我国法人、公民和其他组织的合法权益。

(4)2019年至今的完善阶段。

在完善阶段,我国网络空间安全法律体系建设趋于成熟,近年来随着国内外各类网络安全事件频发,在这一阶段我国陆续出台了许多专项法律,规范了网络安全工作中包括数据安全、等级保护、信息内容生态、个人信息保护等多个网络安全领域的细节问题,主要法律法规包括:《中华人民共和国数据安全法》、《关键信息基础设施安全保护条例》、《中华人民共和国个人信息保护法》和《网络信息内容生态治理规定》等相关法律法规,将我国网络安全建设工作提升到新的高度,在此期间各项法律法规的修订工作频繁开展,使得我国的网络安全法律体系以较快的速度逐步完善。

①《数据安全管理办法》。

2019年5月国家互联网信息办公室面向社会公开发布《数据安全管理办法(征求意见稿)》的文件。该办法是为了维护社会公共利益和维护国家安全,保护法人、公民和其他组织在网络空间的合法权益,保障企业重要数据和个人信息的安全,根据《中华人民共和国网络安全法》等相关法律法规而制定的。该征求意见稿提出,我国境内的网络运营者不得以提升用户体验、改善服务质量、研发新产品等为由,以功能捆绑、默认授权等形式误导或强迫个人信息主体同意其收集个人信息。

②《网络信息内容生态治理规定》。

2019年12月国家互联网信息办公室会议审议通过《网络信息内容生态治理规定》,该规定自2020年3月1日起正式施行。制定《网络信息内容生态治理规定》的目的旨在维护国家安全和公共利益,营造良好网络生态,保障我国法人、公民和其他组织的合法权益。该规定全文八章四十二条,全面贯彻落实中国共产党十九届四中全会精神,深入贯彻习总书记新时代中国特色社会主义思想,规定了网络信息内容生态治理的基本目标、根本宗旨、治理对象、责任主体、法律责任和行为规范,坚持依法治理、系统治理、源头治理、综合治理,为依法办网、依法上网、依法治网提供了可操作的制度规定。

③《中华人民共和国民法典》。

新中国成立以来,我国第一部以法典命名的法律便是《中华人民共和国民法典》,该法典也被称为"社会生活的百科全书",它是我国市场经济的基本法,在我国法律体系中居于基础性地位。《中华人民共和国民法典》由十三届全国人大三次会议于 2020 年 5 月表决通过,规定自 2021 年 1 月 1 日起正式施行。中华人民共和国民法典第 111 条中规定我国公民的个人信息受法律保护,任何个人或者组织应该在相关法律允许且可以确保信息安全的前提下获取需要的他人的个人信息,在《中华人民共和国民法典》中,第 1032 ~ 1039 条对个人信息保护和隐私权各方面做出了详细的规定。

④《中华人民共和国数据安全法》。

2021 年 6 月中华人民共和国第十三届全国人民代表大会常务委员会第二十九次会议通过了《中华人民共和国数据安全法》,规定该法律自 2021 年 9 月 1 日起施行。该法律共七章五十五条,是为了保障数据安全,规范数据处理活动,促进数据开发利用,保护个人和组织的合法权益,维护国家安全、国家主权和发展利益而制定的。

⑤《关键信息基础设施安全保护条例》(国务院令第 745 号)。

《关键信息基础设施安全保护条例》是经国务院第 133 次常务会议于 2021 年 4 月 27 日通过,由国务院总理李克强 2021 年 7 月 30 日签署中华人民共和国国务院令第 745 号公布,根据《中华人民共和国网络安全法》而制定的。规定该条例自 2021 年 9 月 1 日起施行。制定该条例的目的是为了明确各方责任,建立专门保护制度,维护网络安全保障关键信息基础设施安全。

⑥《中华人民共和国个人信息保护法》。

2021 年 8 月十三届全国人大常委会第三十次会议表决通过了《中华人民共和国个人信息保护法》,规定该法律自 2021 年 11 月 1 日起施行。《中华人民共和国个人信息保护法》是一项有关保障个人信息权利的专门立法规定,涉及立法名称的确定、立法的规定作用及其必要性、法规的普遍适用情况、法规的适当例外以及规定形式、有关个人信息管理的一般规定形式、对行政机构和其他个人信息处理者的不同规制形式以及作用、个人敏感信息、行业自律机制、跨境信息交流问题、刑事责任问题等,对个人和业界都有着很重要的法律意义。

⑦《网络安全审查办法》。

2021 年 11 月国家互联网信息办公室会议审议并通过了《网络安全审查办法》,经工业和信息化部、国家发展和改革委员会、国家安全部、公安部、中国人民银行、国家市场监督管理总局、国家保密局、国家密码管理局等相关政府部门的同意,规定该办法自 2022 年 2 月 15 日起施行。该办法是为了维护国家安全,保障网络空间安全和数据安全,确保关键信息基础设施供应链安全,根据《中华人民共和国网络安全法》《中华人民共和国国家安全法》《关键信息基础设施安全保护条例》和《中华人民共和国数据安全法》等相关法律法规而制定。

▶▶ 1.3.2 等级保护政策与标准 ◀◀ ▶

网络安全等级保护是对信息载体和信息按照重要性等级分级别进行保护的一项工作,旨在对我国重要信息、法人和其他组织及公民的专有信息以及公开信息和传输、存储、处理这些信息的信息系统分等级实行安全保护,对信息系统中发生的信息安全事件分等级响应、处置,对信息系统中使用的信息安全产品实行按等级管理。就是将我国的信息系统(包括网络)按照受破坏后的危害性和重要性分成五个等级(从第一级到第五级逐级增高),定级后第二级以上信息系统需要到公安机关备案,经过公安机关对备案材料审核合格后颁发等级备案证明;各部门和各单位根据系统等级按照国家标准进行安全建设整改,备案单位应聘请符合国家规定的等级测评机构进行等级测评工作。国家公安机关对第二级及以上信息系统定期开展监督和检查。等级保护是我国的基本国策、基本网络安全制度,也是一套完整且完善的网络安全管理体系。遵循等级保护相关标准开始网络安全建设是目前对企事业单位的普遍要求,也是国家关键信息基础措施保护的最基本要求。

1. 等级保护政策体系历史沿革

等级保护政策体系共经历了1994—2003年政策环境营造、2004—2016年等保1.0启动及发展、2016—2019年等保2.0标准编制阶段、2019年至今正式迈入等保2.0时代四个大的发展阶段,通过政策文件的出台与修订不断完善等级保护政策体系,整体包括定级、备案、安全整改建设、等级测评和检查5个方面(图1.5)。

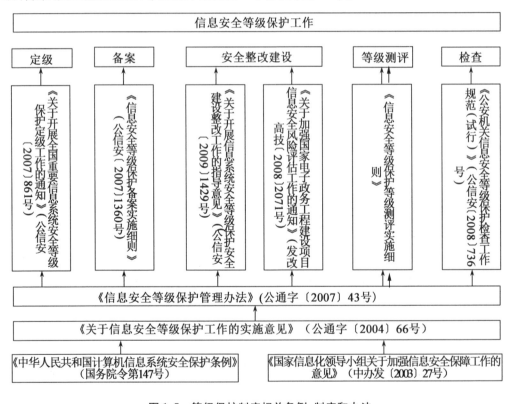

图1.5 等级保护制度相关条例、制度和办法

(1)1994—2003年政策环境营造。

1994年2月国务院令第147号发布《中华人民共和国计算机信息系统安全保护条

例》,这是我国首次提出计算机信息系统应实行安全等级保护的相关法律文件,后续国务院联合中央办公厅颁布《国家信息化领导小组关于加强信息安全保障工作的意见》,该意见中明确指出:我国建立信息安全等级保护制度,制定信息安全等级保护的管理办法和技术指南。

①《中华人民共和国计算机信息系统安全保护条例》(国务院令第 147 号)。

《中华人民共和国计算机信息系统安全保护条例》作为重要的基础性政策文件,开辟了信息安全等级保护工作的新方向。

②《国家信息化领导小组关于加强信息安全保障工作的意见》(中办发〔2003〕27 号)。

中华人民共和国中共中央办公厅、国务院办公厅2003 年9 月发出通知,转发《国家信息化领导小组关于加强信息安全保障工作的意见》,该意见中明确要求:要重点保护我国基础信息网络和关系我国经济命脉、社会稳定、国家安全等方面的关键信息系统,抓紧建立健全我国信息安全等级保护制度,尽快制定信息安全等级保护的管理办法和技术指南。该意见中还要求我国政府相关部门应加强信息安全保障工作的主要原则和总体要求,加强以密码技术为基础的网络信任体系建设和信息保护,建设并完善信息安全监管体系,加强信息安全技术研究开发,加强信息安全法制建设和标准化建设,加快信息安全人才培养,建立健全信息安全管理责任制。

(2)2004—2016 年等保 1.0 启动及发展。

我国针对信息系统等级保护的政策体系在等保 1.0 启动及发展阶段就已经基本成型,以《信息安全技术信息系统安全等级保护基本要求》(GB/T 22239—2008)和《信息 安全等级保护管理办法》为中心形成了等保 1.0 的体系架构,通过后续十余年时间的实践与发展,信息安全等级保护成为我国非涉密信息系统网络安全建设的重要参考标准,然而等保 1.0 缺乏对一些新技术和新应用的等级保护规范,比如云计算、物联网等,且除传统的 5 步骤外,安全监测、通报预警和风险评估等工作内容不完善,与此同时标准、政策、技术和服务等体系同样有所欠缺。

①《关于信息安全等级保护工作的实施意见》(公通字〔2004〕66 号)。

国家保密局、公安部、国务院信息化工作办公室、国家密码管理委员会办公室等四部门于 2004 年 9 月联合下发了《关于信息安全等级保护工作的实施意见》,该意见中明确指出:信息安全等级保护制度是我国在社会信息化和国民经济的发展过程中,提高国家信息安全保障水平和能力、社会稳定、公共利益、维护国家安全,促进和保障信息化建设健康发展的一项基本制度。

②《信息安全等级保护管理办法》(公通字〔2007〕43 号)。

国家保密局、公安部、国务院信息化工作办公室、国家密码管理委员会办公室等四部门于 2007 年 6 月联合出台了《信息安全等级保护管理办法》,该管理办法是为提高我国信息安全保障能力和水平,规范我国信息安全等级保护管理,维护我国国家安全、维持社会稳定和维护公共利益,保障和促进我国信息化建设,根据《中华人民共和国计算机信息系统安全保护条例》等相关法律法规制定的。

③《关于开展全国重要信息系统安全等级保护定级工作的通知》(公信安〔2007〕861 号)。

国家保密局、公安部、国务院信息化工作办公室、国家密码管理委员会办公室等四部门于 2007 年 7 月联合颁布《关于开展全国重要信息系统安全等级保护定级工作的通知》。该通知明确规定了信息安全等级保护的定级范围,涵盖经营性公众互联网信息服务单位、政府职能部门、民生行业等的信息系统;明确了信息系统定级工作主要内容应该包括基本情况调查、初步确定等级、评审与审批、备案及管理;规定了定级工作的要求为加强领导、明确责任、动员部署、及时总结、提出建议等内容。

④《关于推动信息安全等级保护测评体系建设和开展等级测评工作的通知》(公信安〔2010〕303 号)。

2010 年 4 月,公安部出台了《关于推动信息安全等级保护测评体系建设和开展等级测评工作的通知》,通知中提出了等级保护工作的阶段性目标,主要包括:统筹规划,积极稳妥地推动网络安全等级测评机构建设;严格把关,确保网络安全等级保护测评机构的水平和人员能力符合等级保护测评工作要求;督促备案单位开展信息系统网络安全等级测评工作,确保网络安全建设整改工作的顺利开展。

⑤《关于进一步推进中央企业信息安全等级保护工作的通知》(公通字〔2010〕70 号)。

国务院国有资产监督管理委员会和公安部于 2010 年 12 月联合出台《关于进一步推进中央企业信息安全等级保护工作的通知》,该通知要求我国中央企业必须贯彻落实信息安全等级保护测评工作,切实将信息安全等级保护测评工作纳入企业信息化工作同步推进;建立健全协作配合、分工负责的工作机制;认真做好企业信息安全等级保护测评工作的定级、备案工作;积极开展信息安全等级保护安全建设整改和信息安全等级保护测评工作,完善重要信息系统网络安全防护体系;确保信息系统网络安全保护能力达到信息安全等级保护相关要求。

(3)2016—2019 年等保 2.0 标准编制阶段。

随着信息技术日新月异的发展,针对兴起的新兴技术,等保 1.0 考虑层面不足的问题愈发明显。2014 年 2 月习总书记在中央网络安全和信息化领导小组第一次会议上的讲话中指出,没有网络安全就没有国家安全。网络安全第一次上升至国家安全层面,随后《中华人民共和国网络安全法》正式颁布,全国信息安全标准化技术委员会也开始了网络安全相关标准的起草工作,为等保 2.0 开启铺平道路。

《中华人民共和国网络安全法》于 2016 年 11 月颁布,该法律第二十一条明确"国家实行网络安全等级保护制度"。规定该法律自 2017 年 6 月 1 日正式实施。

全国信息安全标准化技术委员会于 2017 年 1 月至 2017 年 2 月发布《信息安全技术 网络安全等级保护测评要求》(GB/T 28448—2019)系列标准和《信息安全技术 网络安全等级保护基本要求》(GB/T 22239 —2019)系列标准等相关系列"征求意见稿"。

公安部于 2017 年 5 月发布《网络安全等级保护基本要求 第 2 部分:云计算安全扩展要求》(GA/T 1390.2 —2017)和《信息安全技术 网络安全等级保护定级指南》(GB/T 1389—2017)等 4 个公共网络安全行业等级保护标准。

(4)2019 年至今正式迈入等保 2.0 时代。

等保 2.0 相关的《信息安全技术 网络安全等级保护测评要求》、《信息安全技术 网络安全等级保护基本要求》和《信息安全技术 网络安全等级保护安全设计技术要求》

（GB/T 25070—2019）等国家标准于2019年相继正式发布，并于2019年12月1日开始实施，标志着我国从此正式迈入网络安全等级保护2.0时代。

作为国家网络安全等级保护标准体系核心标准之一的《信息安全技术　网络安全等级保护定级指南》（GB/T 22240—2020）于2020年4月28日正式发布，并于同年11月1日起正式实施。

2.等级保护标准体系

（1）等保主要标准之间的关系。

网络安全等级保护标准体系主要由《信息安全技术　网络安全等级保护测评过程指南》（GB/T 28449—2018）、《信息安全技术　网络安全等级保护基本要求》《计算机信息系统　安全保护等级划分准则》（GB 17859—1999）、《信息安全技术　网络安全等级保护安全设计技术要求》《信息安全技术　网络安全等级保护测评要求》《信息安全技术　网络安全等级保护定级指南》《信息安全技术　网络安全等级保护实施指南》（GB/T 25058—2019）等7个标准组成，形成了一套包含基本要求、方法指导、状况分析、安全等级在内的标准体系（图1.6），标准之间存在如下关系。

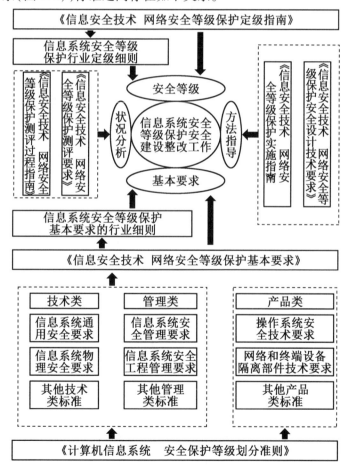

图1.6　等保标准体系

《计算机信息系统　安全保护等级划分准则》是等级划分的基础依据,是要求强制实施的国家标准,奠定了等级保护工作的技术基础,在此基础上,相关部门出台了若干标准,涵盖技术类、管理类和产品类。在三类标准基础上,经过多年的实践验证以及经验积累出台了《信息安全技术　网络安全等级保护基本要求》,该要求是信息系统网络安全防护的基本要求,是指导企业安全建设与测评机构现场测评的主要标准之一。许多行业部门参考《信息安全技术　网络安全等级保护基本要求》出台了一些本行业领域的基本要求与行业细则,如金融、电力部门。

围绕等级保护建设整改这一核心工作,首先最重要的是基本要求,即《信息安全技术　网络安全等级保护基本要求》及相关行业细则,是开展相关工作的核心依据;其次是方法指导,主要包括《信息安全技术　网络安全等级保护安全设计技术要求》《信息安全技术　网络安全等级保护实施指南》,为建设整改工作提供方法上的指导;然后是状况分析,主要包括《信息安全技术　网络安全等级保护测评要求》《信息安全技术　网络安全等级保护测评过程指南》,用于检验等级保护对象状况是否达到相应级别的安全要求,为建设整改提供依据;最后是安全等级,即《信息安全技术　网络安全等级保护定级指南》及相关行业定级细则,用于确定定级对象的安全保护等级。

(2)等保主要标准介绍。

①《计算机信息系统　安全保护等级划分准则》。

1999 年 9 月 13 日国家质量技术监督局发布《计算机信息系统　安全保护等级划分准则》,规定该准则于 2001 年 1 月 1 日正式实施。该准则规定了计算机系统安全保护能力的五个等级,第一级为用户自主保护级;第二级为系统审计保护级;第三级为安全标记保护级;第四级为结构化保护级;第五级为访问验证保护级。计算机信息系统安全保护能力应当随着安全保护等级的增高而依次增强。

②《信息安全技术　网络安全等级保护测评过程指南》。

2018 年 12 月 28 日由中国国家标准化管理委员会和中华人民共和国国家市场监督管理总局联合发布了《信息安全技术　网络安全等级保护测评过程指南》,规定该指南于 2019 年 7 月 1 日实施。该指南规定了测评活动及其工作任务,规范了网络安全等级保护测评的工作过程,适用于定级对象的主管部门、测评机构和运营使用单位开展等保测评评价工作。

③《信息安全技术　网络安全等级保护基本要求》。

2019 年 5 月中华人民共和国国家市场监督管理总局、中国国家标准化管理委员会发布《信息安全技术　网络安全等级保护基本要求》,并规定该要求于 2019 年 12 月 1 日正式实施。该要求规定了我国网络安全等级保护的第一级到第四级等级保护对象的安全通用要求和安全扩展要求,该要求适用于指导分等级的非涉密对象的监督管理和安全建设。

④《信息安全技术　网络安全等级保护安全设计技术要求》。

2019 年 5 月中华人民共和国国家市场监督管理总局、中国国家标准化管理委员会发布《信息安全技术 网络安全等级保护安全设计技术要求》，并规定该要求自同年 12 月 1 日起正式实施。该要求对网络安全等级保护第一级到第四级等级保护对象的安全设计技术要求进行了规定，适用于指导网络安全企业、运营使用单位、网络安全服务机构开展网络安全等级保护安全技术方案的设计和实施，也可作为国家网络安全职能部门进行监督、检查和指导的依据。

⑤《信息安全技术 网络安全等级保护测评要求》。

2019 年 5 月中华人民共和国国家市场监督管理总局、中国国家标准化管理委员会发布《信息安全技术 网络安全等级保护测评要求》，并规定该要求自 2019 年 12 月 1 日起正式实施。该标准以《信息安全技术 网络安全等级保护基本要求》的要求项作为测评指标，规定了网络安全等级测评中第一级到第四级等级保护对象的测评要求，适用于规范和指导测评机构和测评人员的活动和行为。

⑥《信息安全技术 网络安全等级保护实施指南》。

2019 年 8 月中华人民共和国国家市场监督管理总局、中国国家标准化管理委员会发布《信息安全技术 网络安全等级保护实施指南》，并规定该指南于 2020 年 3 月 1 日起正式实施。该指南通过分析和研究信息化发展的新技术、新应用，比如移动互联技术、工业控制技术、大数据技术、IPv6 技术、云计算技术等的应用特点和使用场景等，提出这些新技术、新应用系统的网络安全等级保护对象和可能面临的安全威胁，并结合国家信息安全等级保护工作的新思路及新要求，为运营使用单位在实施网络安全等级保护工作时提供工作内容及工作方法指导。

⑦《信息安全技术 网络安全保护等级定级指南》。

2020 年 4 月中华人民共和国国家市场监督管理总局、中国国家标准化管理委员会发布《信息安全技术 网络安全保护等级定级指南》，并规定该指南于 2020 年 11 月 1 日起正式实施。该指南从信息系统对国家安全、公共利益、经济建设等方面的重要性着手，以及信息系统被破坏后造成危害的严重性角度对信息系统进行定级工作；规定确定定级对象应从系统识别与系统划分两个角度进行；规定定级流程为确定定级对象→初步确定等级→专家评审→主管部门审核→公安机关备案审查。

（3）等保 1.0 与等保 2.0。

"等保 1.0"指的是在《计算机信息系统 安全保护等级划分准则》以及随后多项政策文件引导下，最终于 2008 年发布的《信息安全技术 信息系统安全等级保护基本要求》（GB/T 22239—2008）、《信息安全技术 信息系统安全等级保护定级指南》（GB/T 22240—2008）等一系列信息安全等级保护标准组成的标准体系（图 1.7）。

同样以《计算机信息系统 安全保护等级划分准则》作为指引文件，"等保 2.0"是指于 2018—2020 年间发布的《信息安全技术 网络安全等级保护测评过程指南》《信息安全技术 网络安全等级保护基本要求》等一系列网络安全等级保护标准组成的标准体系（图 1.8）。

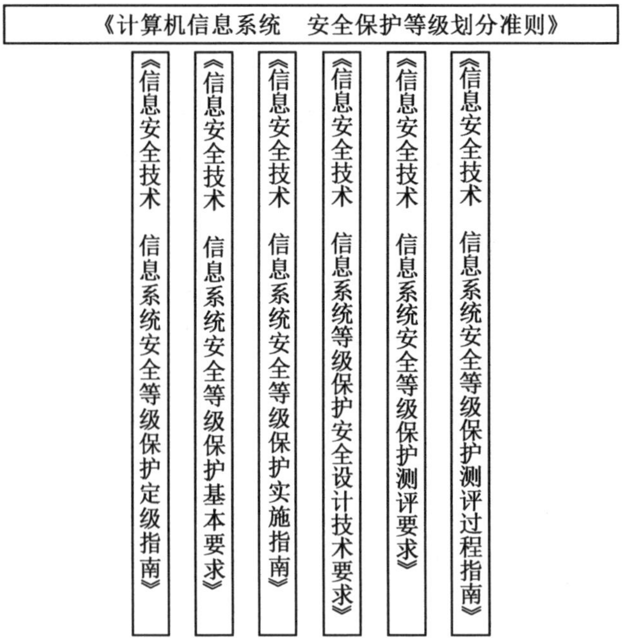

图 1.7 等保 1.0 标准体系

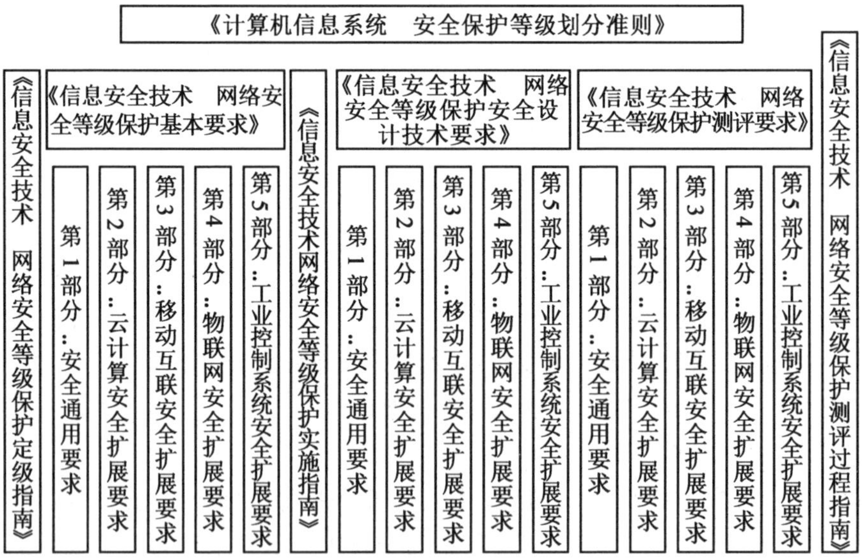

图 1.8 等保 2.0 标准体系

等保 2.0 目标要求如下：

①落实"分等级保护、突出重点、积极防御、综合防护"的总体要求。

②建立"打防管控"一体化的网络安全综合防御体系,提升国家网络安全整体防御能力。

③将静态安全防护转变为动态安全防护,将被动安全防护转变为主动安全防护,将粗放安全防护转变为精准安全防护,将单点安全防护转变为整体安全防控。

④全力推动网络安全产业、企业快速健康发展,打造世界一流的企业群。

⑤坚决落实"同步规划、同步建设、同步运行"网络安全保护措施的"三同步"要求。

等保2.0总体思路如下:

①一个中心:安全管理中心。

②三重防护:安全通信网络、安全区域边界及安全计算环境。

③两个全覆盖:覆盖全社会;覆盖包括工控、云计算、物联网、移动、大数据新业务。

等保2.0确立了"可信计算"的重要地位,要求全面使用安全可信的产品和服务来保障关键基础设施安全。

对比等保1.0,等保2.0主要进行了以下改动:

①由信息安全正式更名为网络安全。

②对标准体系进行了修订、扩展、新增。

③横向扩展了对工业控制系统、移动互联网、云计算、物联网、大数据的安全要求。

④纵向扩展了对等保测评机构的规范管理。

等保1.0与等保2.0对比分析见表1.3。

表1.3 等保1.0与等保2.0对比分析

差异项	等保1.0	等保2.0	备注
名称	信息系统安全等级保护	网络安全等级保护	与《网络安全法》保持一致
对象	具体信息和信息系统	包括基础信息网络、云计算平台/系统、大数据应用/平台/资源、物联网、工业控制系统和采用移动互联技术的系统等	等保1.0参加测评的也更多是计算机信息系统,大部分对象是在体制内的单位,而到了2.0以后,等级保护的对象向全社会扩展,覆盖各单位、各部门、各地区、各机构、各企业,也上升到了网络空间安全,不仅包括计算机信息系统,还包括大数据、云计算、移动互联网、物联网、工业控制系统等方面

续表 1.3

差异项	等保 1.0	等保 2.0		备注
基本要求	安全要求	安全通用要求		—
		新型应用安全扩展要求	云计算安全扩展要求	包括"镜像和快照保护""虚拟化安全保护""云服务商选择"、基础设施的位置、"云计算环境管理"等方面
			移动互联安全扩展要求	包括"移动应用软件开发""无线接入点的地理位置""移动应用管控""移动终端管控""移动应用软件采购"等方面
			物联网安全扩展要求	包括"感知节点设备安全""感知节点的物理保护""感知节点的管理""感知网关节点设备安全"和"数据融合处理"等方面
			工业控制系统安全扩展要求	包括"工业控制系统网络架构安全""室外控制设备防护""无线使用控制""控制设备安全"和"拨号使用控制"等方面
分类结构	技术要求	物理安全	物理和环境要求	构建"一个中心、三重防护"保障的主动防御安全体系,一个中心是指安全管理中心,三重防护由安全计算环境、安全区域边界以及安全通信网络组成
		网络安全	网络和通信安全	
		主机安全	设备和计算安全	
		应用安全	应用和数据安全	
		数据安全及备份恢复		
	管理要求	安全管理制度	安全策略和管理制度	
		安全管理机构	安全管理机构和人员	
		人员安全管理		
		系统建设管理	安全建设管理	
		系统运维管理	安全运维管理	

续表1.3

差异项	等保1.0	等保2.0		备注
工作内涵	定级	定级	安全检测	增加应急处置要求等内容、网络服务管理、测评活动安全管理、技术维护管理、产品服务采购使用管理、数据和信息安全保护要求、监测预警和信息通报管理,明确了网络定级及评审、备案及审核、等级测评、安全建设整改、自查等工作要求
	备案	备案	通报预警	
	安全建设	安全建设	事件调查	
	等级测评	等级测评	数据防护	
	监督检查	监督检查	灾难备份	
	—	风险评估	应急处理	
	—	自主可控	—	

▶▶ 1.3.3 电力监控系统网络安全防护体系 ▶▶ ▶

电力行业作为我国重要的基础民生行业,其信息系统网络安全防护工作也是国家重点关注的工作。电力企业信息系统网络安全防护的主要对象是电力监控系统,近年来,我国政府相关部门陆续出台了多项对电力监控系统网络安全防护工作进行规范的政策文件。

1. 电力监控系统网络安全防护政策体系

国家能源局、国家电力监管委员会、国家发展和改革委员会、电力行业网络与信息安全领导小组等国家政府单位参与了电力行业信息系统安全防护相关政策的审定与印发,陆续出台了《电力行业信息系统安全等级保护基本要求》《电力行业信息系统等级保护定级工作指导意见》《电力行业网络和信息安全管理办法》《关于印发〈电力行业信息安全等级保护管理办法〉的通知》《电力行业网络与信息安全应急预案》和《电力监控系统安全防护规定》等政策文件,构建起一套涵盖信息通报、应急、等级保护、电力监控系统安全防护等多个层面的电力行业信息系统安全防护政策体系(图1.9)。

(1)《电力行业网络与信息安全信息通报暂行办法》(电监信息〔2007〕23号)。

国家电力监管委员会于2007年6月审定并印发《电力行业网络与信息安全信息通报暂行办法》。该办法规定我国电力行业网络与信息安全信息通报工作应遵循"谁主管、谁负责,谁运营、谁负责"的原则,加强电力行业内各单位间网络与信息安全信息共享和统一协调行动。

(2)《电力行业网络与信息安全应急预案》(电监信息〔2007〕36号)。

由电力行业网络与信息安全领导小组审定,国家电力监管委员会于2007年8月24日印发《电力行业网络与信息安全应急预案》。该预案中明确了网络安全应遵循预防为主原则、处置优先原则、责任制原则、分级处置原则,根据信息安全突发事件的性质、影响范围和造成的损失,将信息安全突发事件分为一般事件(Ⅳ)、较大事件(Ⅲ级)、重大事件(Ⅱ级)和特别重大事件(Ⅰ级)共四个等级,将应急事件处理过程分为应急处置,应急保障,应急结束和后期处置,宣传、培训和演练四个过程。

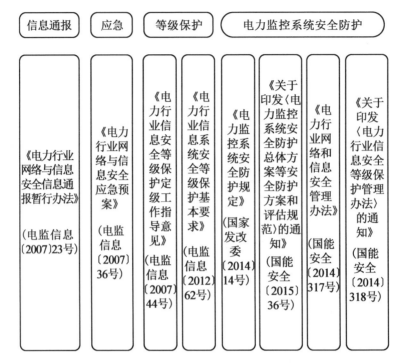

图 1.9　电力监控系统等级保护政策体系

（3）《电力行业信息安全等级保护定级工作指导意见》（电监信息〔2007〕44 号）。

《电力行业信息安全等级保护定级工作指导意见》由国家电力监督管理委员会于 2007 年 11 月 23 日印发。该意见依据等级保护对象受到破坏时所侵害的客体和对客体造成侵害的程度两个定级要素将信息系统安全保护等级分为 1～5 级，并依据一定流程进行定级工作。

（4）《电力行业信息系统安全等级保护基本要求》（电监信息〔2012〕62 号）。

《电力行业信息系统安全等级保护基本要求》由国家电力监督管理委员会于 2012 年印发。该文件是为规范电力信息系统安全等级保护实施的流程、内容和方法，加强电力信息系统的安全管理，防范网络攻击对电力信息系统造成的侵害，保障电力系统的安全稳定运行，依据国家和行业有关政策而制定的。

（5）《电力行业网络和信息安全管理办法》（国能安全〔2014〕317 号）。

2014 年 8 月国家能源局发布《电力行业网络和信息安全管理办法》。该办法指出电力行业网络与信息安全工作的目标是促进信息化工作健康发展，保障网络与信息安全，提高网络与信息安全防护能力。电力行业网络与信息安全工作应当遵循"统一领导、分级负责、统筹规划、突出重点"的原则，坚持"积极防御、综合防范"的方针。该办法还规定了电力企业的网络信息安全工作职责和国家能源局的监督管理职责，明确了国家能源局的监督检查权力及措施。

（6）《电力监控系统安全防护规定》（国家发改委〔2014〕14 号令）。

2014 年 9 月 1 日国家发展和改革委员会发布《电力监控系统安全防护规定》。该规定明确了我国电力企业电力监控系统网络安全防护工作应当落实国家信息安全等级保护制度,按照国家信息安全等级保护的有关要求,坚持"安全分区、网络专用、横向隔离、纵向认证"的原则,确保电力监控系统网络安全。该规定共分为总则、技术管理、安全管理、保密管理、监督管理和附则6个章节。技术管理规定了安全分区和电力调度数据网相关内容;安全管理规定了分级责任、安防评估、应急机制相关内容;保密管理规定了关键技术和设备、评估资料和结果的保密工作;监督管理规定了国家能源局对电力监控系统的监督职能。

(7)《关于印发〈电力行业信息安全等级保护管理办法〉的通知》(国能安全〔2014〕318号)。

《关于印发〈电力行业信息安全等级保护管理办法〉的通知》由国家能源局于2014年9月22日发布。该文件规定国家能源局督促、检查、指导电力行业信息系统运营、使用单位的信息安全等级保护工作,并结合行业实际组织制定适用于电力行业的信息安全等级保护管理规范和技术标准,组织电力企业对信息系统分等级实行安全保护,对等级保护工作的实施进行监督管理。文件共分总则、等级划分与保护、等级保护的实施与管理、信息安全等级保护的密码管理、法律责任和附则6个章节。等级划分与保护规定了电力行业信息安全等级应坚持自主定级、自主保护的原则;等级保护的实施与管理规定了等级保护实施与管理过程中电力企业应当遵循的相关文件;信息安全等级保护的密码管理规定电力信息系统运营、使用单位采用密码进行等级保护;法律责任规定了电力企业、信息安全监督部门在不遵循时规定的惩治措施。

(8)《关于印发〈电力监控系统安全防护总体方案等安全防护方案和评估规范〉的通知》(国能安全〔2015〕36号)。

《关于印发〈电力监控系统安全防护总体方案等安全防护方案和评估规范〉的通知》由国家能源局于2015年发布。该文件共分电力监控系统安全防护总体方案、省级以上调度中心监控系统安全防护方案、地(县)级调度中心监控系统安全防护方案、发电厂监控系统安全防护方案、变电站监控系统安全防护方案、配电监控系统安全防护方案和电力监控系统安全防护评估规范7个附件,规定电力监控系统应遵循"安全分区、网络专用、横向隔离、纵向认证"的总体原则,建立和完善以安全防护总体原则为中心的安全监测、响应处理、安全措施、审计评估等环节组成的闭环机制,规范规划设计、项目审查、工程实施、系统改造及运行管理各阶段,提高系统整体安全防护能力。

2. 电力监控系统网络安全防护标准体系

国家能源局、中华人民共和国国家质量监督检验检疫总局、中国国家标准化管理委员会和国家市场监督管理总局陆续发布了《电力行业信息化标准体系》《电力信息安全水平评价指标》《电力信息系统安全检查规范》《电力监控系统网络安全防护导则》《电力信息系统安全等级保护实施指南》《电力监控系统网络安全评估指南》等标准,构建起一套包含评价指标、防护导则、检查规范、实施指南、评估指南等多个层面的电力行业信息系统安全防护标准体系。

(1)《电力行业信息化标准体系》(DL/Z 398—2010)。

《电力行业信息化标准体系》由国家能源局于2010年5月24日发布。该标准规定了术语标准、信息技术基础标准、信息网络标准、信息资源标准、信息应用标准、信息安全标准、管理运行与服务标准等多个标准,建立了一套较为完善的电力行业信息化标准体系。

(2)《电力信息安全水平评价指标》(GB/T 32351—2015)。

《电力信息安全水平评价指标》由中华人民共和国国家质量监督检验检疫总局、中国国家标准化管理委员会于 2015 年 12 月 31 日发布,于 2016 年 7 月 1 日实施。该标准规定了电力信息安全水平评价指标,描述了评价指标量化方法,适用于电力监管机构对电网、发电、电力科研及电力设计施工等电力组织机构开展信息安全水平评价,也适用于上述电力组织机构开展信息安全水平自评价。

(3)《电力信息系统安全检查规范》(GB/T 36047—2018)。

《电力信息系统安全检查规范》由中华人民共和国国家质量监督检验检疫总局、中国国家标准化管理委员会于 2018 年 3 月 15 日发布,于 2018 年 10 月 1 日实施。该标准为规范电力信息系统安全的检查流程、内容和方法,防范网络与信息安全攻击对电力信息系统造成的侵害,保障电力信息系统的安全稳定运行,保护国家关键信息基础设施的安全,依据国家有关信息安全和电力行业信息系统安全的规定和要求而制定。

(4)《电力监控系统网络安全防护导则》(GB/T 36572—2018)。

《电力监控系统网络安全防护导则》由国家市场监督管理总局、中国国家标准化管理委员会于 2018 年 9 月 17 日发布,于 2019 年 4 月 1 日实施。该标准规定了电力监控系统网络安全防护的基本原则、防护技术、体系架构、应急备用措施和安全管理要求,适用于发电、用电、电网调度、输配电等电力生产各环节的电力监控系统安全防护,覆盖其规划设计、研究开发、施工建设、安装调试、系统改造、运行管理、退役报废等各阶段。

(5)《电力信息系统安全等级保护实施指南》(GB/T 37138—2018)。

《电力信息系统安全等级保护实施指南》由国家市场监督管理总局、中国国家标准化管理委员会于 2018 年 12 月 28 日发布,于 2019 年 7 月 1 日实施。该标准规定了电力信息系统安全等级保护实施的基本原则、角色和职责,以及定级与备案、测评与评估、安全整改、退运等基本活动,适用于指导电力信息系统安全等级保护的实施。

(6)《电力监控系统网络安全评估指南》(GB/T 38318—2019)。

《电力监控系统网络安全评估指南》由国家市场监督管理总局、中国国家标准化管理委员会于 2019 年 12 月 10 日发布,于 2020 年 7 月 1 日实施。该标准规定了电力监控系统网络安全评估工作的评估内容、系统生命周期各阶段的安全评估、评估流程及方法、安全防护技术评估、应急备用措施评估以及安全管理评估,适用于各电力企业电力监控系统规划阶段、设计阶段、实施阶段、运行维护阶段和废弃阶段的网络安全防护评估工作。

## 第 2 章

风电场电力监控系统架构与典型业务子系统

风电场电力监控系统属于传统工业控制系统在风电行业的典型应用以及延伸,是用于监视和控制电力生产及供应过程、基于计算机及网络技术的业务系统及智能设备,以及作为基础支撑的通信及数据网络等的集合,包括变电站自动化系统、风机监控系统、风功率预测系统、能量管理系统等。风电场电力监控系统集风机实时数据采集与存储、数据分析、远程状态监测与控制等功能于一身,在风电场正常运行中发挥着不可替代的作用。

2.1 基于 Purdue 模型的架构分析

风电场电力监控系统依照传统工控系统通用模型(Purdue 模型)进行划分,包括现场设备层、现场控制层(下位机系统)以及连接各层通信的工业控制网络。其中过程监控层负责工业生产过程监控与管 理,现场设备层负责现场数据采集、上传以及控制指令下发,现场设备层负责底层传感器、执行器等设备的数据采集和上送,并执行现场控制层下发的指令;电力监控系统网络负责联通各层系统,保证数据可达。目前,风电场内部普遍采用"集中管理、分散控制"的工作模式,在初始化配置成功后,各层次设备之间互相提供服务和支撑,但下层设备的工作又不完全依赖于上层设备。因此,即使上、下位机之间短暂出现通讯中断的情况,部署于现场的各类测控装置、PLC 等仍能在既定规则下正常工作,保证了风电场电力监控系统的安全和可靠运行。

2.1.1 现场设备层

现场设备层是风电场电力监控系统的基础组成部分,例如温湿度传感器、电压电流互感器等各类传感器、执行器、控制器等,其可统一称为检测仪表。检测仪表在组成上包括检测元件和转换电路。检测元件可针对设备运行状态中的各类变化做出灵敏响应,并依照既定规则转换为一个与之对应的输出信号,包括温度、电压、电流、电阻等。按照数据类型可以分为模拟量、数字量和脉冲量等,模拟量包括温度、电压、电流等典型过程参数和其他各种参数,而数字量包括设备的启/停、电路的通/断等布尔型参数。在风电场电力 系统中,检测仪表主要检测电流、电压、温度等参数。为了实现对这些参数的检测与监控,首先通过检测仪表把这些参数转换为电信号,再把输出与 PLC 设备的各类 I/O 模块连接,最终通过上下位机之间通路实现数据的上送。为了简化检测仪表与各种 I/O 设备的连接,统筹要求检测仪表的输出信号是各种标准信号,一般采用 4 ~ 20 mA 的标准电流信号,这些信号十分适合远传。如果检测仪表输出的不是标准信号导致设备无法正常读取数据,可以通过相应的变送器将检测仪表输出的信号转换为标准信号进而上传。相比较而言,数字量的输入/输出要简单得多,也易实现。

▶▶ 2.1.2　现场控制层　▶▶ ▶

现场控制层作为风电场电力监控系统的底层智能节点,内部运行有独立的系统软件和应用软件,能够实时监测现场设备的运行状态以及各种运行参数,实现数据采集和控制功能。风电场下位机系统一般包括变电站自动化系统的远动装置(Remote Termind Unit,RTU)、风机监控系统的 PLC(风机塔底主控)、风功率预测系统的 PLC(测风塔 PLC)等。

1. PLC

(1)基本结构。

可编程逻辑控制器(Programmable Logic Controller,PLC)是一种专为应用于工业环境而设计的数字运算电子系统,其内包含中央处理单元(Central Processing Unit,CPU)、存储器(包含程序和数据)、输入/输出模块(I/O 模块)、电源和编程器等多个组件(图 2.1)。

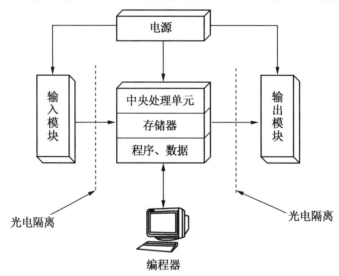

图 2.1　PLC 的组成结构示意图

PLC 各组成模块功能如下:

①编程器作为管理用户与 PLC 的交互接口,可由用户通过编程器(组态软件)将控制程序下发到 PLC 中。

②中央处理单元(CPU)作为 PLC 的大脑,依照用户下发的控制程序执行固定的操作,通

过输入模块接收采集到的数据,对数据进行一定的处理后,通过输出模块发送数据,并定期对设备电源、存储器、I/O模块进行自检,周而复始,按照循环扫描方式执行用户控制程序。

③存储器负责保存系统程序、用户程序以及相应数据,一般包括系统程序存储(嵌入式操作系统)、I/O映像存储(存放I/O模块的状态和数据)、软设备存储(如逻辑线圈、数据寄存器)和用户程序存储(可设计为独立的外接存储卡)。

④输入/输出模块(I/O模块)负责接收底层设备数据,并将接收的数据进行处理后输出到下一节点。

(2)工作原理。

PLC采用循环扫描的工作方式,在设备启动并自检完成后,通过输入采样、用户程序执行、输出刷新完成一次扫描执行(图2.2)。

①输入采样阶段。PLC通过各类输入模块接收采集到的模拟和数字信号,将各类信号保存至输入状态寄存器中以便CPU调用执行。

②程序执行阶段。PLC依照既定的控制程序逐条执行命令,包括逻辑和算术运算,并将结果发送到输出状态寄存器。

③输出刷新阶段。输出状态寄存器将收到的运算结果转换为约定好的电压或电流信号,发送给上位监控系统和被控设备。

上述三个阶段为一次扫描周期中的主要工作环节,PLC在完成本次扫描周期后,又返回到自诊断环节开始,待诊断无故障后周而复始地执行上述三个步骤。在实际工作中,输入采样和输出刷新仅需耗费几毫秒时间即可完成,而用户程序执行环节由于需要执行控制程序,进行一定的逻辑和数字运算,通常需要几十毫秒,这也成了提升PLC工作效率的瓶颈所在。

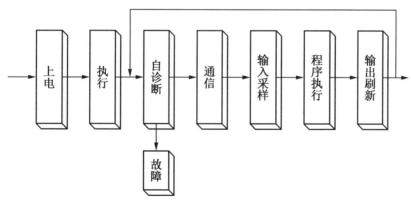

图2.2 PLC扫描工作原理

(3)主要特点。

PLC通常采用串行半双工异步通信模式,具有可靠性高、通用性强、灵活方便、接口丰富等特点,因此被广泛应用于风电场风机监控系统中(表2.1)。

表 2.1 PLC 特点

特点	内容
可靠性高	(1)接口电路光电隔离,使工业现场内外电路电气隔离; (2)输入端均采用 R - C 滤波器; (3)模块采用屏蔽措施,防止辐射干扰; (4)性能优良的开关电源; (5)良好的自诊断功能; (6)大型 PLC 采用多 CPU 结构·
通用性强	产品系列化和模块化,无须自己设计和制作硬件装置,只需根据控制要求进行模块的配置
灵活方便	除小型 PLC 外绝大多数采用模块化结构,系统的规模和功能可根据用户的需求自行组合
编程语言便于掌握	采用与继电器、接触器控制原理相似的梯形图语言,无须重复学习
设计周期短	仅需根据对象的控制要求配置适当的模块,无须设计具体的接口电路,缩短设计时间
适应性强	当生产工艺及流程变更时,仅需改变 PLC 中的程序
部署简单	接线工作量小于传统继电器、接触器控制系统
接口丰富	针对不同的工业现场信号和器件设备,均有对应的 I/O 模块直接连接,同时有多种人机对话接口

(4)典型应用场景。

本书选用某风机厂商 1.5 MW 风机的 PLC 为例进行介绍,其主站、从站、I/O 组件、电源模块等均采用倍福(BECKHOFF)厂家产品。

机舱柜配置如图 2.3 所示,该机舱柜从站组件由倍福 BK3150、KL9210、KL1104 等组成,实现电压、电流、温度等的采集和传输(表 2.2)。

图 2.3 机舱柜配置

表 2.2　机舱柜组件配置

型号	功能介绍
BK3150	PROFIBUS 总线耦合器,连接 KLxxxx、KSxxxx 和 KMxxxx 系列可扩展的模块化总线端子模块与相应的现场总线系统,能够监测和控制所连接的总线端子模块运行情况。标准型总线耦合器构成一个节点,它由一个总线耦合器、任意数量(1~64 个)的端子模块和一个总线末端端子模块组成。通过 K–bus 或端子模块总线扩展,最多可连接 255 个总线端子模块
KL9210	供电端子,24 V DC,带诊断和保险丝,用于给现场总线和 E–bus 供电,保护 I/O 站免受电缆浪涌电压影响,提供 24 V DC 过电流保护功能
KL1104	总线端子,4 路数字输入,24 V DC,3 线连接。用于采集二进制信号,这些信号通常是机械触点(比如:断开或闭合触点)、电子传感器(比如:接近开关、光学传感器等)产生的低/高控制信号。信号通过总线系统传输给上层的自动化设备进行进一步处理
KL2134	总线端子,4 路数字输出,24 V DC,0.5 A,反向电压保护。用于处理数字量/二进制信号,高速状态对应的是正极转换逻辑电路中的电源电压层,低速状态对应的是接地层。如果是接地开关逻辑电路,则情况正好相反
KL3404	总线终端,4 路模拟输入,以 12 位的分辨率产生 ±10 V 范围的差分信号,可以处理各种模拟量信号。一方面,它们支持并预处理自动化行业中常见的标准信号,如 0~10 V、±10 V,0~20 mA 和 4~20 mA;另一方面,它们可以测量电阻、压力或温度等变量。该产品系列还包括模拟量总线端子模块,它们可用于连接和分析应变计、热电偶和电阻温度计等特殊传感器。特殊的模拟量总线端子模块也可用于实现电能和电力测量等测量任务
KL3204	总线终端,4 路模拟输入,温度,RTD (Pt100),16 位
KL4032	总线终端,2 路模拟输出,以 12 位的分辨率产生 ±10 V 范围的差分信号
KL9010	结束终端,用于总线耦合器和总线终端之间的数据交换,每个组件的右端必须与 KL9010 总线终端连接,总线终端不具备任何其他功能

以 BK3150 和 KL1104 为例,其具体结构如图 2.4 所示。

该风机主站 PLC 采用倍福 CX1020 嵌入式控制器,将 PC 技术和模块化 I/O 层结合,属于小型 PLC 设备,具有结构紧凑和占用空间小等优点,同时具有很强的抗振动和抗冲击能力,适用于恶劣工况环境,能够在 –25 ~ +60 ℃(储藏温度为 –40 ~ +85 ℃)宽温范围内工作(图 2.5)。

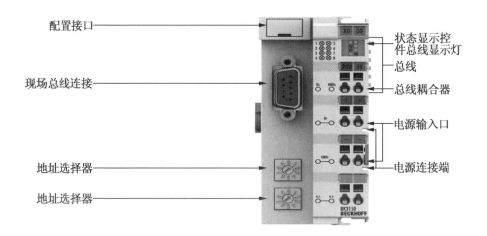

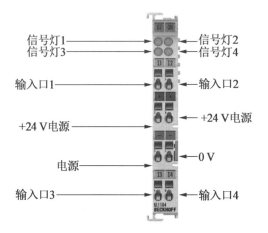

图 2.4　BK3150 和 KL1104 实体结构图

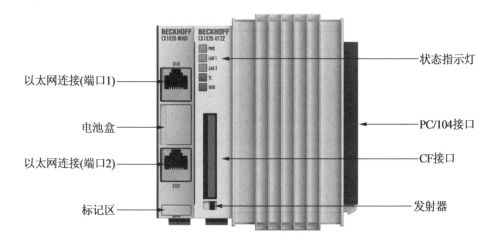

图 2.5　倍福 CX1020 嵌入式控制器

CX1020 底层采用 WinCE 作为嵌入式操作系统,通过 TwinCAT 3(The Windows Control and Automation Technology,基于 Windows 的控制和自动化技术)实现配置、编程、仿真、诊断和调试用户程序等功能,通过连接主控 CX1020 的 RS-232 或 RJ-45 接口,使用 Twin-CAT 将 CX1020 配置文件 boot 烧录至 CF(Compact Flash)卡中,以完成 CX1020 的配置工作,上电重新启动后 CX1020 将按照 boot 文件执行操作。

2. RTU

(1)基本结构。

远程终端单元(Remote Terminal Unit,RTU)是为应对长距离通信以及复杂工业现场环境而设计的,在本质上与 PLC 类似,仍是一种介于现场设备层和过程监控层,具有模块化结构并执行特定功能的测控装置。作为现场控制层的设备,它对下接收末端检测仪表的采集数据,对上发送经过处理的信号数据,并接收远程监控中心的调度指令,控制末端检测仪表执行动作。在风电场电力监控系统中的典型的 RTU 类设备是以南瑞继保的 RCS、四方的 CSV 等为代表的单/多 CPU 远动装置(图 2.6)。

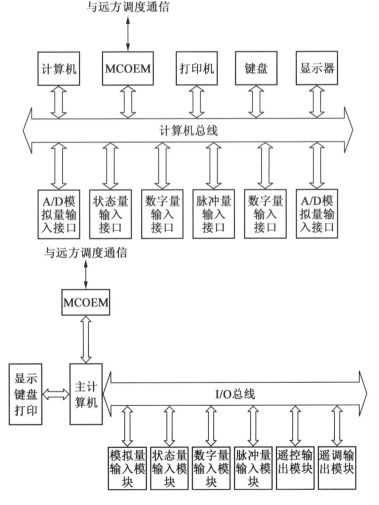

图 2.6 单 CPU(左)、多 CPU(右)结构的微机远动终端基本框图

本书以目前风电场较常见的南瑞继保 RCS - 9698H 为例进行介绍。RCS - 9698H 远动装置作为电力系统在变电站的远程终端单元,其与电网公司电力监控中心配合使用,用于收集所辖变电站内部的测控单元、保护单元等智能电子设备的数据,经规约转换器对通信规约进行转化后,统一通过 IEC 60870 - 101、104 等规约,向电网调度中心上送数据,同时接收遥控遥调指令向底层测控装置转发。远动装置采用"直采直送"方式进行数据传输,不依赖于场站变电站监控系统独立运行,并通过双机实现冗余配置,满足电力系统对场站变电站系统监控的高可用需求。RCS - 9698H 正面视图如图 2.7 所示。

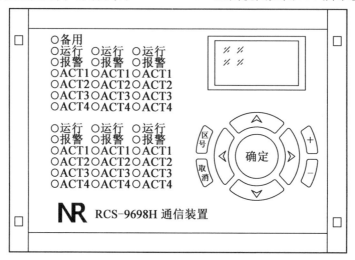

图 2.7　RCS - 9698H 正面视图

(2)基本特点。

RCS - 9698H 主要具有以下特点:

①多 CPU 分布式结构,通过高速背板总线进行数据交换,可独立自主运行,也可根据业务需求协调配合运行。

②采用 Intel 高速低功耗处理器芯片,主频可达 533 MHz,专为工控网络通信设计,可满足变电站工控现场通信需求,并在每块 CPU 板上配备 128 MB 高速内存,将 CPU 的高速性能充分发挥。

③可配置 16 个 10/100 MB 自适应工业以太网接口,在满足通信流量带宽需求基础上,有效解决数字化转型过程中日益增多的各类设备需求,并支持多种网络规约。

④可配置 12 个串口,支持 RS - 232/422/485 多类接口,串口可采用双绞线或光纤介质,双绞线通道部署光耦隔离,提高了电力工控现场针对电磁抗干扰能力。

⑤自带独立实时时钟,同时支持接收场站统一的网络对时设备,例如 B 码对时,保证全场通信设备的对时精度保持高度一致。

⑥良好的人机交互界面,通过独立的运行灯、报警灯、通信指示灯等展现设备运行状态,并能通过自带的 LED 显示屏和触摸按键,实现基本的配置和查询功能,简化了运维操作。

⑦完全电气独立的双机配置,通过为单机配置独立的电源、插件和背板,保证双机之间除了外部的通信连接外,无任何电气连接,提高了单机运行的独立性,保证的双机冗余运行的可靠性。

⑧配置嵌入式实时操作系统和高可靠网络协议栈,实时操作系统保证了任务的实时可靠运行,高可靠网络协议栈保证了设备安全可靠运行。

⑨模块化涉及,各模块可运行在单独的 CPU 上,配置灵活,并通过对 CPU 的调度,平衡 CPU 压力,充分发挥 CPU 的并行处理能力。

⑩支持电力系统大多数通信规约,如 IEC 60870 – 101/103/104。

快速便捷的组态工具,支持灵活配置,简化工作流程。

(3)主要功能。

RCS – 9698H 具有以下主要功能:

①数据采集功能。可通过串口、网口等方式,与微机保护、测控单元、保护单元、辅助设备等通信,接收其上传的信息,

②记录查询功能。对不同控制源所下发的控制指令,例如遥控、遥调、定值修改、复位等进行记录,并支持通过多种查询条件进行组合检索和查看。

③远程通信功能。具备与电网调度、集控中心远程通信的功能,并支持连接多级调度。

④规约转化功能。支持根据用户实际情况,使用不同通信规约,并对规约进行转化的功能,支持不同厂家设备的集成接入,减少了场站改造需求。

⑤同步对时功能。支持接入场站统一对时系统或通过独立 GPS、北斗方式实现对时,并可向所辖的保护单元、测控单元等设备下发软对时报文,保证场站内设备在统一系统时间下。

⑥检查监视功能。可自动定时检查所辖的保护单位、测控单位等设备的通信状态,当第一时间发现通信中断后提供报警功能,满足变电站自动化系统运行的可靠性要求。

⑦信息编辑功能。可根据用户需求,依照一定规则编辑组合为一个信息,并实时转发到电网调度、集控中心等系统,降低了冗余信息量,减少了网络开销的同时,解决了自动判断合理性的问题,为用户提供安全的选择机制。

⑧维护监测功能。简化运维调试人员工作量,使运维调试人员能方便地修改、监测装置的运行状况,监控网口、串口报文、数据库信息等。

⑨自诊断功能。设备在运行过程中会定时对软硬件进行监视和诊断,当发现与既定的规则发生变化后,提供自动报警功能,并闭锁以免人员误操作。当处于双机运行时,主机发生错误后,系统将自动切换到备机运行状态,并上调备机为主机,承担现场全部运行任务,并及时发出报警信号。

►► 2.1.2 过程监控层 ►► ►

过程监控层是风电场上层管理系统,其通常由数据采集与监控控制系统服务器、应用服务器、维护工作站等组成(表 2.3),且内部组网方式多为以太网。上位机通过不同类型的通信网络与下位机系统建立连接,进而接收并存储由下位机系统上传的数据,经相应的业务应用管理系统计算分析与整理后,最终以声音、图像、报表等形式展示给用户,以实现

远程监控的目的。对于比较庞大的上位机系统而言,其可能由多个子上位机系统组成,例如区域集控系统,就由多个场站侧监控中心组成,分别负责各自区域内的下位机系统进行通信。这种分布式的部署模式使结构更加清晰明朗,任务管理更加分散,可靠性更高。场站侧监控中心由不同功能的服务器/终端组成。

表 2.3　过程监控层组成部分

名称	功能
数据库服务器	负责收集从下位机传送来的数据,并进行汇总
网络服务器	负责监控中心的网络管理及与上一级监控中心的连接
操作员站	在监控中心完成各种管理和控制功能,通过组态画面监测现场站点,使整个系统平稳运行,并完成工况图、统计曲线、报表等功能。操作员站通常是 SCADA 客户端
工程师站	对系统进行组态和维护、修改控制逻辑等

通过完成不同功能计算机及相关通信设备、软件的组合,整个上位机系统可以实现数据采集和状态显示、远程监控、报警和故障处理等功能(表 2.4)。

表 2.4　过程监控层功能

功能	具体内容
数据采集和状态显示	通过下位机采集测控现场数据,进行汇总、记录和显示,并提供友好的人机交互界面
远程监控	基于采集的各种测控数据,实现对全局设备的控制功能,并可通过修改下位机的控制参数来实现对下位机运行的管理和监控
报警和故障处理	基于汇总的各类数据,通过多种形式显示发出的故障名称、等级等内容,对尽早发现和排除测控现场的各种故障、保障系统正常运行起着至关重要的作用
事故追溯和趋势分析	基于运行记录数据,如报警与故障处理、用户管理记录、设备记录等,分析和评价系统运行状况,对未来预测和分析系统故障,快速找到事故的原因并恢复生产是十分重要的
与上级系统结合	工控系统的发展趋势就是综合自动化,其典型结构是 ERP/MES/PCS 三级结构,上位机系统就属于 PCS 层,是综合自动化的基础和包总,对上应提供各种信息和服务,并接收上层系统的调度、管理和优化控制指令

▶▶◀ 2.1.3　电力监控系统网络　▶▶　▶

1. 通信网络特点

风电场电力监控系统网络是基于风电场现场业务需求而构建的,在网络边缘、体系结构和传输内容等方面有显著特点,具体体现在其网络节点地理位置分布广阔、网络边缘处设备(RTU、PLC、传感器等)智能程度不高、网络结构总体为主从关系、传输信息以四遥信息(遥测、遥控、遥信和遥调为主等)(表2.5)。

表 2.5　电力监控系统网络与传统 IT 信息网络的对比

对比项	电力监控系统网络	传统 IT 系统信息网络
网络边缘	分布广阔,边界部分为下位机系统中智能程度不高的 RTU、PLC、IED 等设备	智能计算机
体系结构	纵向结构,上位机和下位机之间为主从关系	横向结构,各节点之间为对等关系
传输内容	四遥信息,例如电压、电流、功率等	业务数据、用户数据
性能要求	实时通信;响应时间很关键;延迟和抖动都限定在一定的水平;适度的吞吐量	实时性要求不高;可以忍受高时延和延迟抖动;高吞吐量
部件生命周期	15～20 年	3～5 年
可用性要求	高可用性;连续工作,一年 365 天不间断;若有中断必须要提前进行规划并制定严格的时间表	可以有重新启动系统等操作;可用性缺陷通常可以容忍
风险管理要求	最先关注员工人身安全,以防危害公众的健康和信心,违反法律法规等;其次最关注的是整个生产过程的保护和容错,不允许暂时性停机	数据机密性和完整性是至关重要的,容错比较次要,暂时的停机也不是主要风险,其主要风险是延迟企业运作
系统操作	操作性复杂,修改或升级需要不同程度的专业知识	操作性简单,利用自动部署工具可较为简单地进行升级等系统操作
资源限制	资源受限,多数不允许使用第三方信息安全解决方案	制定足够的资源来支持增加的第三方应用程序,安全解决方案是其中一种
变更管理	变更前必须彻底地测试和部署增量;中断必要要提前数天/数周甚至更久,需进行详细计划并确定时间表,系统也要求把再确认作为更新过程的一部分内容	通常可以自动地进行软件更新,包括信息安全补丁的及时变更
技术支持	专用协议,目前常见的总线协议包括 Modbus、Profibus、EtherCAT 等	TCP/IP 等通用协议
通信方式	供应商之间互不支持,各自有许多专门的通信协议;多种类型的通信介质中,大体包括专用线和无线(无线电和卫星)两种	有标准的通信协议,主要在有局部无线功能的有线网络之间通信

2. Modbus 协议

（1）概述。

1979 年，Modbus 协议由 Modicon 公司率先提出，并作为业界第一个用于工业现场的总线协议推广使用，目前仍是工业现场应用最广泛、使用率最高的通信总线协议。依照 OSI 模型进行划分，其属于第 7 层应用层协议，规定了控制设备和其他设备间的通信交互内容。为了兼容 TCP/IP 协议的广泛使用，Modbus/TCP 应运而生，使用保留端口号 502 进行通信，这也是目前 TCP/IP 协议栈中唯一为工控协议保留的知名端口号。目前，可通过基于以太网的 TCP/IP 网口、基于 RS – 232/422/485 的串口方式实现通信。（图 2.8）

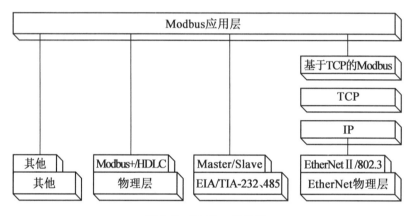

图 2.8　Modbus 通信栈

因其简易且易于实现，得以迅速推广，Modbus 使成千上万的自动化设备能够通信，发展至今已成为一个标准、开放、免费使用的协议，是通用工业控制系统通信标准，可将不同厂商生产的设备连接起来组成工业控制网络，实现集中监控功能。

（2）通信架构。

Modbus 协议兼容各类网络体系和通信实体，PLC、HMI、驱动程序、I/O 设备等均可通过 Modbus 协议实现信息交互，而网关设备可以同时支持在不同种类的 Modbus 总线协议上进行通信（图 2.9）。

Modbus 协议作为一个请求/应答协议，提供功能码服务，并在应用层定义了一个与网络通信无关的简单协议数据单元（Power Distribution Unit），而功能码即为 PDU 的组成元素，而应用数据单元（Asynchronous Data Unit，ADU）通过引入一些附加域和错误校验功能，保证应用数据的可靠传输（图 2.10）。

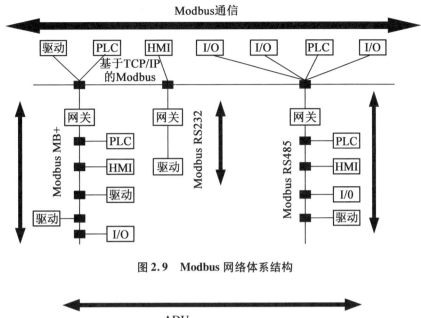

图 2.9 Modbus 网络体系结构

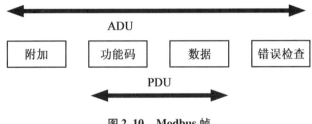

图 2.10 Modbus 帧

（3）通信功能。

正如网络通信需要 IP 地址或 MAC 地址一样，使用 Modbus 协议通信的实体也应具备一个独立的地址，该地址应保证唯一。在通信工作中，每个命令都会锁定目的地址，虽然非通信设备也可能收到命令消息，但只有地址匹配的才会响应。客户端发起一个包含初始功能码和数据请求的请求 PDU，启动会话，服务端有两种应答方式，若无错误，服务端会返回一个包含正常功能代码和数据应答的应答 PDU 作为响应；若发生错误，服务端会返回一个包含异常功能代码与异常数据的 PDU 作为响应。

功能码和数据请求可用于指定多种命令，常见的命令有控制 I/O 接口、读取 I/O 接口数据、读寄存器值、写寄存器值等，详细功能码包括（表 2.6）：

①公共功能码。由 Modbus 组织负责管理，定义了使用环节中一些通用的功能，不允许用户自行修改，可保证唯一性。

②用户定义功能码。用户可自行对功能码在 65 - 72 和 100 - 110 范围之间的功能进行自定义设置，不需要通过官方审批，由于无法保证唯一性，不同厂家该范围内功能码无法实现正常交互。

③保留功能码。除公共功能码和用户自定义功能码外的其余功能码作保留使用。

表 2.6　Modbus 功能码

功能码	名称	作用
01	读取线圈状态	取得一组逻辑线圈的当前状态(ON/OFF)
02	读取输入状态	取得一组开关输入的当前状态(ON/OFF)
03	读取保持寄存器	在一个或多个保持寄存器中取得当前的二进制值
04	读取输入寄存器	在一个或多个输入寄存器中取得当前的二进制值
05	写单线圈	强置一个逻辑线圈的通断状态
06	写单寄存器	把具体二进制值装入一个保持寄存器
07	读取异常状态	取得 8 个内部线圈的通断状态,这 8 个线圈的地址由控制器决定,用户逻辑可以将这些线圈定义,以说明从机状态,短报文适宜于迅速读取状态
08	回送诊断校验	把诊断校验报文送从机,以对通信处理进行评鉴
09	编程(只用于 484)	使主机模拟编程器作用,修改 PC 从机逻辑
10	控询(只用于 484)	可使主机与一台正在执行长程序任务的从机通信,探询该从机是否已完成其操作任务,仅在含有功能码 09 的报文发送后,本功能码才发送
11	读取事件计数	可使主机发出单询问,并随即判定操作是否成功,尤其是该命令或其他应答产生通信错误时
12	读取通信事件记录	可使主机检索每台从机的 Modbus 事务处理通信事件记录。如果某项事务处理完成,记录会给出有关错误
13	编程(183/384484584)	可使主机模拟编程器功能修改 PC 从机逻辑
14	探询(183/384484584)	可使主机与正在执行任务的从机通信,定期探询该从机是否已完成其程序操作,仅在含有功能码 13 的报文发送成功后,本功能码才发送
15	强置多线圈	强置一串连续逻辑线圈的通断
16	预置多寄存器	把具体的二进制值装入一串连续的保持寄存器
17	报告从机标识	可使主机判断编址从机的类型及该从机运行指示灯的状态
18	(884 和 MICRO84)	可使主机模拟编程功能,修改 PC 状态逻辑
19	重置通信链路	发生非可修改错误后,使从机复位于已知状态,可重置顺序字节
20	读取通用参数(584L)	显示扩展存储器文件中的数据信息
21	写入通用参数(584L)	把通用参数写入扩展存储文件或修改之
22 ~ 64	保留作为扩展功能备用	
65 ~ 72	保留以备用户功能所用	留作用户功能的扩展编码

续表 2.6

功能码	名称	作用
73 ~ 119	非法功能	
120 ~ 127	保留	留作内部作用
128 ~ 255	保留	用于异常应答

3. IEC 系列协议

（1）概述。

国内的电力系统发展较国外起步较晚,相关的标准也以借鉴引用国外标准为主,起初由欧洲发起的 IEC 系列协议,在经过多个标委会联合研究后,最终最为电力行业的主要工控协议发布,IEC60870 – 5 – 101、104 等 IEC 协议被广泛应用于电网通信中,目前已成为电网公司内部以及电网和发电厂之间日常通讯的主要协议,该系列协议的安全性也直接影响到电力监控系统的安全性。

随着 IEC61850 智能变电站标准在电力系统的广泛使用,为了配合标准的推进以及 TCP/IP 网络的普及,在原有 IEC60870 – 5 – 101 基本远动任务配套标准的基础上,制定了 IEC60870 – 5 – 104 协议,使电力系统可以基于 TCP/IP 网络实现远程通信,广泛应用于电网调度中心的 EMS 系统和变电子站的 RTU 和变电站自动化系统之间,采用专用 Internet 网络进行通信,例如江苏电网的厂站之间的主通道采用以太网通信的 IEC60870 – 5 – 104 网络协议,备用通道沿用之前的 101 协议,并且在部署时可采用冗余和非冗余部署模式（图 2.11）

协议的主要特点包括:

①TCP/IP 网络通信。

②端口号为 2404 。

③IEC60870 – 5 – 101 协议采用平衡式传输。

④时标 7 字节。

⑤时钟同步召唤。

⑥工作量小,效果好,易实现。

（2）应用层报文格式（Application Protocol Data Unit,APDU）。

协议中定义了远动系统传输帧中的基本数据单元,并定义了应用服务数据单元（Application Service Data Unit,ASDU）用来携带应用内容,并规定每个报文中有且仅能有一个 ASDU。

ASDU 由数据单元标识符以及一个或多个信息对象组成,不同 ASDU 的数据单元标识符一般仍选用相同的结构,并且其携带的信息对象也常有相同的结构和类型,并由类型标识域所定义。

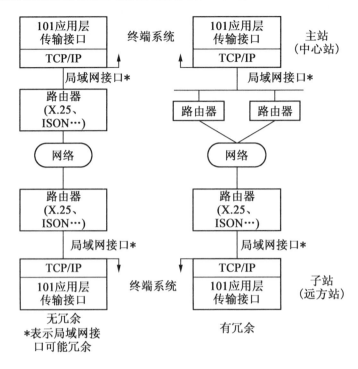

图 2.11　一般体系结构(示例)

数据单元标识符的结构如下:

①一个 8 位位组:类型标识(表 2.7)。

②一个 8 位位组:可变结构限定词。

③两个 8 位位组:传送原因(表 2.8)。

④两个 8 位位组:应用服务数据单元公共地址。

ASDU 公共地址是站地址,是由系统参数所决定的一个或两个 8 位位数组,其可寻址整个站或者站内的特定部分。

表 2.7　数据单元标识符的类型标识

类型	数值(十六进制)	意义
遥测	09	带品质描述的测量值,每个遥测值占 3 字节
	0A	带 3 字节时标且具有品质描述的测量值,每个遥测值占 6 字节
	0B	不带时标的标度化值,每个遥测值占 3 字节
	0C	带 3 个时标的标度化值,每个遥测值占 6 字节
	0D	带品质描述的浮点值,每个遥测值占 5 字节
	0E	带 3 字节时标且具有品质描述的浮点值,每个遥测值占 8 字节
	15	不带品质描述遥测值,每个遥测值占 2 字节

续表2.7

类型	数值（十六进制）	意义
遥信	01	不带时标的单点遥信，每个遥信占1字节
	03	不带时标的双点遥信，每个遥信占1字节
	14	具有状态变位检出的成组单点遥信，每个字节8个遥信
SOE	02	带3字节短时标的单点遥信
	04	带3字节短时标的双点遥信
	1E	带7字节时标的单点遥信
	1F	带7字节时标的双点遥信
KWH	0F	不带时标的电能量，每个电能量占5字节
	10	带3字节短时标的电能量，每个电能量占8字节
	25	带7字节短时标的电能量，每个电能量占12字节
其他	2E	双点遥控
	2F	双点遥调
	64	召唤全数据
	65	召唤全调度
	67	时钟同步

表2.8 数据单元标识符的常用传送原因

数值	意义	数值	意义	数值	意义	数值	意义
01	周期、循环	04	初始化	07	激活确认	0a	激活结束
02	背景扫描	05	请求或被请求	08	停止截获	14	响应总召唤
03	突发	06	激活	09	停止激活确认		

（3）协议通信过程。

①建立连接。调度主站首先作为客户端向子站RTU发起连接请求，利用传输控制协议（Transmission Control Protocol，TCP）三次握手建立连接后，将实时监测该条TCP连接的状态，当连接中断后主站将重新向子站发起连接请求。连接建立伊始，主站与子站RTU将发送和接收序号清零以便同步，并且子站只有在接收到主站的开始请求后才会循环定时上送采集数据。数据的上传与接收调度主站的遥控遥调命令可分离，及时没有收到调度主站发送的开始数据传输信号，子站仍能对主站发出的遥控遥调指令进行响应。

②循环数据上送。子站将变化的遥测数据上送至主站，以南网为例，遥测量将统一使用36作为类型标识。

③主站数据召唤。主站可通过总召唤功能主动收集子站的监测信息，以类型标识100、传送原因6作为总召唤命令下达至子站，子站以类型标识100、传送原因7作为响

应,并携带类型标识为 1 的单点遥信和类型标识为 13 的全遥测数据,数据上送完成后,主站下达类型标识 100、传送原因 10 作为结束命令。

④子站主动上传。当变电站系统发生突发情况,如系统故障、线路跳闸时,子站将现场实际情况主动上送至主站,包括:类型标识为 1、传送原因为 3 的单点遥信报文,类型标识为 30、传送原因为 3 的事件顺序记录 SOE 报文。

⑤遥控遥调。遥调命令分为单点设置和多点设置两种,当主站发送的命令类型标识为 48、传送原因为 6 时是单点设置遥调命令,子站将以类型标识为 48、传送原因为 7 作为执行确认响应;当主站发送的命令类型标识为 136、传送原因为 6 时是多点设置遥调命令,子站将以类型标识为 136、传送原因为 7 作为执行确认响应。遥控分为预置和执行两步,首先主站发送类型标识为 45、传送原因为 6 的预置命令,子站以类型标识为 45、传送原因为 7 的报文作为确认响应,之后主站发送类型标识为 45、传送原因为 6 的执行命令,子站在收到执行命令后执行,并返回类型标识为 45、传送原因为 7 的响应报文。

⑥计划曲线下发。以南网细则为例,以 5 min 为间隔,将全天划分为 288 个时段并为每段分配一个固定地址,以 137 作为类型标识实现主站对子站的计划曲线下发。

⑦时钟同步。电力系统的正常运行离不开高精度的时钟同步,因此主站与子站之间也将定期进行时钟同步,主站以类型标识 103、传送原因 6 作为同步命令,子站收到命令后以类型标识为 103、传送原因为 7 作为确认响应,并将时差以类型标识为 36、传送原因为 3 的变化遥测数据上传至主站。

⑧分组召唤。以南网细则为例,该细则定义遥信数据为 1~8 组,遥测数据为 9~12 组,分组召唤完成后,子站将以类型标识 100、传送原因 10 作为确认报文返回主站。

⑨远方复位。子站可接收主站的远程复位请求,此时主站发出类型标识为 105、传送原因为 6 的复位请求命令,子站将以类型标识 105、传送原因 7 作为复位确认命令返回主站。

(4)报文举例。

总召唤上传遥测报文举例如下(表 2.9)。

表 2.9　遥测报文示例(十六进制)

	68	40	18	00	04	00	09	91	14	00	01	0B	70	40	00	00
00	00	00	00	00	00	00	00	00	00	00	00	00	00	00	00	00
00	00	00	00	00	00	F4	01	00	00	00	00	00	00	00	00	00
00	00	00	00	00	00	00	00	00	00	00	00	00	00	00	00	00

说明:

①0x68:固定的启动字符。

②0x40:APDU 长度。

③0x18000400:控制域八位组 1~4。

④0x09:ASDU 类型(遥测数据)。

⑤0x91:该位用于定义帧中所含应用数据的数量,低位在前、高位在后。最高位为 1时,标识应用数据对应的地址是连续的,本报文中仅提供初始地址,即第一个遥测信息的地址,后续地址在此基础上递增;当最高位不为 1 时,表示应用数据前将带有一个 3 字节的地址信息,地址可以是不连续。

⑥0x0014:用于规定数据上传原因,地位在前、高位在后。根据表 2.8 可知,上述报文表示响应总召唤。

⑦0x0b01:子站地址,由主站设定,低位在前、高位在后。该地址一经主站确定后,子站应严格按此地址进行通信,禁止自行修改地址。

⑧0x004070:表示该帧中第一个遥测信息的地址,后续遥测信息地址在该地址上递增,不再重复体现。

⑨000000:每 3 个字节表示一个遥测数据。

4. DNP3 协议

分布式网络规约(Distributed Network Protocal,DNP)最初由哈里斯公司为北美电力行业开发设计,用于遥控变电站与其他智能电子设备(Interlligent Electronic Device,IED)的通信,如今已发展至 DNP3.0。该协议用于主站和子站,以及控制站内部各类设备的串行通信,与其他控制协议一样,也可通过 TCP 或 UDP 进行封装。与 Modbus TCP 类似,其可封装于 TCP 中进行通信,使用端口号为 20000,并在帧中增加了循环冗余校验码 CRC 来保证数据的完整性。TCP/IP 上的 DNP3 并没有对串行链路上的 DNP3 做任何实质上的修改,仅是将数据作为 TCP/IP 上的应用层数据封装起来进行传输。

DNP3 的规约决定了其优点:在保持效率且适合实时数据传输的同时,具有高度的可靠性。它还使用了几种标准数据格式,支持数据时间戳(以及时间同步),使得实时传输更加高效、可靠。此外,DNP3 对 CRC 校验频繁使用,每个 DNP3 帧可包含高达 17 个 CRC(帧头一个,帧内载荷的每个数据块内有一个)。DNP3 还有可选的数据链路层确认以便进一步保证可靠性,并且还有多种支持数据链路层授权的变种版本。由于校验操作都是在数据链路层帧内完成的,因此 DNP3 在以太网上被封装起来传输时,还可以使用额外的网络层校验。

相比较于 Modbus 协议,DNP3 是双向且支持基于异常报告的协议,DNP3 子站可能在非正常轮询周期时发送自发响应,将事件通知给主节点。

DNP3 提供一种方法来识别远程设备参数,然后使用对 1～3 类事件数据的消息缓冲区来识别输入消息并通已知的点数据进行比较。采用这种方式,主设备只需要读取由点变化或变化事件产生的新消息。

DNP3 通信流程分为由主站发起到子站和由子站到主站的自发响应发送两种模式。(图 2.12)。

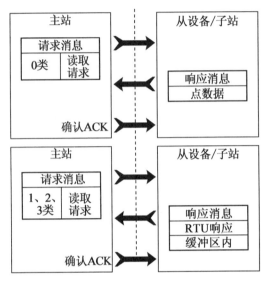

图 2.12　DNP3 协议交互机制

（1）主站发起到子站。

最初通信从主站到子站的 0 类请求,用于将所有点数值读入主数据库。接下来的通信通常可能的类型是:主站发送的某数据类型直接轮询请求;从主站到 RTU 的控制或配置请求及后续周期性的 0 类轮询。

（2）子站到主站的自发响应。

由于 DNP3 是一种支持自发响应的双向协议,子站可以对某数据类型自发响应,这就对 DNP3 数据帧结构提出了一些要求。例如,每帧都必须包含源地址和目的地址,以便接收设备确定处理哪些消息,并向哪个设备返回响应。

DNP3 帧的第 2 层帧中包含源地址、目的地址、控制及载荷等,可以由包括 TCP/IP(通常使用 TCP 端口 20000 或 UDP 端口 20000)在内的多种协议作为应用层协议承载。功能代码存放于 DNP3 帧头的 CNTRL 字节中(图 2.13)。

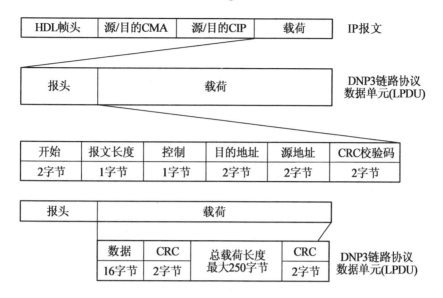

图 2.13 DNP3 帧结构

 ## 2.2 典型业务功能子系统分析

▶▶ 2.2.1 变电站自动化系统 ▶▶ ▶

1. 系统简介

风电场所发出的电能需要通过升压变电站汇集到区域电网后,再经输变配用等环节方能被用户使用,因此风电场在建设过程中通常会同步建设一套升压变电站,或是通过临近的升压变电站实现变电功能。随着数字化的发展,变电站的正常工作离不开变电站自动化系统的支撑,变电站自动化系统是利用计算机、网络通信、信号处理等技术,将站内的测控单元、保护单元、远动装置等设备进行整合,继而实现对变电站内一次设备、输配电线路、变压器、继保设备等的监测、控制和微机保护,并实时与远方调度通信。变电站自动化系统并不是一个单独的业务应用系统,其一般由变电站实时监控、继电保护、电能质量控制、电气五防等多个模块组成,而各模块又由多类设备组成。

2. 系统结构

变电站自动化系统依照 IEC61850 进行建设,分为过程层、间隔层和站控层,各层之间通过站内高速网线或光纤进行通信(图 2.14)。

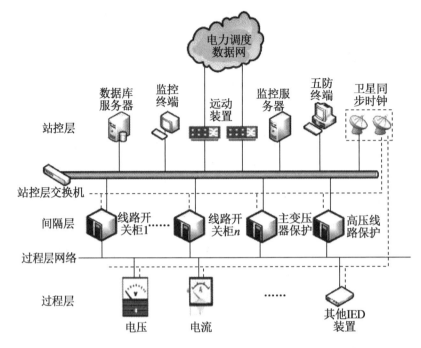

图 2.14　变电站自动化系统结构

　　过程层由变电站自动化系统最底层设备组成,其直接安装在一次设备上,用于监视、采集一次设备的运行状态,包括电压互感器、电流互感器、温度传感器等设备。

　　间隔层是指直接面向过程层设备的二次设备,承担变电站的继电保护、自动装置、数据采集和操作执行等功能。间隔层按所接一次设备的不同划分为不同的间隔,例如一个间隔就是一条输电线路或一台变压器,每个间隔层的二次设备只完成本间隔的继电保护、数据采集和操作控制等功能,与其他间隔的设备没有关联或关联性小,其他间隔的停运通常不影响本间隔的正常运行。间隔层由不同单元装置组成,可以把过程层信息经由内部通信网络上传至站控层主机。间隔层主要包括两种单元,如果这种单位设备主要完成继电保护功能或自动装置功能,就称之为保护单元;如果主要完成数据采集和控制功能,就称之为测控单元。目前间隔层分散安装在开关柜上。

　　站控层是指直接面向主控室运维人员的通用计算机设备,由监控服务器、五防终端、远动装置等组成,其负责对间隔层设备上传的数据进行集中显示和处理。

3. 系统功能

变电站自动化系统的主要功能包括:

(1)信息采集功能,包括遥测、遥信、遥控和遥调信息。

(2)实时监控功能,通过交互式终端,实现对变电站系统及各类设备运行状态的实时监测和控制,摆脱传统就地控制不灵活的约束。

（3）应急保障功能，当变电站系统内发生故障时，现场保信子站通过继电保护装置迅速将故障设备和在运系统断开连接，并通过故障录波装置完成瞬时电气量的采集和上送。

（4）电气设备控制及微机五防功能。

（5）历史数据记录和查询功能，事故追溯 SOE，并提供报表统计、查询和打印功能。

（6）数据的打包和远方通信功能。

变电站自动化系统的实时监测界面如图 2.15 所示，除了上述功能外，其还具有以下特征：

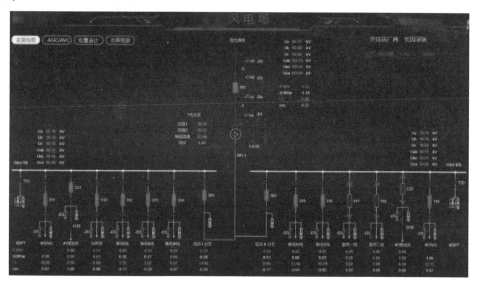

图 2.15　变电站自动化系统监控界面

（1）系统功能自动化。

目前风电场变电站自动化系统依照 IEC61850 标准建设，其在传统变电站基础上，将原先的各类仪表屏、操作屏、模拟屏等功能进行整合，是一个技术水平高度集成、专业交叉配合的系统。例如，继电保护子系统在原先孤立运行的电磁式或晶体管式保护装置的基础上，用户可对保护定值进行管理，并增加了微机防御闭锁等功能。

（2）系统结构分层分布化。

变电站自动化系统总体上是基于分层分布化的思路而设计的，将一个复杂的系统分解为若干个子系统，各子系统并行、协同工作，其通常具备典型的三层结构（站控层、间隔层和过程层），在具体运作时其通过局域网、现场总线方式将现场不同功能与配置的单片机和微型计算机连接在一起。采用分层分布式结构，可大大提升系统可靠性和灵活性，减小设计、生产和维护相关工作量，提升系统智能化水平。

（3）测量显示数字化。

有别于采用指针式仪表进行参数测量的传统变电站，当前风电场普遍部署的变电站自动化系统采用数字式监视仪表,此类仪表设备能将测量结果实时传输至监控服务器,不但将现场员工从繁重的人工抄表工作解放出来,而且提高了参数测量精度。

(4)操作监视屏幕化。

变电站自动化系统部署后,运维人员通过监控服务器就可以实现对变电站一次系统的实时监视与远程操控功能,包括断路器的分、合闸操作,变压器挡位调节等操作。同时,变电站内一次设备的运行参数及控制设备的状态将实时反映在监控服务器上,当出现故障和异常时,报警窗口将自动弹出,同时监视系统会提供图形闪烁、语音报警、文字提示等。

(5)运行管理智能化。

变电站自动化系统是IT与OT深度融合的产物,是一个运行管理高度智能化系统,一方面通过自动报警、生成报表、AGC/AVC等功能,实现管理自动化,另一方面在故障分析和恢复方面,通过系统自诊断、自恢复和自闭锁等功能实现管理智能化。

(6)通信手段多元化。

除了传统的硬接线或总线传输外,当前风电场变电站自动化系统中还广泛使用了双绞线、光纤等通信技术或手段。这些技术的应用不仅提升了系统强抗电磁干扰的能力,而且简化了传统变电站冗余复杂的电缆布线,使得系统内的数据能够进行高速的传输与及时共享,满足了系统可用性和实时性的要求。

▶▶| 2.2.2　风机监控系统 ◀◀　▶

1. 系统简介

风机监控系统利用自动化领域相关电气技术、控制理论和方法,实时监视风电机组的运行参数,在确保机组稳定运行的同时,根据实时风速、风向、风机出力等情况,进行变桨、偏航、功率调整等操作,实现对机组优化控制的功能,是远程实时监测系统平台(图2.16)。

2. 工作内容

风机监控系统主要实现数据采集、传输、监测、存储、分析处理等功能(图2.17)。

(1)数据采集功能。

数据采集是风机监控系统的核心功能,提供监控系统运行所需的基本数据,包括叶轮系统、传动系统、发电机系统、偏航系统、液压系统、电控系统等的各类开关量和模拟量信号。

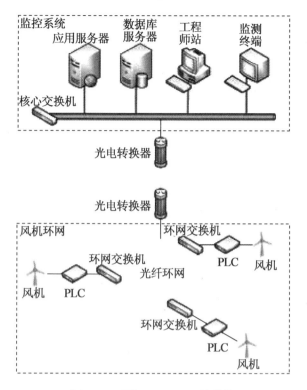

图 2.16　风机 SCADA 系统结构

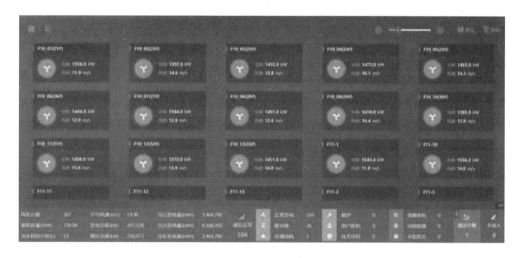

图 2.17　风机监控系统监控界面

（2）数据传输功能。

数据传输功能是风机监控系统实时监测与远程控制的基础,由局域网、光纤环网及各类采集、控制设备组成,为系统各终端和监控设备之间数据交换和共享提供所需的网络通道,包括 PLC 与监控中心之间,监控中心于各终端之间的数据传输,并为传输阶段采用的不同协议提供协议转换功能,保证数据的正常传输和共享。

(3)数据存储功能。

数据存储功能实现风机监控系统数据的实时存储与调用,对存储周期大于 6 个月的数据进行压缩,以节省存储空间。

(4)数据监测功能。

数据监测功能在数据采集和存储的基础上,提供人机交互监测界面和分析计算功能,为运维用户提供生动形象的图形化监视界面,实现对风电场和风电机组的状态实时监测。

(5)数据发布功能。

数据发布功能为运维用户提供标准数据发布手段,由监控系统后台的应用服务器实现,通过 B/S 架构的 Web 浏览器或 C/S 架构软件实现数据浏览和访问功能。

(6)数据分析功能。

数据分析功能基于存储的风机数据,进行分析计算,包括风电场全量数据采集、报表生成、预测分析、性能优化等。

(7)设备控制功能。

设备控制功能为运维用户提供远程启动、停止、复位设备的手段,极大程度简化了风电场的运维工作。

(8)异常报警功能。

异常报警功能提供风机运行过程中的各类异常报警功能,根据系统预设值,实现功率异常、油温异常、压力异常等的报警,以及监控系统自身的异常报警(包括网络异常、PLC异常、监控服务器异常等)。

(9)安全审计功能。

安全审计功能提供对系统的用户行为和安全事件进行日志记录和审计的功能,依照预先制定的系统日志参数,记录各类用户的操作和系统运行产生的事件,并依照级别进行划分,将重要的事件通过报警的形式及时通知给运维人员。

▶▶ 2.2.3 风功率预测系统 ▶▶ ▶

1. 系统简介

风力发电直接受实时风速的影响,因此具有明显的间歇性和波动性,对电力系统的稳定运行带来一定影响,因此调度中心需掌握风电场实时功率,以便安排调度计划。风功率预测系统便是通过风电场所属地区的气象数据、历史数据等,通过数学模型构建本风电场的预测模型,实现对风电场的功率预测功能,其服务对象主要为电网调度中心和电力现货市场交易人员。电网调度员通过风功率预测系统收集所属区域所有新能源的功率预测数据,对所属区域电网的潮流分布进行规划部署,并对风电场出力进行统一调度。根据需求分析,确定风功率预测系统的总体结构(图 2.18)。

风功率预测系统主要包括接口层、数据层、预测层和表示层。其中,接口层为系统数据源,负责采集气象数据、风机发电数据等信息,并将采集到的数据存储到数据层;数据层为系统的数据仓库,为预测层提供数据变量源,为表示层提供最终预测数据;预测层为系统的核心,将数据层数据代入到预测数学模型后生成预测数据,并存储到数据层;表示层为最终人机交互接口,为用户提供超短期、短期、长期等预测数据,并通过界面进行展示。预测层将预测请求和预测模型相匹配,从数据层调用数据样本,计算得出预测结果并交由数据层存储,同时通过表示层将最终结果展示给电网调度和现场运维人员(图 2.19)。

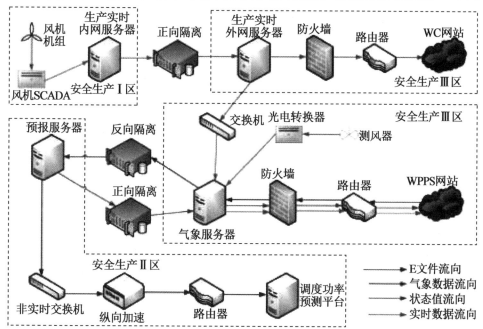

图 2.18　风功率预测系统结构

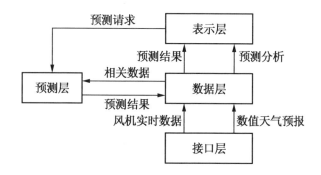

图 2.19　风功率预测系统功能流程图

2. 系统功能

风功率预测系统可直接由风电场运维人员管理,包括以下功能:

（1）数据采集和处理功能。

系统需要为功率预测功能提供数据源，采集的数据一般包括风电场风速、风向、有功功率、机组运行状态等，需要与互联网气象中心以及内网风机监控系统进行数据交互，在采集到数据后，会依照既定规则进行预处理，并保存为预测模型所需的格式。

（2）风速预测功能。

根据采集到的风速、风向等气象数据，一般以 15 min 为时间间隔生成风速预测结果，包括基于历史数据的超短期预测和基于数值气象预报的短期预测。

（3）功率预测功能。

预测模型根据采集到的数据，依照不同的时间间隔生成预测数据，一般包括基于历史数据，在 6 h 内以 15 min 为间隔的超短期功率预测数据，以及基于数值气象预报，在 72 h 内以 15 min 为间隔的短期功率预测。

（4）统计分析功能。

统计分析功能主要通过数学统计方法，分析历史数据，为运维人员优化场站运行水平提供依据，包括误差统计、分析、相关性校验等功能。

（5）预测结果修正功能。

系统允许运维人员依照既往历史数据、经验对预测结果进行修正。

（6）数据发布功能。

依据电网公司对功率预测的要求，将功率预报曲线和结果上报电网公司和上级省公司。

功率预测功能可分为"后台实现"和"前台显示"两部分（表 2.10）。

表 2.10　功能展示

前/后台	功能	描述
前台显示	数据采集	与数据前置机连接
		从数据前置机采集风机实时数据
	核心数据库	对采集数据进行筛选、处理和存储
		提供算法预测所需数据
		对实时数据和预测数据进行存储
	预测程序	通过算法结合数据库提供数据进行预测
后台实现	基本情况	显示调度所辖风电或具体风电场的基本情况，具体数据项可选
	风速预测	查看预测风速情况，具体显示包括超短期风速预测值、短期风速预测值、实测风速值
		查询历史预测风速，对历史预测风速进行查询，支持导出

续表 2.10

前/后台	功能	描述
后台实现	功率预测	查看预测功率情况,显示风电场输出功率的超短期预测值和短期预测值以及实测功率值
		查询历史预测功率,对历史预测功率进行查询,支持导出
	风速误差	查看预测风速与实测风速的对比,显示几种典型误差
		查看预测风速与实测风速的对比,对历史风速误差进行查询,支持导出
	功率误差	查看预测功率与实测功率的对比,显示几种典型误差
		查看预测功率与实测功率的对比,对历史功率误差进行查询,支持导出
	上报管理	在将预测信息上报电网调度前可以进行人工修正和干预
	算法管理	实现对预测算法的添加、删除、修改等管理工作
	后台管理	对用户的管理,包括查看、创建、删除、权限设置等
	日志管理	记录系统各级别管理员的操作时间、操作动作等

►►| 2.2.4 电力调度数据网系统 ►► ►

风电场电力调度数据网络为电网公司电力调度数据网的有机组成部分,是专为生产控制大区服务的专用数据网络,与管理信息大区的综合数据网物理隔离,其负责将生产控制大区的各类生产实时数据、控制数据统一传输至电网调度中心(图 2.20)。电力调度数据网分为骨干通信网和接入通信网两级,骨干通信网覆盖 35 kV 及以上变电站以及电网调度中心之间的数据通信,接入通信网由 10 kV 和 0.4 kV 电力通信接入网组成。

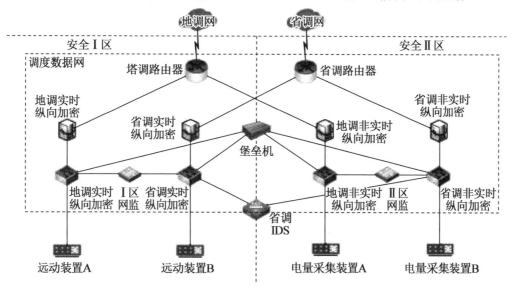

图 2.20 电力调度数据网系统

▸▸ 2.2.5　生产信息实时监测系统　▸▸　▸

生产信息实时监测系统(以下简称生产实时系统),是为应对大集团发展和管理需求,以实时信息为基础,对下与场站各类生产信息系统对接,对上与各区域集控中心对接,为集团实时掌握场站信息、优化发展决策提供支撑。从功能上来说,它是类似于电力调度数据网的一套数据采集和传输系统;从结构上来说,它是区域集控中心在场站的分支,通过建立历史实时数据库,将生产实时数据进行采集和存储,并以此为数据源进行分析优化及诊断,在满足上级集团公司对生产过程的管控要求的同时,保证风电场安全稳定运行。

生产信息实时系统的结构并没有明确的规定,主要根据各集团公司对下辖风电场管理要求,在建设过程中,由于系统需要与各类实时生产系统连接,必须严格遵循《电力二次系统安全防护规定》的要求,按集团等保规定进行等保定级,保障集团网络安全;对风电场内位于生产控制大区的各类实时数据,采用严格的物理隔离措施实现数据采集功能;根据集团网络的等级保护要求,采用集团统一的 Internet 出口,与集团管理网之间采用专线连接,设置了相应的安全防火墙设备(图2.21)。

图2.21　生产信息实时监测系统

生产实时系统基于 B/S 架构平台发布,完成了 Web 发布平台、整体概况、数据显示、关键指标、统计报表、数据查询、性能分析等功能。

1. B/S 架构发布平台

B/S 系统平台主要提供模块化功能支持和整个系统的管理维护功能。主要功能涉及功能模块的导航、模块功能的导航两大模块化支持功能和系统的登录、系统的功能维护、系统的权限维护、系统的用户管理、个人口令重置、个人信息修改、系统操作日志记录等系统管理维护功能。

2. 整体概况

生产实时系统作为区域集控系统、全国生产监控系统的有机组成,依照风电场、区域公司及总部三层模式进行规划建设,通过图形化交互界面,将风电场的运行指标实时展现给运维人员。其一般不单独建设 WEB 展示和管理界面,相关展示功能在集控系统中体现,主要负责采集风电场运行数据,例如当前风电场总装机容量、实时风速、发电量、故障率等信息,并经过统计分析汇总后进行展示,使运维用户能够直接有效地掌握现场 运行情况和各类设备参数。

3. 数据展示

数据展示模块首先直观展示风机 3D 模型,并配合以剖面图、参数列表等多维度展现方式,将风电机组的实时运行状态展现出来,例如机组偏航角度、实时有功功率、风速以及机组运行状态(运行、故障、停机、通信中断)等信息。

4. 关键指标

通过关键业务指标数据(Key Performance Indicator,KPI)统计方法,将风电机组依据不同维度进行统计分析,如故障率、可利用率、电量完成情况、电量损失情况等,统计结果将供用户进行直观分析,为企业进一步优化机组运行状况和企业工作效率提供数据支撑。

5. 统计报表

统计报表通过人工筛选分类依据,自动为用户生成不同维度统计报表,供企业公司分析查看。统计报表采用两种方案实现:①针对格式相对固定、可以直接形成维度查询分析的报表,使用 Report Service 实现;②针对格式灵活多变、修改工作频繁、并且包含大量统计分析算法的,用户可自定义报表形式,使用 Excel 作定义报表模板的工具,通过 ASP.NET 方式进行报表的自动生成、加载和浏览。

6. 性能分析

性能分析是在数据采集、统计报表等功能的基础上,以同时期历史数据为参照,对影响机组性能的几项参数进行分析,如功率、电量、故障率等,例如通过机组的历史功率曲线、理论功率曲线和实际功率曲线进行对比,分析不同时段影响风机出力的因素,帮助用户直观理解机组实际运行状况与理论值之间的差别,以便下一步制订优化计划。

▶▶▌ **2.2.6 保护及故障信息管理系统** ▶▶ ▶

1. 概述

保护及故障信息管理系统(以下简称保信系统)一般以调度中心保信主站在场区的子站模式建设,通过与保护单元、故障录波装置等控制设备连接,对风电场保护信息和故障录波数据进行采集和管理,并经电力调度数据网络传输至调度中心保信主站。目前,区域集控系统在建设时会在系统内建设一套保信主站,可实现调度中心保信主站同样的功能。风电场运维人员也可通过现场的保信子站系统查询风电场内各保护装置的跳闸和故障信息及相关保护定值。保信子站置于生产控制大区的安全 Ⅱ 区,对上通过 TCP/IP 网络与保信主站通信,对下通过现场总线或网络方式与场站内保护单元、故障录波装置通信(图2.22)。

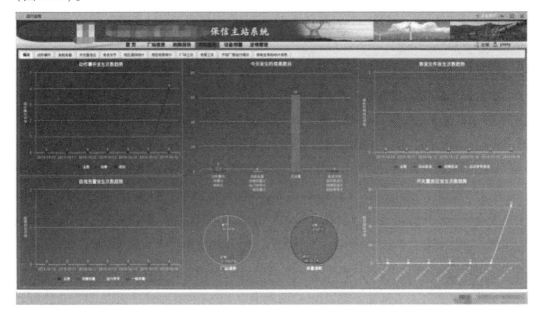

图2.22 保护及故障信息管理系统

2. 传输方式

目前风电场内保信子站的信息管理和上传方式包括:

(1)故障录波独立组网,通过网口接入保信子站;保信子站经串口连接保护装置,通过规约转换器接入现场变电站自动化系统(图2.23)。

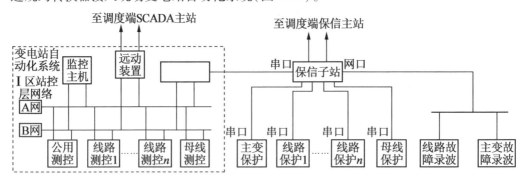

图2.23 常规保信子站系统连接示意图

(2)故障录波独立组网,通过网口接入保信子站;站内二次设备采用统一的DL/T 860规约通信,保护装置接入变电站自动化系统网络获取保护装置的相关信息,由于保信子站与变电站自动化系统分属安全Ⅱ区和安全Ⅰ区,两系统间通过防火墙实现逻辑隔离(图

2.24）。

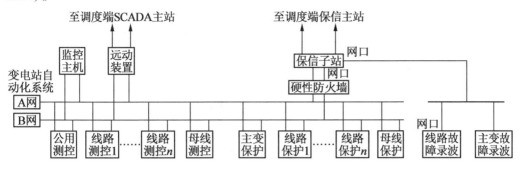

图 2.24　智能化变电站内保信子站系统连接示意图

▶▶ 2.2.7　能量管理系统 ▶▶ ▶

1. 概述

能量管理系统由两部分组成，分别是 AGC 和 AVC。

自动发电控制（Automatic Generation Control，AGC）是能量管理系统中负责调节有功功率的部分，根据调度中心下发的有功调控指令，在电场有功功率可调整范围内（风电场一般是减少出力），动态调整有功功率，进而保证电力系统频率的稳定性。风电场内部署的 AGC 子站需要与调度主站进行联调，在联调成功后子站可依据主站下发的调整策略，按照平均分配或加权分配原则，将调整结果下发至各风电机组，实现风电场有功功率的优化分配和调节。

自动电压控制（Automatic Voltage Control，AVC）是能量管理系统中负责调节无功功率的部分，依据电网调度下发的无功功率调控指令，在发电厂可调整的无功功率范围内，动态调整无功功率，进而保证电力系统电压的稳定性。AVC 子站通过接受电网调度的母线电压和总无功负荷设定要求，按照既定规则调整无功补偿设备的投入量、风电机组发出有功无功比例、变电站升压变压器的变比，实现风电场的无功功率调节，保证并网点电压在正常范围内。

2. 系统结构

能量管理系统由 AGC 和 AVC 两个子模块组成，在系统内部署有应用服务器和前台工作站，其系统结构如图 2.25 所示。AGC/AVC 服务器是能量管理系统的核心，负责于风机变频器、SVG/SVC、远动装置等通信，并依据电网调控指令制订现场调节策略，分发至相关设备。工作站提供图形化的人机交互界面，为运维用户提供直观的系统监视功能，不仅显示能量管理系统的调节状态，还可显示风机变频器、SVG/SVC 的实时运行信息。

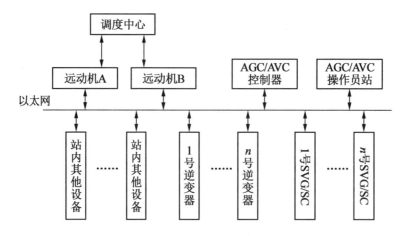

图 2.25　AGC/AVC 系统结构图

　　AGC/AVC 服务器需要调节场站有功和无功功率,因此需要与风电机组、无功补偿等设备连接,在部署时一般以双机模式连接站控层 AB 网络以及风机核心网络。电网调度在根据潮流分布安全好调度计划后,会通过电力调度数据网经远动装置将 AGC/AVC 指令下发,AGC/AVC 系统在接收到指令后会迅速响应,例如安排无功补偿设备的投运/切出、限制风电机组转速等,以此满足电网公司对电力系统安全稳定运行的要求。

第

风电场电力监控系统安全防护技术

3章

3.1 概 述

安全防护技术是保障电力监控系统内各设备安全稳定运行,抵御黑客利用系统后门、已知和未知安全漏洞与进行恶意入侵、攻击及破坏,实现场站电力监控系统安全防护从静态布防到动态综合管控的关键。根据风电场电力监控系统中安全防护技术的适用范围与技术特点,将其划分为通用安全防护技术与专用安全防护技术两大类,其中通用安全防护技术以身份认证、入侵监测、数字签名等技术为代表,其多为传统互联网安全防护技术在风电场工控系统中的推广应用。专用安全防护技术以电力专用纵向加密认证、电力专用横向单向隔离、网络安全监测等技术为代表,其是针对电力监控系统安全防护场景特点与需求定制化开发的。两类技术相互融合共同构建起风电场电力监控系统安全防护的基础。

3.2 通用安全防护技术

3.2.1 身份认证技术

1. 概念

在风电场电力监控系统网络中,各用户的身份信息都是由一组特定的数字 ID/UID 来标识的,服务器、工作站等设备只能识别用户的数字 ID/UID,并且针对创建的数字 ID/UID 进行授权。因此采取何种措施,确保这个以数字 ID/UID 进行操作的用户是其合法拥有者本人,就格外重要。身份认证技术就能解决这个问题,其采用基于软件、硬件或软件+硬件的方法,验证用户的数字 ID/UID,从而建立起整个风电场网络通信的信任基础。

2. 细分类别与工作机制

在风电场电力监控系统中,广泛使用的身份认证方法主要有静态口令认证、动态口令认证及 USB Key 认证等 5 种。

(1)静态口令认证。

静态口令认证即"账户名+静态口令"的方法,其基于"你知道什么,你不知道什么"的认证思路,假定用户的静态口令是由该用户本人自行独立设定的,除此之外其他人无从知晓。因此,只要能够正确输入静态口令,用户的身份 ID 在该方式下便被确认。尽管静态口令认证是网络中最常用的身份认证手段,但由于其口令是静态的,因而存在口令易于被他人猜测、易于被潜伏的木马程序或嗅探工具截获等安全风险。因此,在风电场电力监控系统内需要对采用静态口令认证方式登录的设备资产进行重点关注,并采取适当的认证增强措施,如设置口令复杂度、定期更换口令等。

(2)动态口令认证。

在动态口令认证机制下,用户每次登录时都需要输入"账户名+动态口令"以便于系统确认用户的身份,其中账户名一般为特定的字符串,而动态口令则会随着使用次数或时间更新变化,且往往每个口令仅能使用一次或在一小段时间内有效。该种认证机制的实现需依托专用的动态令牌卡,其通常由内置式电源、密码生成芯片及显示器组成。其中密码生成芯片会根据预设的特定算法程序、当前使用次数或时间生成唯一的用于身份认证的动态认证口令;同一时刻,认证服务器基于有效用户所持有的令牌卡信息及相同的令牌口令生产机制,同样可以获得上述唯一动态认证口令。当用户登录时,认证服务器通过一致性匹配,以确认登录用户身份的合法性(图 3.1)。

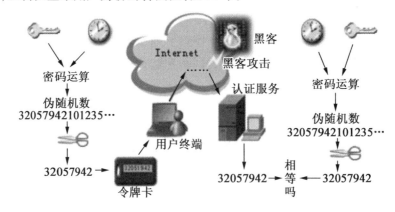

图 3.1 基于动态口令认证的身份认证机制

相比于静态口令的认证方式,动态口令认证方式采用了一次一密的方法,在用户身份认证的安全性方面有了较大幅度的提高。尽管如此,该认证方式仍然存在一定的缺陷,如当硬件令牌卡与认证服务器内置时间或使用次数出现偏差时,可能会导致认证机制失效,持有正确动态口令的合法用户也无法通过认证。

(3)IC 卡认证。

作为一种静态的认证技术,基于 IC 卡认证的身份认证方法依赖于内置集成电路,其由专业的设备厂商提供,并通过该专用的工具写入有合法用户身份信息,因此 IC 卡通常认为是不可复制的硬件(图 3.2)。该卡由合法用户本人持有,当需要认证时,持有者须将 IC 卡靠近专用的读卡设备或置于读卡设备内以完成用户身份的验证与确认。作为一种颇为便捷的身份认证方式,IC 卡认证方式存在一定的安全防护机制上的缺陷,且主要体现在以下两点:①IC 卡中存储的信息是静态的,攻击者通过特定的监听或内存扫描工具仍然可以获取卡片内用于进行身份认证的信息;②由于 IC 存在遗失或被偷窃的情况,非合法用户持有合法用户的 IC 卡同样可以冒充合法用户完成身份认证。

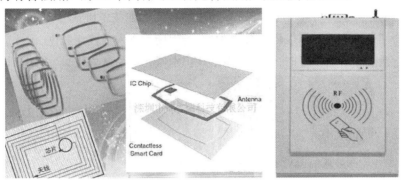

图 3.2　IC 卡的内部结构(左)与 IC 卡认证机(右)

(4)USB Key 认证。

USB Key 认证是一种基于软件 + 硬件组合的强双因子认证机制,其实现依靠于 USB Key 与 PIN 码的有机结合。其中 USB Key 为用于辅助认证用的硬件,其内置 MD5 等哈希等算法;在便携式 USB Key 和认证服务器中分别预置一个证明合法用户 ID 的密钥;PIN 码则是由合法用户自行设定的,用以证明 USB Key 的当前使用者为合法用户本人。

当需要对登录用户身份进行确认时,客户端首先向认证服务器发送一个验证请求,认证服务器收到请求后生产一个随机数 R,并传输给插在请求客户端上的 USB Key,随机数 R 与 USB Key 内的密钥进行运算,得到 X_1 并将其传给认证服务器。与此同时服务器使用随机数 R 和内部的算法运算得到 X_2,如果 $X_1 = X_2$,则认证通过;否则,则认证失败。在上述过程中,通信传输的只有随机数 R、运算结果 X_1 与 X_2,密钥则始终保留在 USB Key 和认证服务器中,也不在网络上传输。因此只要合法用户的 USB Key、PIN 码二者没有都被攻击者窃取,整个认证机制就是安全的(图 3.3)。

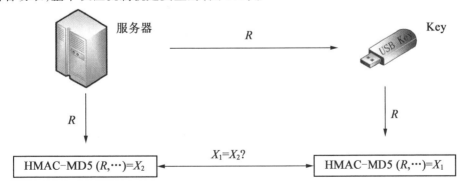

图 3.3　USB Key 身份认证原理

（5）生物特征认证。

生物特征认证是指采用指纹识别、声音识别、虹膜识别等方式验证用户的身份。由于不同个体之间拥有相同生物学特征的可能性几乎为 0，因此采用合法用户的生物学特征标识其身份的认证方式是可靠的（图 3.4）。但在实际工作过程中，由于生物特征识别技术应用所需的相关条件可能无法保障，导致生物特征认证技术准确性达不到要求。以当前风电场使用较为广泛的指纹识别技术为例，若现场工作人员使用脱皮、出汗或粘上污渍的手指进行指纹采集或验证时，时常出现指纹识别器无法正常识别，合法用户认证失败。

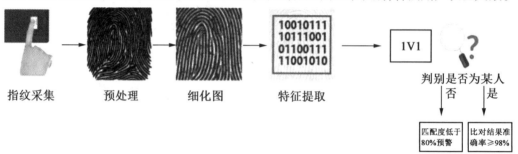

图 3.4　指纹认证的工作原理

除了认证机制的原理与安全性外，上述 5 种通用身份认证技术在兼容性、价格、易容性和灵活性方面同样存在一定的差异（表 3.1）。风电场应根据具体的应用场景、安防要求、成本投入进行综合性的比选，从而厘定最佳的身份认证技术方案。

表 3.1　主要身份认证技术综合性能对比

认证技术	安全性	兼容性	价格	易用性	灵活性
静态口令	一般	好	低	较好	较好
动态口令	高	一般	一般	一般	一般
IC 卡	一般	一般	一般	较好	较好
USB Key	高	一般	一般	一般	一般
生物识别	高	一般	较高	一般	一般

▶▶┃ 3.2.2　数据加密技术　▶▶　▶

1. 概念

数据加密（Data Encryption）就是采用加密算法把易于理解的明文处理成不可读、无序、无意义的密文的过程，相反的过程则称为数据解密。数据加密与解密模型如图 3.5 所示。

图 3.5　数据加密与解密模型

2. 技术细分类别与工作机制

根据加密过程中密钥 Key 的有无，数据加密技术总体可以分为两个大的技术流派：第一类是不基于密钥 Key 的加密技术，该方法应用的前提是加密算法是保密的，其多见于加密技术发展的早期；第二类是基于密钥 Key 的算法加密技术，其加密算法是公开的，但 Key 是不公开的、保密的，因此整个加密过程安全性的关键在于 Key；就后者而言，其还可以进一步细分（表 3.2）。

表 3.2　数据加密技术分类汇总

类别		技术特点	工作机制示意图
不基于 Key 的加密技术		无密钥 Key，加密算法保密	明文⇒加密算法⇒网络信道（密文）⇒解密算法⇒明文　无密钥
基于 Key 的加密技术	对称加密技术	密钥 Key 保密，且加密密钥、解密密钥可以相同或可相互推导；加密算法公开，主要有对称密码体制（Data Encryption Standard, DES）算法加密技术等	明文⇒加密算法⇒网络信道（密文）⇒解密算法⇒明文；密钥　加密密钥＝解密密钥
	非称加密技术	公钥加密，私钥解密，公钥、私钥不相同；加密算法公开，常用加密算法包括公钥加密（RSA Algvrithm）算法等算法加密技术	明文⇒加密算法⇒网络信道（密文）⇒解密算法⇒明文；公开密钥(加密)　私有密钥(解密)　不相等　公钥⇄私钥　不可互相推导　公钥⇄私钥

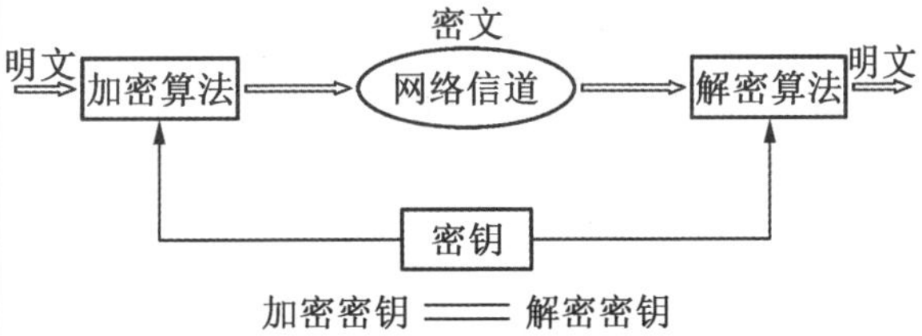

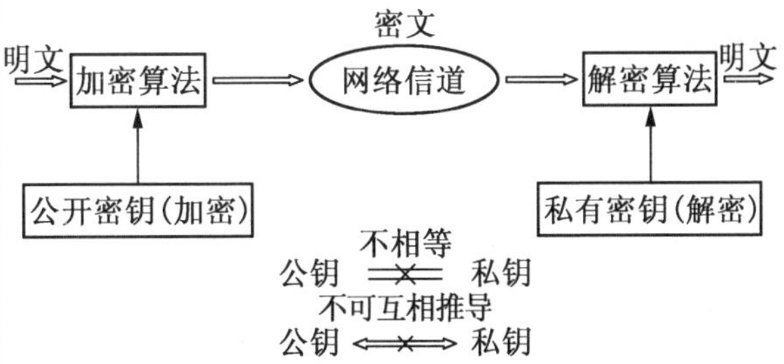

（1）对称加密技术。

对称加密技术的最典型的特点在于加密密钥与解密密钥相同或可以相互推导。鉴于此，基于该机制通信的双方需要在正式传输信息或数据前商定一个加密/解密密钥的转换机制或约定一个公用密钥，因此只要上述转换机制或公用密钥未被泄露，就能够保证数据通信的安全。在对称加密过程中，主要应用的加密算法有 DES、SM1、SM4、STDEA 等。

（2）非对称加密技术。

非对称加密技术以密钥 Key 交换协议为基础，消息发送方与接受方分别使用加密密钥（公开）、解密密钥（保密）对信息进行加密与解密，加密密钥与解密不同，且无法相互推导。相比于对称加密技术，该方法极大程度地消除了密钥泄露的隐患，提升了通信的保密性。在非对称加密过程中主要应用的加密算法有 RSA、SM2、EIGamal 等，其中基于 RSA 的非对称加密技术是国际上应用最广泛；而在我国电力、金融等领域的商用密码产品及设备中基于 SM2 等国密算法的非对称加密技术则是应用的主流。

▶▶┃ 3.2.3 数字签名技术 ◀◀ ▶

1. 概念

数字签名（Digital Signature）又称公钥数字签名，是由信息的发送者基于私钥 Key 加密产生的一段特定字符串，其是发送者对所发送信息的真实性的有效凭证。数字签名技术将消息摘要函数和公钥加密算法进行有机的融合，开拓出了一条新的加密应用途径。

2. 工作机制

含有数字签名的信息一旦由信息发送者通过网络传输至接收者，接收者便可以用发送者分发的算法公钥，验证接收的数据或信息在传输过程中是否被篡改，并验证发送者的身份，具体过程如下。

（1）发送方签名过程。

发送方 S 创建数字签名的过程如下：

①发送方 S 首先通过 Hash 运算将消息原文 A 进行处理，得到消息摘要 A1（图 3.6），之后发送方 S 利用自己的私钥加密消息摘要 A1 得到数字签名 A2。

②通信时发送方 S 将数字签名 A2 附在消息原文 A 后面，并将 A 与 A2 一并通过网络传送给接收方 R（图 3.7），从而完成整个发送方签名过程。

（2）接收方验证过程。

接收方 R 接收到发送方 S 的签名消息后，对 S 的签名消息进行验证的过程如下：

①接收方 R 将收到的消息进行分解，从而分别得到消息原文 A 与数字签名 A2（图 3.8）。

②接收方 R 使用 S 的公钥解密数字签名 A2 得到消息摘要 A1，利用与发送方 A 相同的散列函数重新计算消息原文 A 得到消息摘要 B1（图 3.9）。

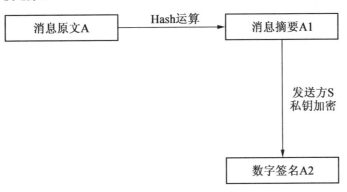

图 3.6　发送方单向 Hash 运算与私钥加密

图 3.7　发送方将原文与数字签名一并发给接收方

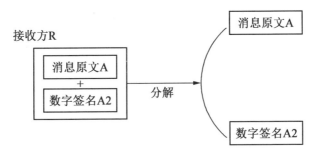

图 3.8　接受防对收到的信息进行分解

③接收方 R 比较解密后获得的消息摘要 A1 与重新计算产生的消息摘要 B1,若相同则说明消息在传输过程中没有被篡改,否则消息不可靠。至此完成整个接收方验证过程。

3. 技术细分类别

依照不同的划分原则,数字签名技术有多种细分类别(表 3.3)。本次主要介绍基于数学难题分类标准下的 RSA 与 ECDSA 数字签名技术。

接收方R

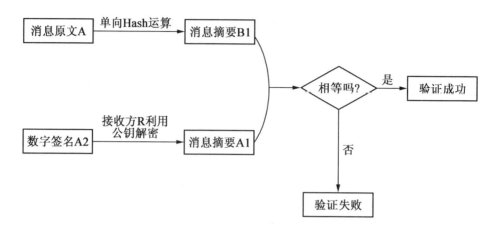

图 3.9　接收公钥数字签名解析、原文 hash 运算及判别验证

表 3.3　数字签名技术主要分类汇总

划分标准	细分类别
基于数字签名用途的分类	（1）常规数字签名。RSA 签名、ElGamal 签名、Fiat – Shamir 数字签名、Guillou – Quisquarter 数字签名、Schnorr 数字签名等； （2）特殊数字签名。盲签名、代理签名、群签名、多签名、聚合签名、环签名、广播签名、不可否认签名、故障停止式签名等
基于数学难题的分类	RSA 算法签名、ElGamal 算法签名、ECDSA 算法签名等
基于密码体制的分类	基于证书的数字签名（PKI）、基于身份的数字签名（Id-based）、基于属性的数字签名（Attribute-based）、基于无证书的数字签名
基于数字签名安全性的分类	无条件安全数字签名、计算上安全的数字签名
基于签名用户的个数分类	单用户数字签名、多重数字签名
基于验证方程的显/隐属性	显式数字签名、隐式数字签名

（1）RSA 算法签名。

基于 RSA 算法的数字签名技术广泛应用与 SSL 证书签发、文档签名以及邮件签名等生产或管理网络环境中。RSA 算法签名在应用过程中,涉及到具体算法主要包括 MD5、SHA – 0、SHA – 1、SHA – 2 及 SHA – 3 五大类(表 3.4)。本次重点对 MD5、SHA – 1 及 SHA – 2 进行介绍。

表 3.4 RSA 数字签名算法汇总表

算法		输出 Hash 长度/bit	中继 Hash 长度/bit	数据区块 长度/bit	最大输入 长度/bit	循环 次数	碰撞 攻击	性能示例 (Mbit·s^{-1})
MD5		128	128	512	无限	64	<64（已碰撞）	335
SHA-0		160	160	512	$2^{64}-1$	80	<80（已碰撞）	—
SHA-1		160	160	512	$2^{64}-1$	80	<80（已碰撞）	192
SHA-2	SHA-224	224	256	512	$2^{64}-1$	64	112	139
	SHA-256	256					128	
	SHA-384	384	512	1 024	$2^{128}-1$	80	192	154
	SHA-512	512					256	
	SHA-512/224	224					112	
	SHA-512/256	256					128	
SHA-3	SHA3-224	224	1 600	1 152	无限	24	112	—
	SHA3-256	256		1 088			128	
	SHA3-384	384		832			192	
	SHA3-512	512		576			256	
	SHAKE128	d(任意)		1 344			min($d/2$, 128)	—
	SHAKE256	d(任意)		1 088			min($d/2$, 256)	

（2）椭圆曲线数字签名算法（Elliptic Curve Digital Signature Algorithm，ECDSA）签名。

ECDSA 即椭圆曲线数字签名算法，它是使用椭圆曲线密码（Elliptic Curle Code，ECC）对数字签名算法（Digital Signature Algorithm，DSA）的模拟。虽然 ECDSA 的整个签名过程与基于 RSA 的签名过程基本相似，但其最后签名出来的值包括 r 和 s 两部分（表 3.5）

表 3.5 基于 ECDSA 的数字签名与验证过程

签名过程	验证过程
①选择一条椭圆曲线 Ep(a,b) 和基点 G； ②选择私有密钥 k； ③产生一个随机整数 r； ④将原数据和点 R 的坐标值 x、y 作为参数，计算 SHA1 作为 Hash，即 Hash = SHA1（原数据，x，y）； ⑤计算 $s \equiv r - \text{Hash} \times k \pmod{n}$； ⑥$r$ 和 s 作为签名值，如果 r 和 s 其中一个为 0，重新从第③步开始执行	①接受方在收到消息(m)和签名值(r,s)后计算 $sG + \text{H}(m)\text{P} = (x_1, y_1)$，$r_1 \equiv x_1 \bmod p$。 ②验证等式：$r_1 \equiv r \bmod p$； ③如果等式成立，接受签名，否则签名无效

▶▷ **3.2.4 防火墙技术** ▶▷ ▶

1. 概念

防火墙技术是基于访问控制规则,采用由软件与硬件组成的系统(通常称为防火墙),对不同安全等级网络之间的数据通信进行 permit、deny 或 drop 过滤的一种防护技术。当数据流被 deny 时,防火墙会向数据发送者回复一条提示信息;而当数据流被 permit 或 drop 时,发送者则不会收到任何提示信息。

2. 技术细分类别与工作机制

根据防火墙的在 OSI 参考模型中的过滤层次不同,通常将其划分为 5 种类型。

(1)静态包过滤防火墙技术。

静态包过滤防火墙作用在 OSI 模型的第 3 层,即网络层(Network Layer)。其通过对数据包中源 IP、目的 IP、应用/协议等特定域的检查和判定的结果,与预定义在包过滤器上的访问规则库进行逐条扫描与比对(图 3.10)。当匹配上一条特定的规则时,便会根据规则定义的操作,对数据包做出 permit 或 deny 的判定。如果包过滤器没有发现一个规则与该数据包匹配,则会对执行默认规则(图 3.11、图 3.12)。

基于静态包过滤防火墙技术在应用时业务通信与防护需求特点,默认规则可以按照"容易使用"(permit all)、"安全第一"(deny all)两种思路进行定义。若采用"容易使用"的思路,则除非该数据流被一个更高级的规则明确"deny",否则允许所有数据流通过。若采用"安全第一"的思路,则除非该数据流得到某个更高级规则明确"permit",否则该规则将拒绝任何数据包通过。在以风电场电力监控系统为代表的工控系统内,为了增强安全防护的强度,建议将默认规则设置成"deny all",即访问控制规则以外,默认拒绝所有通信。

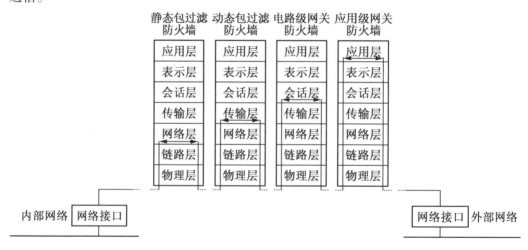

图 3.10 静态包过滤防火墙在 OSI 模型中的工作层次

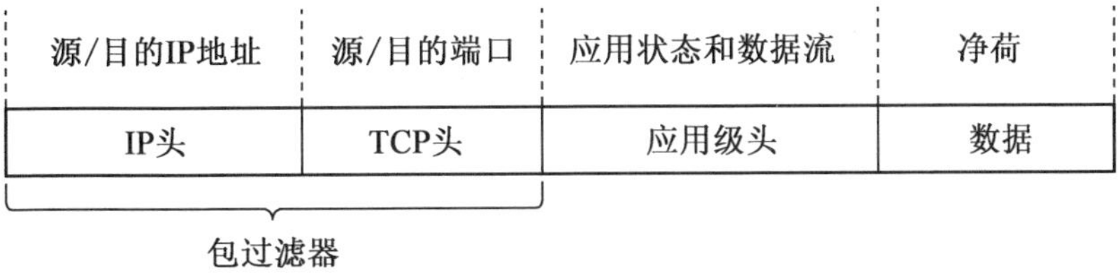

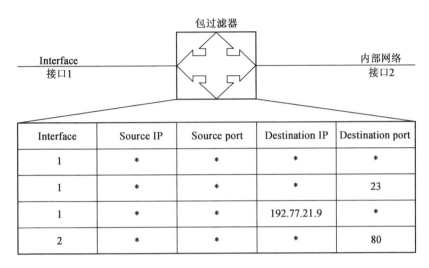

图 3.11 静态包过滤防火墙 IP 数据包结构

Interface	Source IP	Source port	Destination IP	Destination port
1	*	*	*	*
1	*	*	*	23
1	*	*	192.77.21.9	*
2	*	*	*	80

图 3.12 静态包过滤防火墙规则表

（2）动态包过滤防火墙技术。

动态包过滤防火墙一般工作在 OSI 模型的传输层（Transport Layer）。对于此类防火墙来说，决定 permit 还是 deny 一个数据包，同样取决于对数据包中源/目的 IP、应用/协议、源/目的端口号的检查和判定，因此在这方面与经典的静态包过滤防火墙工作机制基本相同。除上述基本功能外，动态包过滤防火墙还可以对数据包进行身份记录，一旦连接建立，它就会将连接的状态记录在 RAM 表单中；当其发现进来的数据包是已建立连接的数据包时，就会允许该数据包直接通过而不做二次检查（图 3.13）。正是由于动态包过滤防火墙具有基于系统内核级的"连接状态感知"的能力，其过滤的性能相较于静态包过滤防火墙有了较大的提升。

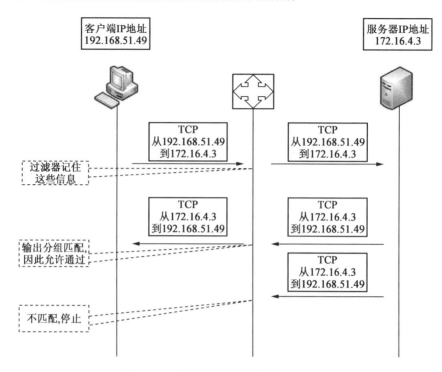

图3.13 动态包过滤防火墙的工作原理

（3）电路级网关防火墙技术。

电路级网关防火墙技术及产品工作于 OSI 模型的会话层（图 3.10），其作用类似于一台中继主机，用于在内部与外部网络之间来回地复制与过滤数据（图 3.14）；此外，它也具备一定的数据记录或缓存功能。相比于普通的包过滤防火墙，电路级网关防火墙增加了对连接建立过程中的握手信息及序号合法性的验证功能。在通信双方在进行基于电力级网关的 TCP 握手协商时，当且仅当 SYN、ACK 及序列号符合逻辑时，电路级网关才判定会话是合法的，然后启用包过滤器对访问控制规则库进行逐条扫描比对，以适配并执行相应的操作。

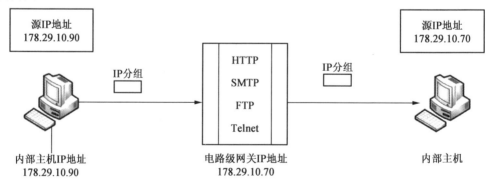

图3.14 电路级网关防火墙的工作原理

（4）应用级网关防火墙技术。

应用级网关防火墙工作在 OSI 模型的应用层，它是针对应用而设计的，通常只能对应用层数据包进行过滤（图 3.10）。在工作模式上，它与电路级网关防火墙存在一定的相似性。应用级网关防火通过代理程序在内外网之间过滤、来回复制和传递数据包，起着代理服务器的作用，以防止因可信与非可信主机间的直接通信而内导致内部网络系统遭受 SQL 注入、XSS、DOS 等攻击（图 3.15）。

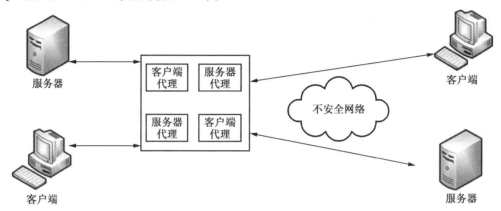

图 3.15　应用级网关防火墙的工作原理

由于应用级网关防火墙在工作时需要针对特定的服务运行特定的代理，因此它只能对特定服务所生成的数据包产生影响。例如，M 代理只能复制、传递和过滤 M 业务流，而不能对 N 业务流执行相关操作。若风电场电力监控系统内部署了应用级网关防火墙，而网关上没有运行相应的应用服务代理，那么这些服务的数据包是无法进出风电场电力监控系统网络的。与包过滤防火墙相比，应用级网关防火墙不仅可以在更高层次上实现对消息的过滤，而且往往还具备自动添加必要过滤规则的功能，因此其策略配置一般也相对容易。

（5）状态检测防火墙技术。

理论上，状态检测防火墙能够同时工作在 OSI 模型的 7 个层次，能够读取、分析和利用全面的网络通信信息和状态，因此具有很高的安全性（图 3.16）。但在实际应用过程中，由于应用受到限制、超负荷运行、配置不当等原因，有较大占比的状态检测防火墙实际只工作在网络层，而且只作为动态包过滤器对进出网络的数据进行过滤。

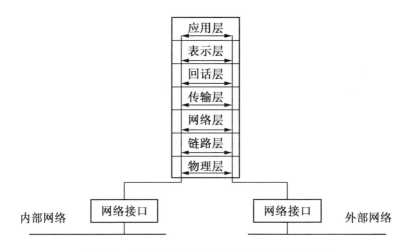

图 3.16 状态检测防火墙在所有 7 层上进行过滤

▶▶┤ **3.2.5 虚拟局域网技术** ▶▶ ▶

1. 概念

虚拟局域网(Virtual Local Area Network,VLAN)技术是指在局域网交换机中采用网络管理软件构建可跨越不同网络、网段、位置的端到端的逻辑网络,即划分 VLAN;由此得到的每个 VLAN 是一个单独的广播域,不同 VLAN 之间相互隔离。虚拟局域网技术的应用不仅可以有效地控制广播的范围,而且能够增加了组网的灵活性,提升网络的安全性与健壮性(表 3.6)。

表 3.6 VLAN 技术的特点

特点	具体描述
限制广播域	广播域被限制在一个 VLAN 内,从而节省了带宽、提高了网络处理能力
增强局域网的安全性	不同 VLAN 内的报文在传输时是相互隔离的,即一个 VLAN 内的用户不能与其他 VLAN 内的用户直接通信
提高网络的健壮性	故障被限制在一个 VLAN 内,本 VLAN 内的故障不会影响其他 VLAN 的正常工作
灵活构建虚拟工作组	用 VLAN 可以划分不同的用户到不同的工作组,同一工作组的用户也不必局限于某一固定的物理范围,网络构建和维护更方便灵活

2. 工作机制

在早期的基于交换机构建的以太网中,交换机在接收到数据帧后会根据其目的 MAC 判识其是单播帧还是单播帧,然后执行相应的操作。如果是一个单播帧,则会查找交换机的 MAC 地址规则而后从相应端口转发出去;如果是广播地址,则交换机会将广播帧从除收到该帧以外的所有端口发送出去(图 3.17)。但在运用 VLAN 技术后,支持 802.1q 协议的交换机会在数据帧中添加一个包含 VLAN ID(VID)的 Tag,然后交换机在查其 MAC 地址表过程之外还要检查端口上的标签是否匹配,如果 Tag 与端口匹配,则进行转发,否则不转发。

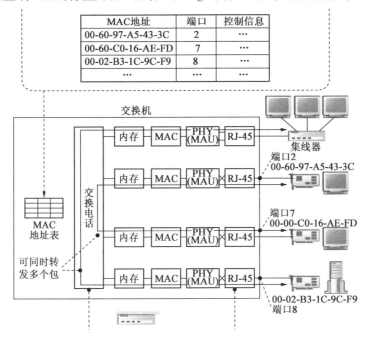

图 3.17　传统以太网交换机内部结构

同一虚拟局域网络,即 VLAN 中的所有节点成员发送的数据包都拥有一个相同的 VID,各节点成员均能通过与划分 VLAN 的交换机连接收到其他成员发来的广播包,但收不到其他 VLAN 中成员发来的广播包。对于同一 VLAN 中的节点成员而言,由于它们在逻辑上归属同一局域网,因而各节点之间在可以直接通信,而无须路由支持。而对于分属于不同 VLAN 的节点成员而言,它们之间则是无法直接通信的,此时要想实现数据包的有效传送与接收,则需要构建连接不同 VLAN 的路由通道(表 3.7)。

表 3.7　传统以太网数字帧格式与 802.1q 协议交换机发送的帧格式对比

类别	数据帧格式				
传统以太网帧格式	Destionation address (6 bytes)	Source address (6 bytes)	Length/Type (2 bytes)	Data (46-1500 bytes)	FCS (4 bytes)
支持 802.1q 协议的交换机发送的帧格式	Destionation address (6 bytes)	Source address (6 bytes)	802.1Q Tag (2 bytes)	Length/Type (2 bytes)	Data (46-1500 bytes)

对于第二行帧格式中的 802.1Q Tag 展开:

TPID (2 bytes)	PRI (3 bits)	CFI (1 bit)	VID (12 bits)

3. VLAN 划分方法

在构建虚拟局域网时,通过会采用基于接口绑定、MAC 地址绑定等技术手段进行 VLAN 划分,以适配具体的应用场景特点及组网需求(表 3.8)。

表 3.8　VLAN 技术类别汇总

类别	原理简介	优点与缺点
基于接口的 VLAN 划分	根据交换机设备的接口编号来划分 VLAN,每个接口配置不同的 PVID	优点:定义成员简单,方便管理; 缺点:成员移动需要重新配置 VLAN,该方法不适合那些需要频繁改变拓扑结构的网络
基于 MAC 地址的 VLAN 划分	根据计算机网卡的 MAC 地址来划分 VLAN,建立 MAC 地址与 VLAN ID 的映射关系表	优点:当终端用户的物理位置发生改变,不需要重新配置 VLAN,较为灵活; 缺点:只适用于网卡不经常更换、网络环境较为简单的场景,且需要预先定义网络中所有成员
基于 IP 的 VLAN 划分	通过所连计算机的 IP 地址,来决定端口所属 VLAN	优点:将制定网段或 IP 地址发出的报文在制定的 VLAN 中传输,减轻了网络管理任务,且有利于管理; 缺点:网络中的用户分布需要有规律,且多个用户需再一个网段
基于协议的 VLAN 划分	根据接口收到的报文所属的协议类型及封装格式来给报文分配不同的 VLAN ID	优点:基于协议划分 VLAN 将网络中提供的服务类型与 VLAN 相绑定,方便管理和维护 缺点:需要对网络中所有的协议类型和 VLAN ID 的映射关系表进行初始配置;需要分析各种协议的地址格式并进行相应的转换,消耗交换机较多的资源,不利于数据的快速交换
基于配置策略的 VLAN 划分	基于匹配策略划分 VLAN 是指在交换机上配置终端的 MAC 地址和 IP 地址,并与 VLAN 关联	优点:安全性高; 缺点:针对每一条策略都需要手工配置,当匹配策略复杂时,工作量较大

(1)基于接口的 VLAN 划分。

基于接口的 VLAN 划分的是通过给交换机的每个接口配置不同的 PVID 来实现的(图 3.18)。该 VLAN 划分方法的优点在于操作简单明了,管理方便,适用于那些不需要频繁改变拓扑结构的网络,因此该方法被广泛应用于风电场电力监控系统内的站控层交换机、核心交换机上。

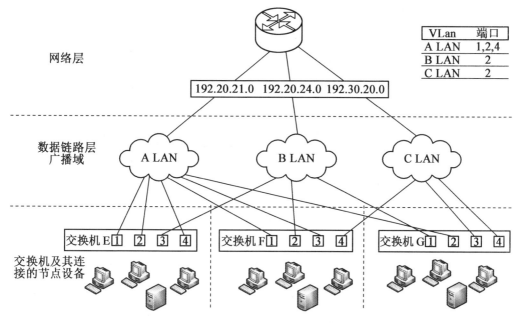

图 3.18 基于端口的 VLAN 示意图

(2)基于 MAC 地址的 VLAN 划分。

基于 MAC 地址的 VLAN 划分是通过在交换机上建立网络节点成员网卡的 MAC 地址与 VLAN ID 的映射关系表来实现的(图 3.19)。该方法的优点在于只要网络节点成员网卡的 MAC 信息不变,即使其物理位置发生一定程度的变化,其仍然归属于原来已构建的逻辑网络中,无须重新配置 Vlan 也可以保持正常的业务通信。

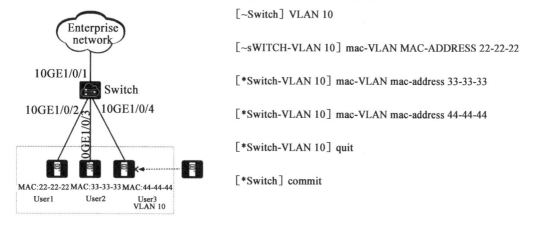

图 3.19 基于 MAC 的 VLAN 示意图

（3）基于 IP 的 VLAN 划分。

基于 IP 的 VLAN 划分是交换机根据其所连网络节点的 IP 来判断其所属 VLAN，因而
只要节点所绑定的 IP 不发生改变，其归属的 VLAN 就不会发生变化（图 3.20）。

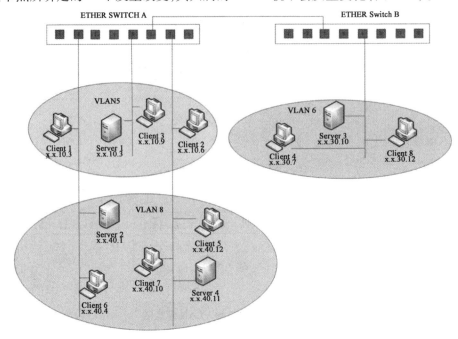

图 3.20　基于 IP 的 VLAN 示意图

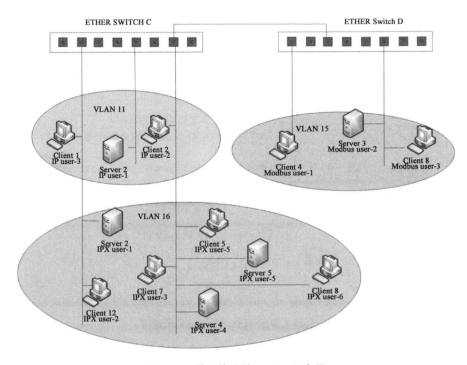

图 3.21　基于协议的 VLAN 示意图

（4）基于协议的 VLAN 划分。

基于协议的 VLAN 划分是根据接口收到的报文所属的协议类型及封装格式来给报文分配不同的 VID。该方法有一定的优点,但在风电场等工控网络中应用较少,主要原因在于其会导致网络中产生大量的广播包,降低 VLAN 交换机的工作效率(图3.21)。

（5）基于匹配策略的 VLAN 划分。

基于匹配策略划分 VLAN 通常是将基于 MAC 与基于 IP 的 VLAN 划分方法进行融合,进而基于特定的策略构建相应的 VLAN 成员组。

▶▶ 3.2.6 虚拟专用网技术 ▶▶ ▶

1. 概念

虚拟专用网（Virtual Private Network,VPN）技术是一种通过综合采用隧道技术、加/解密、密钥管理、使用者与设备身份认证、访问控制等多种安全机制在公网上构建逻辑上的虚拟专用子网的安全防护技术。相比于传统的租用电信 DDN 专线或帧中继电路的专用网络组网方案,采用 VPN 技术组网可以以一种相对便宜的方式把企业各分支结构、供应商和合作伙伴通过公网连接在一起,加强总部与各分支结构的联系,使移动办公人员随时随地可以连接至企业专用总部网络进行信息交换(图3.22)。在涉及风电场电力监控系统的应用场景中,VPN 技术一般应用于风电场场站侧与省级或区域级集控中心的安全Ⅲ区之间的通信。

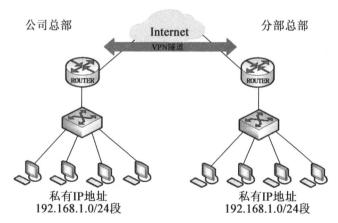

图3.22 基于 VPN 的公司分部与总部的虚拟专用网络架构

2. VPN 类型与工作机制

根据组网与连接方式、隧道协议和工作层次等特点,可以将 VPN 可以分为远程访问 VPN 和网关–网关 VPN(图 3.23)。根据隧道协议及其在 OSI 模型中的工作层次,VPN 技术主要可以划分为三大技术流派:基于第2层隧道协议的 VPN,其隧道协议是对数据链路层的数据包进行封装,主要用于构建远程访问 VPN,主要包括 PPTP VPN、L2TP VPN、L2F VPN;基于第3层隧道协议的 VPN,其隧道协议是对网络层的各种协议数据包直接封装到隧道协议中进行传输,它主要用户构建 LAN – to – LAN 型 VPN,主要包括 IPSec、GRE 等。基于第 4 层隧道协议的 VPN,其隧道协议是对把传输层的各种协议数据包直接封装到隧道协议中进行传输,主要包括 SSL/TLS VPN。

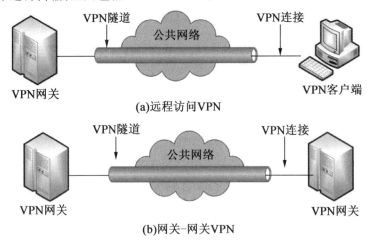

(a)远程访问VPN

(b)网关–网关VPN

图 3.23　典型的远程访问 VPN 与网关 – 网关 VPN 示意图

（1）点对点隧道协议（Point to Point Tunneling Protocol,PPTP） VPN。

PPTP 是基于 C/S 架构部署的点对点隧道协议,主要增强了 PPP 的认证和加密功能。PPTP VPN 连接的思路是:先由用户通过 PPP 拨号连接到互联网服务提供商（Internet Service Provider,ISP）,然后通过 PPTP 在客户端和 VPN 服务器之间开通一个专用的 VPN 隧道,数据经隧道进行交换,建议 PPTP VPN 如同电话拨号上网一样方便（图 3.24）。PPTP 能够支持 Client – to – LAN 和 LAN – to – LAN 的两种类型的 VPN,其最大的优点是不依赖 TCP/IP 协议族,可以与 Novel 的 IPX 或 Microsoft 的 NetBEUI 协议一起使用。此外,由于 PPTP 中没有定义加密功能,所以 PPTP VPN 的安全性是所有类型的 VPN 中最低的。

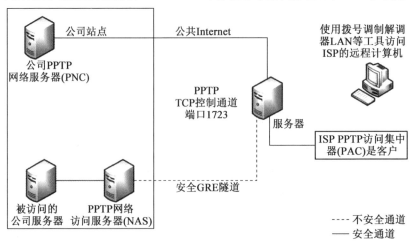

图 3.24　PPTP VPN 构成示意图

（2）IPSec VPN。

IPSec 标准最初由 IETF 于 1995 年制定，其通过查询安全策略数据库决定如何对接收到的 IP 数据包进行丢弃、转发、加密、认证处理等操作。无论是进行加密还认证，IPSec 都可以由认证头（Authen tication Header，AH）和封装安全荷载（Encapsulating Security Payload，ESP）提供两种工作模式：传输模式、隧道模式。其中传输模式通常用于为两个主机提供端对端的安全通道；该工作模式下 IPSec 封装数据包保留原 IP 头部，并仅对 IP 头部分域进行相应调整，而 IPSec 协议头部则嵌入至原 IP 头部和传输层头部之间（图 3.25）。隧道模式通常应用于在两个 IP 子网之间建立安全通道，从而允许每个子网中的所有主机用户访问对方子网中的所有服务和主机；该模式下 IPSec 会将整个 IP 数据包作为一个整体进行加密或认证，即构造出了一个新的 IP 头部，且 IPSec 协议头部位于新产生的 IP 头部和原数据包之间（图 3.26）。

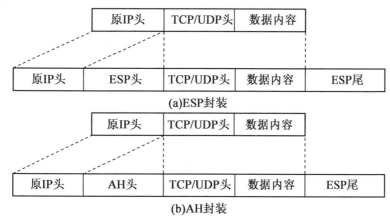

图 3.25 传输模式的 ESP 与 AH 封装示意图

典型的 IPSec VPN 系统由管理模块、身份认证模块、数据分组封装/分解模块和加密函数库等多个部分组成（图 3.27）。其中，管理模块负责整个系统的配置和管理，其决定了采取何种传输模式，对那些 IP 数据包进行加/解密。IPSec VPN 具有安全性高、适用于基于 IP 的所有服务等诸多优点，其在为企业高级用户提供远程访问及企业提供 LAN - to - LAN 隧道连接方面具有不可比拟的优势（表 3.9）。

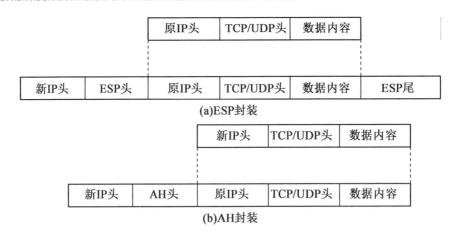

图 3.26　隧道模式的 ESP 与 AH 封装示意图

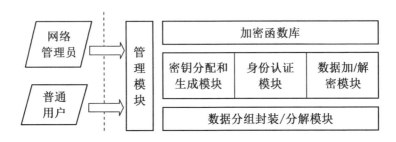

图 3.27　IPSec VPN 的组成

表 3.9　IPSec VPN 技术方案主要优点与缺点对比

优点	缺点
适用于所有基于 IP 的服务； 强加密,安全性高； 可访问性适用于已经定义好的受控用户 在服务器端容易实现自由伸缩	需安全客户端软件或硬件,需较长时间配置； 部署费用高； 无法穿越防火墙； 仅对从客户端到 VPN 网关之间通道加密； 在客户端不易实现自由伸缩

（3）多协议标签交换（Multi – Protocal Label Switching,MPLS） VPN。

在基于 MPLS 的 VPN 中,每个 VPN 子网分配有一个独一无二标识符,即路由表示符（RD）。RD 和用户的 IP 地址连接,又形成转发中一个唯一的地址,即 VPN – IP 地址。采用 MPLS 技术的虚拟专用网络对于 IP 业务的转发时,只需在边缘标记交换路由器上做一次路由表查询,就可以给进入 MPLS 域的 IP 打包上一个标签。基于 MPLS 的 VPN 能够充分利用公用骨干网络强大传送能力进行安全通信,因而其具有传输速度较快、使用便捷等诸多优点;同时值得注意的是,由于 MPLS 本身没有采用加密机制,MPLS VPN 的安全性一般（表 3.10）。

表 3.10　MPLS VPN 技术方案主要优点与缺点对比

优点	缺点
方案部署前期投入不高,经济性较好; IP 资源利用率; 网络速度快; 灵活性较好,可扩展性较强	安全性一般; 技术方案应用与价值存在一定的争议

（4）SSL/TLS VPN。

安全套接字协议（Secure Sockets Layer, SSL）是由 Netscape 公司定义并开发的,用以保障在网络上数据传输的安全,后随着其功能扩展与版本的迭代,1999 年国际互联网工程任务组（IETF）正式将 SSL 重新更名为 TLS。作为构造 VPN 的一种技术,安全传输层协议（Transport Layer Searity, TLS）主要用于 HTTPS 协议中,其将 HTTP 和 TLS 结合在一起,实现了客户端和服务器的交互认证与安全通信（图3.28）。

当用户欲通过客户端远程访问内部网络时,其首先需要在浏览器上键入一个 URL,该连接请求将被 TSL VPN 网关服务器取得。当用户登录认证通过后,TSL VPN 网关服务器将根据远程访问用户的请求提供相应的连接服务。位于内网侧的 Web 服务器处于安全的考量通常配置私有、公网 IP 两个地址。在公共网络中,远程访问的主机首先通过 TSL 客户端先与 TSL VPN 网关服务器之间建立安全的 TSL 连接, 传递密文信息;而在内部局域网上, TSL VPN 网关服务器与 Web 服务器则不再建立 TSL 连接,而是采用明文协议直接进行数据包的传递。在这期间 TSL VPN 网关服务器起到了反向 Web 代理的功能,其基于内置的公网 – 私有 IP 映射表把对公网 IP 的访问转到对内网 IP 的访问,并起到保护内部服务器安全的作用（图 3.29）。

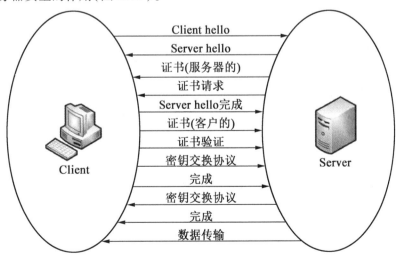

图 3.28　TLS 协议的连接建立过程

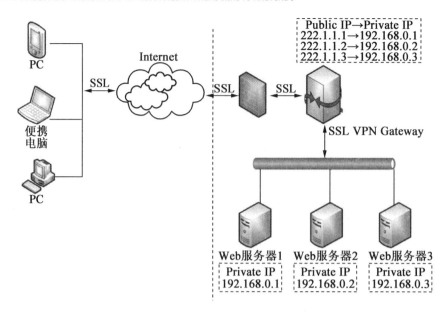

图 3.29　Web 反向代理基本结构

TLS VPN 为远程连接提供了一种简单、经济的 VPN 方案,即具有插即用、适用于大多数设备、支持网络驱动访问等多种优点;但同时 TLS VPN 也有一定的局限性,例如认证方式单一、不能对应用层的消息进行签名等(表 3.11)。

表 3.11　TLS VPN 技术方案主要优点与缺点对比

优点	缺点
不需要安全客户端软件;	只能采用证书方式进行认证;
适用于 PDA、蜂窝电话等大多数设备;	只适用于数据库—应用服务器—Web 服务器—
适用于 Windows、Unix、Linux 等多种操作系统;	浏览器一种模式;
支持网络驱动器访问;	只对使用的应用通道加密,而不是整个信道;
TLS 不需要对远程设备或网络做任何改变;	不能对应用层的消息进行数字签名;
可对远程访问用户实时细粒度的访问控制;	不太适用于 LAN – to – LAN 的 VPN 需求;
可绕过防火墙和代理服务器进行访问;	加密级别不高;
部署费用低	需要 CA 的支持

▶▶ 3.2.7　扫描与漏洞检测技术　▶▶ ▶

1. 概念

扫描与漏洞检测技术是指基于漏洞数据库,通过扫描等技术手段对目标网络或 IP 的安全脆弱性进检测。

2. 细分类别与工作机制

扫描与漏洞检测的方法主要有扫描和模拟攻击两类。

（1）扫描。

①ping 扫描又称 ICMP 扫描，其原理就是通过构造 ICMP 包，发送给目标主机，然后根据响应结果进行判断。根据构造 ICMP 包的不同，ping 扫描又可以进一步分为 echo 扫描和 non‐echo 扫描。其中 echo 扫描时发送的是 ICMP Echo Request 包，该方式具有实现简单，但探测包容易被防火墙限制拦截的特点；non‐echo 扫描的时发送的是 ICMP Timesstamp Request 包，或 ICMP Address Mask Request 包，改方式的扫描探一般可以突破防火墙。

端口扫描主要是通过发送 TCP 或 UDP 的探测数据包对目标主机所开放的端口进行连通性测试，端口扫描可以分为 TCP 扫描和 UDP 扫描。TCP 扫描又可以进一步分为全连接扫描、半连接扫描、隐蔽扫描三种。TCP 三次握手过程如图 3.30 所示。

②OS 探测。虽然常用的网络协议是标准的，但标准规范并不是被严格地执行，不同操作系统的协议栈在具体实现方面往往存在细微的差异，这些差异又称协议栈指纹。OS 探测就是基于此类指纹信息的识别与分析，以探测操作系统的类型、版本等有关信息。OS 探测一般分为主动探测、被动探测两种。其中主动 OS 探测技术主要是通过向目标靶机发送特定探测数据包，进而对目标主机的响应情况进行检查，如检查是否应答 FIN 探测包、数据包的重传情况（表 3.12）、数据包中"无碎片"标记位设置情况、数据包的"窗体"值、ACK 的值域、BOGUS 标记与否等，以实现探测并收集操作系统的有关信息的目的。被动 OS 测技术主要是通过抓取靶机发送出去的 TCP 报文，而后分析其中生存期（TTL）、服务类型（TOS）、TCP 选项等关键信息，以获取操作系统的特征信息。在实际进行 OS 探测时，往往是对以上两种技术手段进行综合运用。

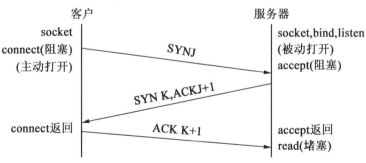

图 3.30　TCP 三次握手过程

表 3.12　常见操作系统 TCP 重传间隔和重传次数

操作系统	重传时间间隔	重传次数
Windows 2000	3,6	2
FreBSD4.4	3,6,12,12,24	4
Linux 2.2.14	3,5,6,5,12,5,24,5,48,5,96,5,120,5	7
Linux2.4	4,26,6,12,24,48,2	5

③防火墙规则探测。采用近似于 traceroute 的分析法,探测能否给位于防火墙内侧的主机发送一个特定的数据包,以探测目标防火墙上打开或允许通过的端口。

(2)模拟攻击。该方法就是对目标靶机采用 IP 欺骗、DDOS、口令攻击等手段实施模拟攻击,以检查并发掘系统存在的安全漏洞。

①IP 欺骗。IP 欺骗技术就是攻击者通过对 IP 地址的修改与冒用,伪装成局域网中另一台具有某种特权主机,以欺骗的手段实施进一步的网络攻击(图 3.31)。

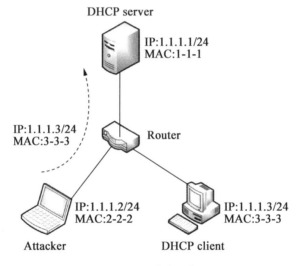

图 3.31　IP 欺骗示意图

②缓冲区溢出攻击。缓冲区溢出攻击就是攻击者通过向程序的一个有限空间的缓冲区复制了超长的字符串,而程序自身却没有进行有效的检验与过滤,从而导致程序运行失败,系统重新启动,甚至停机(图 3.32)。

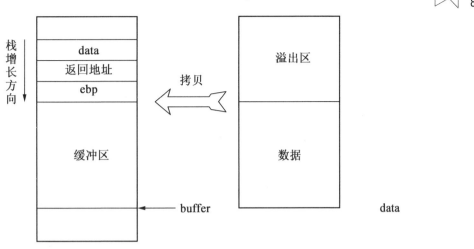

图 3.32　缓冲区溢出示意图

③分布式拒绝服务攻击。分布式拒绝服务攻击即 DDOS,是首先通过一定的技术手段控一批僵尸主机("肉机"),然后采用基于分布、协作的系统攻击思路,对特定的主机发起 DOS 攻击(图 3.33),其破坏性一般较强。

④口令攻击。口令攻击即攻击者通过编写、运行脚本程序,进而以跑字典的方式对登录口令进行暴力破解。

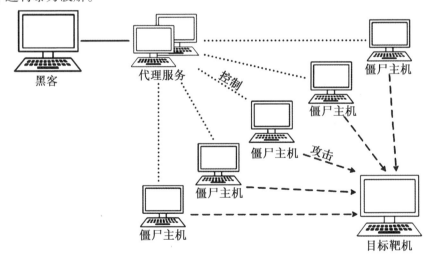

图 3.33　分布式拒绝服务攻击结构体系

主要扫描方法汇总见表 3.13。

表 3.13　主要方法扫描汇总

类别	方法简介与特点
TCP connect 扫描	最传统的扫描技术,程序调用 connect( ) 套接口函数连接到目标端口,形成一次完整的 TCP 三次握手过程,能连接得上的目标端口就是开放的
TCP SYN 扫描	半开放式扫描,原理是往目标端口发送一个 SYN 分组,若得到来自目标端口返回的 SYNIACK 响应包,则目标端口开放,若得到 RST 响应则目标端口未开放
TCP FIN 扫描	程序向一个目标端口发送 FIN 分组,若此端口开放则此包将被忽略,否则将返回 RST 分组
TCP reverse ident 扫描	ident 协议允许通过 TCP 连接得到进程所有者的用户名,即使该进程不是连接发起方。此方法可用于得到 FTP 所有者信息
TCF Xmas Tree 扫描	程序往目标端口发送一个 FIN、URG 和 PUSH 分组,若其关闭,应该返回一个 RST 分组
TCP NULL 扫描	程序往目标端口发送一个没有任何标志位的 TCP 包,如果目标端口是关闭的将返回一个 RST 数据包
TCP ACK 扫描	往往用来探测防火墙的类型,根据 ACK 位的设置情况可以确定该防火墙是简单的包过滤还是状态检测机制的防火墙
TCP 窗口扫描	由于 TCP 窗口大小报告方式不规则,这种扫描方法可以检测一些类 UNIX 系统(AIX 、FreeBSD 等)打开的端口以及是否过滤的端口
TC P RPC 扫描	为 UNIX 系统特有的,可以用于检测和定位远程过程调用(RPC)端口及其相关程序与版本标号
UDP ICMF 端口不可达扫描	利用 UDP 本身是无连接的协议,所以一个打开的 UDP 端口不会给我们返回任何响应包,鉴于 UDP 是不可靠的非面向连接协议,所以该扫描方法也容易出错且比较慢
UDP recvfrom 和 write 扫描	在 Linux 下,若一个 UDP 端口关闭,则第二次 write( ) 操作会失败。并且,当我们调用 recvfrom( ) 时,若未收到 ICMP 错误信息,一个非阻塞的 UDP 套接字一般返回 EAGAIN("Try Again",error = 13),如果收到 ICMP 的错误信息,套接字则会返回 ECONNREFUSED("Connection refused", error = 111)。通过这种方式,NMAP 将得知目标端口是否打开
ICMP 扫描	利用 ping 指令快速确认一个网段中有多少活跃的主机

►► 3.2.8　入侵检测技术　►► ►

1.概念

"入侵检测"(Intrusion Detection)的理念最早始于 1980 年 James P. Anderson 的《计算

机安全威胁监控与监视》。在该技术报告中,他对计算机面临的各种威胁进行分类,并提出可用利用审计记录识别计算机误用。1984—1986 年,Dorothy Denning 和 Peter Neumann 基于规则判别与数理统计方法,研究出了一个实时入侵检测系统模型——IDES。1989 年,Todd Heberlein 首次直接将网络流作为审计数据来源,从而研发出一款可以捕获 TCP/IP 分组的 Network Security Monitor,其可以在不将审计数据转换成统一格式的情况下监控异种主机,网络入侵检测从此诞生。当前,入侵检测已被广泛运用于各种信息网络中,该技术主要通过对网络中的关键数据进行收集和分析,以判断是否有被攻击或被植入恶意代码的现象,发觉入侵行为。

2. 工作机制

入侵检测的工作过程分数据采集与过滤、检测分析和告警响应 3 个阶段进行。

(1)数据采集与过滤。

数据采集是实现入侵检测的基础,该阶段采集的数据主要涉及系统、网络及用户活动的状态和行为等信息数据。鉴于入侵检测行为的判定通常是基于多数据信息综合分析的结果,因此为了尽可能提高检测的精度,需要在网络系统关键节点处部署若干个监测采样器。此外,为了提升入侵检测在分析与结果判定阶段的效率,在该阶段还需要对采集到的信息进行针对性的筛选与过滤。

(2)检测分析。

检测分析是入侵检测的关键环节,该阶段主要是对数据采集阶段收集的数据进行有效的组织、整理并提取,进而综合运用基于异常检测、误用检测等不同方法构造的分析引擎与入侵行为知识库鉴别出入侵行为。入侵检测在构造分析引擎时常用的方法有模式识别、统计分析和完整性分析三种,其中,模式识别可用于实时入侵检测,而统计分析方法和完整性分析方法则用于事后分析和安全审计。

(3)告警响应。

入侵检测的根本任务是要对入侵行为做出适当的响应,主要是在发现攻击行为时发出报警信息,将报警信息发送到入侵检测系统管理控制台上。同时,还要将报警信息记录在入侵检测系统的日志文件中,作为追查攻击者的证据。

3. 技术细分类别与特点

入侵检测技术有多种分类方法,根据技术原理可将其划分为基于主机的入侵检测和基于网络的入侵检测;根据检测原理则可以将其划分为行为入侵检测、特征入侵检测及混合检测 3 种(表 3.14)。

表 3.14　入侵检测技术分类汇总

划分标准	细分类别	技术方法特点简介
根据技术原理划分	基于主机的入侵检测	不需要安装额外的硬件,能够迅速、准确地发现入侵来源。缺点是占用了被检测主机的内存和 CPU 资源,对网络设备流量检测不敏感
	基于网络的入侵检测	无须对终端进行复杂的配置,就能够达到对协议攻击、IP 攻击等进行检测的效果,同时不需要占有用操作系统的硬件资源,能够在各种操作平台上有效地应用。但无法得到主机系统的实时状态,且精确度一般不高
根据检测原理划分	行为入侵检测	需要建立一个系统的正常活动状态,或用户正常行为的描述模型;可以检测未知的攻击行为。但是存在着较为严重的虚警情况
	特征入侵检测	对现有的各种攻击手段进行分析,建立能够代表该攻击行为的特征集合;准确度很高。但无法检测系统未知的攻击行为,会产生漏报情况
	混合入侵检测	开展基于行为入侵检测、特征入侵检测技术二级入侵检测,检测精度高

(1)根据技术原理划分。

①基于主机的入侵检测。基于主机的入侵检测优点在于不需要安装额外的硬件,能够迅速、准确地发现入侵来源。缺点是占用了被检测主机的内存和 CPU 资源,对网络设备流量检测不敏感。正常情况下,是利用设备运行日志作为检测对象,也可以主动获取系统通信的相关数据,通过对操作系统日志中没有的信息进行入侵检测。这类入侵检测能检测到的攻击类型很有限,且不能对网络攻击进行有效检测。

②基于网络的入侵检测。基于网络的入侵检测就是通过对目标网络内部关键节点及边界进行监测,进行对传输数据的有关特征进行提取,然后与特征规则库进行匹配,从而达到识别入侵行为的效果。由于该方法无法对网络中主机的实时安全状态进行监测,因而其精度一般不高。

(2)根据检测原理划分

①行为入侵检测。行为入侵检测是根据系统或用户的非正常行为,或者对于计算机资源的非正常使用,检测出入侵行为的技术。行为检测需要建立一个系统的正常活动状态,或用户正常行为的描述模型,操作时将用户当前行为模式或系统的当前状态,与该正常模型进行比较,如果当前值超出了预设的阈值,则认为存在着攻击行为(图 3.34)。行为检测最显著的特征是可以检测未知的攻击行为,但是其在实际运用时往往存在虚报率偏高的问题。

②特征入侵检测。特征入侵检测也称误用检测,是根据已知入侵攻击的信息来检测系统中的入侵和攻击行为。特征检测需要对现有的各种攻击手段进行分析,建立能够代

表该攻击行为的特征集合,操作时将当前数据进行处理后与这些特征集合进行匹配,如果匹配成功说明攻击发生。虽然特征入侵监测的准确度颇高,但由于该方法过于依赖预定义的规则库,所以无法检测针对系统的未知网络攻击行为。

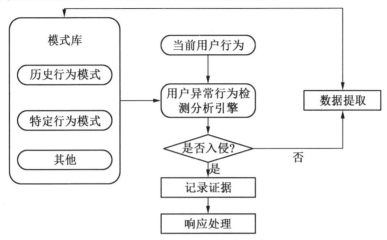

图 3.34　基于行为入侵检测的判别模型

③混合入侵检测。混合入侵检测是为了提高检测效率并减少误报率而研发出来的,其首先通过一级误用检测对捕获的数据流进行分析,此时如果检测到入侵行为,则记录攻击行为并丢弃数据包,如若判定为合法数据,则进入后续的二级异常检测环节。在二级异常检测过程中进一步利用基于神经网络聚类算法提炼的规则集,对数据流进行分析与检测,则最终判定为正常数据,否则记录攻击行为并丢弃数据包(图 3.35)。

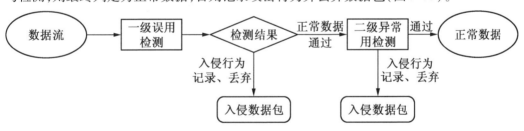

图 3.35　混合入侵检测工作原理

▶▶ 3.2.9　容灾备份技术　▶▶ ▶

1. 概念

容灾备份技术是通过在异地建立和维护一个备份存储系统,利用地理上的分离来保证系统和数据对灾难性事件的抵御能力。根据容灾系统对灾难的抵抗程度,可分为数据容灾和应用容灾(图 3.36),其中应用容灾是数据容灾的增强与升级,其实现需要投入更多技术、设备等资源。

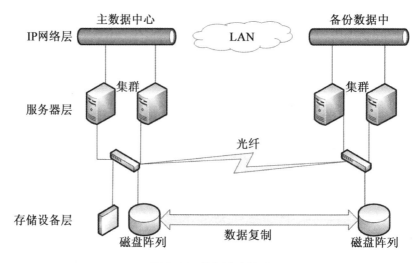

图 3.36　数据容灾原理

　　针对不同的业务信息系统,在进行容灾备份技术方案设计时需要综合考虑备份/恢复数据量大小、灾难发生时所要求的恢复速度等多种因素。根据这些因素和场景需要特点,通常可将容灾备份分为 4 个等级(表 3.15)。

表 3.15　容灾备份等级

等级		特征
第 0 级	无灾备中心	无灾难恢复能力,仅在本地进行数据备份,并且被备份的数据只在本地保存,没有送往异地
第 1 级	本地磁盘备份,异地保存	本地将关键数据备份,然后送到异地保存。灾难发生后,按预定数据恢复程序恢复系统和数据。这种方案成本低、易于配置。但当数据量增大时,存在存储介质难管理的问题,并且当灾难发生时存在大量数据难以及时恢复的问题
第 2 级	热备份站点备份	通过网络以同步或异步方式,把主站点的数据备份到备份站点,备份站点一般只备份数据,不承担业务。当出现灾难时,备份站点接替主站点的业务,从而维护业务运行的连续性
第 3 级	灾备数据中心	相隔较远的地方分别建立两个数据中心,它们都处于工作状态,并进行相互数据备份。当某个数据中心发生灾难时,另一个数据中心接替其工作任务

2. 技术分类与工作机制

(1)远程镜像技术。

① 同步远程镜像技术。同步远程镜像指在远程镜像软件的作用下,完成对本地数据的复制工作,而且所复制的数据会同步传到异地。在进行同步远程镜像时,远程复制操作

在异地完成确认信息后才能继续把本地的数据传输到异地,如果异地没有完成确认信息,则此传输事务会一直保持,直到本次复制操作完成(表 3.16),因此同步远程镜像中的异地备份数据与本地数据内容一样,数据恢复点指标(RPO)等于 0,即不丢失数据。当主数据中心发生灾难性事件后,备援中心可以在很短时间内接管业务,恢复时间目标(RTO)的量级为秒或分。

表 3.16 同步/异步镜像关键步骤与镜像过程对比

技术	关键步骤	镜像过程
同步远程镜像	①应用服务器发写 I/O 请求;②存储域服务器把数据写入本地磁盘;③SDS 延迟发远程的写请求;④远程的执行写操作;⑤发远程的备份确认信息;⑥写完成确认信号	
异步远程镜像	①应用服务器发 I/O 写请求;②SDS 完成本地磁盘的写;③本地的存储系统发 I/O 完成确认信息(不等远程的写完确认)④延迟发远程的写请求;⑤远程 SDS 完成远程的写操作;⑥远程的完成确认信息	

②异步远程镜像技术。异步远程镜像技术是采用一定的措施向本地存储系统进行基本 I/O 操作,而后进行相关数据远程传输、同步等工作。与同步远程镜像不同的是,异地远程镜像不需要等待远程存储系统提供操作完成确认信息,仅需要本地完成确认信息的工作即可(表 3.16),这是的本地系统性能受到很小。异步远程镜像工作是在后台进行的,这样可以保证正常工作高效进行。

(2)快照技术。

快照是通过软件对需要备份的磁盘子系统的数据快速扫描,建立一个要备份数据的快照逻辑单元号(LUN)和快照(Cache)。当前广泛应用的快照技术有分割镜像快照技术(Split minor)、按需复制快照技术(Copy on demand)、虚拟视图快照技术(Virtual view)、增量快照技术(Increment snapshot)4 种(表 3.17)。

表3.17　主要快照技术对比

快照技术	快照方式	空间+时间开销	优点	缺点
分割镜像快照技术	每次快照后源数据卷都要建立完整物理镜像卷,类似RAID1	空间开销:M; 时间开销:$t \times M \times N$	源数据卷产生完整的物理副本,不再需要额外的复制操作,快照操作的时间非常短,通常只有几毫秒	无法在任意时间点为任意数据卷建立快照;预先创建镜像卷占用了大量存储资源;持续镜像操作将会增加系统的开销
按需复制快照技术	每次快照后源数据卷也要建立完整物理镜像卷,但产生物理镜像卷操作是在快照之后,由一个后台进程完成的	空间开销:M; 时间开销:$t \times M \times N$ (应用数据访问会影响时间开销)	保证快照操作的原貌;不会占用任何的存储资源,也不会影响系统性能;使用上非常灵活	整个过程时间不仅与源数据卷容量有关,还受到上层应用数据访问影响,很难准确估计,可能需要几个小时
虚拟视图快照技术	快照时间点之后只建立一份快照时刻源数据卷的逻辑副本,最终也不会产生完整的物理副本,只保存快照时间点之后源数据卷中被更新的数据	空间开销:$0.2M$ 时间开销:$t \times$ 每次更新数据块数之和	复制操作只在源数据卷发生更新时才发生,系统开销比后台进程复制源数据卷的全部数据要小得多,且所需存储空间也非常小	增加了"复制窗口"的开销;无法得到完整的物理副本,不适用需要完整物理副本的应用
增量快照技术	建立一个完整物理镜像卷和若干个源数据卷的逻辑副本	空间开销:$1.2M$; 时间开销:$t \times (M$ +每次更新数据块数之和)	能够产生源数据卷在各个连续时间点的完整物理副本,且具有按需复制、虚拟视图快照技术的优点	需要存储空间较大,相对时间较长

注:空间开销为M个数据块N次快照空间开销;时间开销为M个数据块N次快照时间开销(t为一个数据块快照时间)。

▶▶ 3.2.10　安全审计技术　▶▶ ▶

1.概念

安全审计是指按照一定的规则策略,利用记录、系统活动和用户活动等信息,检查、审查和检验操作事件的环境及活动,以达到发现系统漏洞、入侵行为或改善系统性能的目的。安全审计不仅能够监控来自网络内部和外部的用户活动以实现突发事件进行报警和响应,还能为事后分析及溯源追责提供供重要依据。

2. 技术细分类别与工作机制

安全审计技术是记录与审查用户操作计算机及网络系统活动,提高网络安全性的重要技术手段。根据审计所涉及的具体对象、层次级别及实现的具体途径等划分标准,安全审计技术可以划分为多种类型(表 3.18)。本节对集中式审计技术与分布式审计技术进行重点介绍。

表 3.18 安全审计的分类与技术特点

划分原则	技术类别	技术特点
按安全审计涉及的具体对象划分	日志审计	通过 SNMP、SYSLOG、OPSEC 或者其他的日志接口从各种网络设备、服务器等设备中收集日志,进行统一管理、分析
	主机审计	通过在服务器、终端中安装客户端的方式来进行审计,可达到审计安全漏洞、审计非法或入侵操作、监控上网行为等目的
	网络审计	通过旁路和串接的方式捕获网络数据包,并且进行协议分析,可达到审计服务器、数据库、应用系统等的审计安全漏洞、合法和非法的操作,监控上网行为和内容等目的
按安全审计实现的具体途径	集中式审计	采用集中式体系结构,收集网络中各采集点的原始审计记录信息,经过滤和简化处理后再通过网络传输到中央处理机进行审计处理
	分布式审计	采用分布式体系结构,并通过审计代理、收集器、和审计中心 3 个重要组件,实现对分布式网络中重要设备的监测与审计
按安全审计涉及的层次级别划分	系统级审计	主要针对系统的登入情况、用户识别号、登入尝试的日期和具体时间、退出的日期和时间、所使用的设备、登入后运行程序等事件信息进行审计
	应用级审计	主要针对的是应用程序的活动信息,如打开和关闭数据文件,读取、编辑、删除记录或字段的等特定操作,以及打印报告等
	用户级审计	主要是审计用户的操作活动信息,如用户直接启动的所有命令、用户所有的鉴别和认证操作、用户所访问的文件和资源等

(1)集中式审计技术。

集中式审计技术采用集中式体系结构,收集网络中各采集点的原始审计信息,经过滤等操作处理后再将信息汇总至中央处理机进行覆盖系统全局的信息分析与审计处理(图3.37)。正因为如此,该技术方案下网络通信、中央处理机的 CPU 和 I/O 可能会出现负担或开销偏重的情况。鉴于此,集中式审计技术一般适用于小规模的局域网。

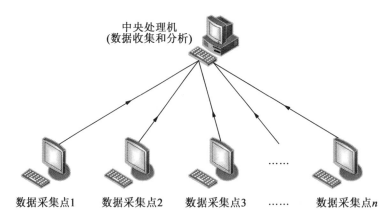

图 3.37　集中审计系统框架

（2）分布式审计技术。

分布式审计技术采用分布式体系结构,并通过由审计代理、收集器、和审计中心三个重要组件,实现对分布式网络中重要节点设备的监测与审计（图 3.38）。在分布式的结构中,数据的采集是由分布在网络中的审计代理来实现的,该方式有效地利用各审计对象的资源,消除了集中式体系的计算瓶颈,同时也在一定程度上降低了对网络带宽的开销,提高了整个审计系统的运行效率与稳定性。

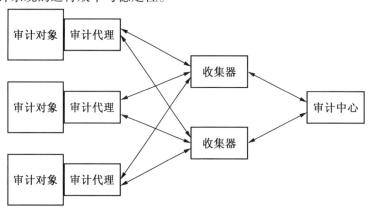

图 3.38　分布式安全审计技术模型

3.3　专用安全防护技术

▶▶| 3.3.1　电力专用横向单向隔离技术　▶▶　▶

1. 概念

电力专用横向单向隔离技术的核心是物理隔离,其采用专用通信硬件和专有安全协议等机制,通过剥离 TCP/IP 协议的数据"摆渡"的方式,实现内网（高安全等级）与外网（低安全等级）间的物理隔离和数据安全交换（图 3.39）。

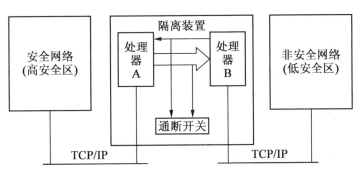

图 3.39 电力专用横向单向隔离技术架构示意图

2. 技术细分类别与工作机制

作为一种多技术融合的产物,电力专用横向单向隔离技术中涉及的关键安全控制要点与技术有网络物理隔离、数据单向传输、切割穿透性 TCP 连接协议、综合报文过滤、安全内核裁剪等(表 3.19)。

表 3.19 基于电力专用横向单向隔离技术的通信所涉及的关键安全控制要点

关键控制要点	简介及示意图
网络物理隔离	在内部构建两个在物理存储、物理传导和物理辐射上隔断的信息安全岛,实现物理隔离
数据单向传输	在同一时刻,数据转发是单向的,物理隔离模块只能单向处理来自于外网处理单元或者内网处理单元的数据请求,而不能同时处理二者

续表 3.19

关键控制要点	简介及示意图
切割穿透性 TCP 连接协议	采用专用协议栈,修改 TCP 的不安全参数,切割穿透性的 TCP 连接,禁止内网、外网的两个应用网关之间直接建立 TCP 连接,将整个连接分解成两个应用网关分别到隔离装置的内外两个网卡的两个 TCP 虚拟连接
基于状态检测的综合报文过滤	采用基于状态监测技术的综合报文过滤技术,可以对报文的 MAC、IP、协议和传输端口、通信方向等进行高速过滤
安全内核裁剪	基于 Linux 操作系统的嵌入式安全内核进行了裁剪,仅保留用户管理、进程管理等必要的功能模块

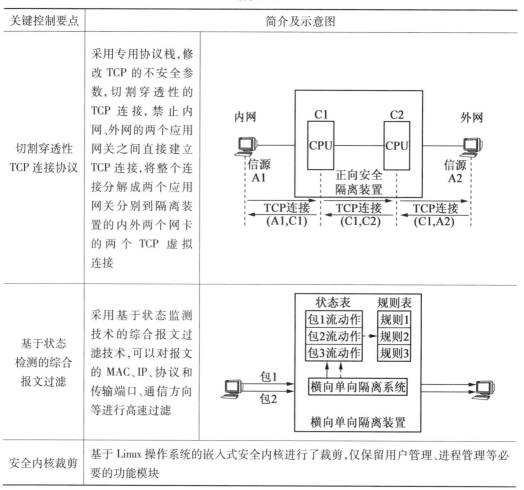

根据电力专用横向隔离技术的应用场景与传输特点,可将其划分为电力专用横向正向隔离技术与电力专用横向反向隔离技术(表 3.20)。

续表 3.20

类别	正向隔离技术	反向隔离技术
传输过程	①高安全区内的发送端通过传输软件将数据发给正向隔离装置的内网端口;②正向网络安全隔离装置接收数据,并对数据进行内容过滤、有效性检查等处理;③将处理过的数据转发给低安全区内部的接收程序	①高安全区内数据的发送端首先对需发送的数据签名,然后发给反向网络安全隔离装置;②反向网络安全隔离装置接收数据后,进行签名验证,并对数据进行内容过滤、有效性检查等处理;③将处理过的数据转发给高安全区内部的接收程序
支持的协议	TCP、UDP、ICMP	UDP

表 3.20　电力专用横向正向隔离技术与电力专用横向反向隔离技术对比

类别	正向隔离技术	反向隔离技术
支持透明工作方式	虚拟主机 IP 地址、隐藏 MAC 地址	虚拟主机 IP 地址、隐藏 MAC 地址
传输文件	E 文本、纯文本	E 文本
报文过滤	基于 MAC、IP、传输协议、传输端口及通信方向的综合报文过滤	基于 MAC、IP、传输协议、传输端口及通信方向的综合报文过滤
签名及验证	无	基于数字证书的数据签名及验证

▶▶│ 3.3.2　电力专用纵向加密认证技术　▶▶　▶

1. 概念

电力专用纵向加密认证技术的核心是基于隧道封装的加密通信,其采用通用软件加密算法技术与高性能电力专用硬件加密加护相结合的办法,从而在电力调度数据网边界保障通信实体的双向认证,实现通信数据的机密性与完整性(图 3.40)。

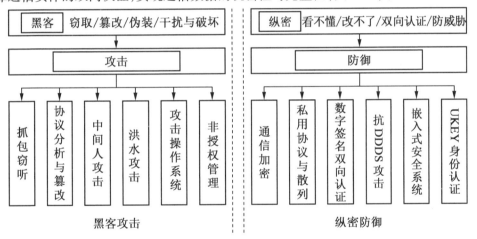

图 3.40　基于纵向加密认证技术的防护效果

2. 工作机制

电力专用纵向加密认证技术综合采用了隧道协商、数字证书、数据加解密、安全过滤、安全内核裁剪等一系列安全防护技术(表 3.21)。

表 3.21　电力专用纵向加密认证技术关键安全控制要点

关键控制要点	简介及示意图	
隧道协商	对端通过 init、Request、Respone 直至 Opened,以成功建立通信隧道	
数字证书	通过数字证书的验证实现对基于人、机、卡认证的认证的操作许可,以及加密对端的通信许可	
数据加解密	采用高性能电力专用硬件密码单元对数据进行加密与解密,加密算法只能在硬件加密卡中完成加解密	
安全过滤	基于 IP、端口、协议等对数据包进行安全过滤	
安全内核裁剪	基于 Linux 操作系统的嵌入式安全内核进行了裁剪,仅保留用户管理、进程管理等必要的功能模块	

▶▶ 3.3.3　网络安全监测技术　▶▶　▶

1. 概念

网络安全监测技术通过采集场站各设备自身感知的安全数据及网络安全事件,进而通过分析、审计、核查等方式全面检测外部网络访问、外部设备接入、用户登录、人员操作等各种事件,在实现本地监视和管理的同时,将告警信息发至调度机构相关平台进行共同监视。

2. 工作机制

网络安全监测技术是基于感知、采集和管控的 3 层逻辑结构构件的综合防护技术,其中底层为感知层,即现场服务器、工作站、网络设备、安全设备等,这些设备通过主动或被动的方式将自身感知的安全数据上报至场站侧Ⅱ型网络安全监测装置(采集层);采集层其通过分布式采集的方式将采集到的数据进行集中分析、审计、核查,对监测到的安全行为或事件进行告警响应,并将告警信息上报至调度侧的Ⅰ型网络安全监测装置(管控层);管控层通对各场站Ⅱ型网络安全监测装置的上报的信息进行集中汇总分析与监测,此外还可以通过采集层提供的服务代理,下发设备核查、配置等相关指令,远程实现对感知层各节点设备的安全核查及配置(图 3.41)。

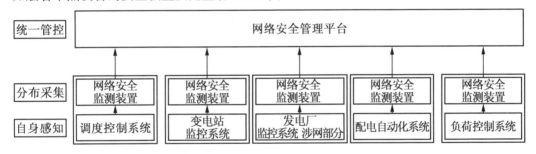

图 3.41　基于网络安全监测技术的网络监视与管理体系架构

电力监控系统内安全数据的全面采集与上报是确保场站内网络安全监整体效果的关键,为此网络安全监测技术在应用时,针对不同类型的设备采用了不同的安全数据采集方式。针对主机类设备,其在主机上安装监测探针(Agent),监测探针通过对主机操作系统内核信息的分析,采集用户登录与操作、USB 的插拔、文件权限变更等信息,并将信息通过基于 TCP 的端对端的传输方式上报进行上报。针对交换机等类网络设备,其优先通过基于简单网络管理协议(Simple Network Management Protocol,SNMP)与 SNMP Trap 两种方式实现对网络设备的用户登录、在线时长、CPU 利用率、网络丢包率等数据进行采集与上报,其中 SNMP 方式的采集是基于 v2 及以上版本 SNMP 协议上的轮询实现的,而 SNMP Trap 方式的采集是网络设备以 SNMP Trap 方式主动报告安全事件信息实现的,此外网络设备也可以通过 syslog 方式报送安全事件信息。针对防火墙等安全设备,其主要通过

syslog 方式采集感知层设备的 CPU 与内存利用率、故障告警等信息（图 3.42、图 3.43）。

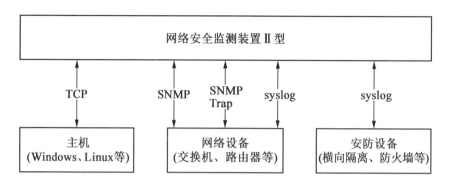

图 3.42　网络安全监测技术针对不同类型设备所采取的数据采集方式

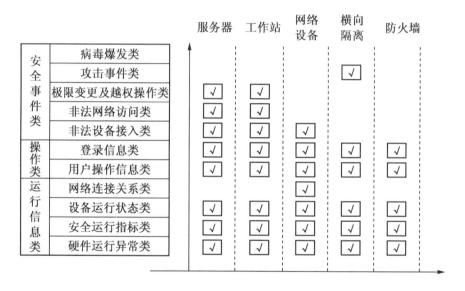

	服务器	工作站	网络设备	横向隔离	防火墙
安全事件类 病毒爆发类					
攻击事件类				✓	
极限变更及越权操作类	✓	✓			
非法网络访问类	✓	✓			
非法设备接入类	✓	✓	✓		
操作类 登录信息类	✓	✓	✓	✓	✓
用户操作信息类	✓	✓	✓	✓	✓
运行信息类 网络连接关系类			✓		
设备运行状态类	✓	✓	✓	✓	✓
安全运行指标类	✓	✓	✓	✓	✓
硬件运行异常类	✓	✓	✓	✓	✓

图 3.43　网络安全监测技术针对不同类型设备所采取的主要数据

▶▶▶ 3.3.4　网络安全态势感知技术 ▶▶ ▶

1. 概念

网络安全态势感知技术是一种通过数据挖掘、数据融合、态势可视化等方法对目标电厂工控网络系统安全状态进行综合认知与分析的技术，从而实现对各类网络安全问题的态势感知和溯源取证。

2. 平台架构与工作机制

（1）平台架构。

网络安全态势感知平台总体由态势感知厂站侧、态势感知集团侧和态势感知中心侧

3 部分组成。其中态势感知厂站侧是指部署在各场站的网络安全综合监测系统,由数据采集装置、厂级分析平台以及其他通用和专用设备组成,场站侧监测系统主要负责完成各类原始数据的采集和边缘计算,且数据采集的核心是厂站侧全流量数据,通过边缘计算,将全流量数据与中心侧下发的检测规则进行匹配,实现网络攻击威胁的第一时间发现,并本地保留原始流量用于溯源取证。态势感知集团侧是指部署在各能源电力集团的大型网络安全综合监测系统,其负责对态势感知厂站侧上报、中心侧推送的各类数据等进行综合分析与展示,实现全集团厂站各类网络安全问题的预警、预测和预报。中心侧向态势负责感知厂站侧下发安全威胁情报和检测规则,对态势感知厂站侧上报的各类数据等进行综合分析与展示,感知全行业各类网络安全问题,并与各监管单位、集团侧进行数据共享(图 3.44)。

(2)组网方式。

组网方式根据厂站侧数据上报方式不同分为两种:单一模式和混合模式。

①单一模式。厂站侧上报数据到中心侧,中心侧对数据进行综合分析并下发规则和溯源取证,同时,通过有线专线将厂站侧数据推送至有关部委和集团侧。

②混合模式。厂站侧上报数据通过集团专线上报到集团侧,同时,通过 VPDN 无线专线上报中心侧。中心侧通过 VPDN 专线实现规则下发和溯源取证并通过有线专线将厂站侧数据推送至有关部委和集团侧(图 3.45)。

(3)工作机制。

①中心资源汇聚。中心侧汇聚了安全大数据、威胁情报和安全分析团队 3 大资源。其中安全大数据是由各厂站侧采集数据,并依据相关要求进行边缘计算后上报有效数据,形成基础数据库;威胁情报是指基于"五部委"联动共享机制,中心侧通过汇聚包括公安部、中国信息安全测评中心等国家网络空间安全保卫单位的威胁情报,形成检测规则并下发至厂站侧;安全分析团队负责通过安全大数据和威胁情报的综合分析,对厂站侧安全事件进行溯源取证,研判攻击威胁程度,还原完整攻击过程。

②厂站边缘计算。厂站侧完成各类原始数据的采集和边缘计算。数据采集的核心是厂站侧全流量数据,通过边缘计算,将全流量数据与中心侧下发的检测规则进行匹配,实现网络攻击威胁的第一时间发现,并本地保留原始流量用于溯源取证。

③双向数据交换。中心侧与厂站侧之间为双向数据交互,中心侧下发检测规则到厂站侧,查询厂站侧的取证数据;厂站侧上报边缘计算结果数据到中心侧(图 3.46)。

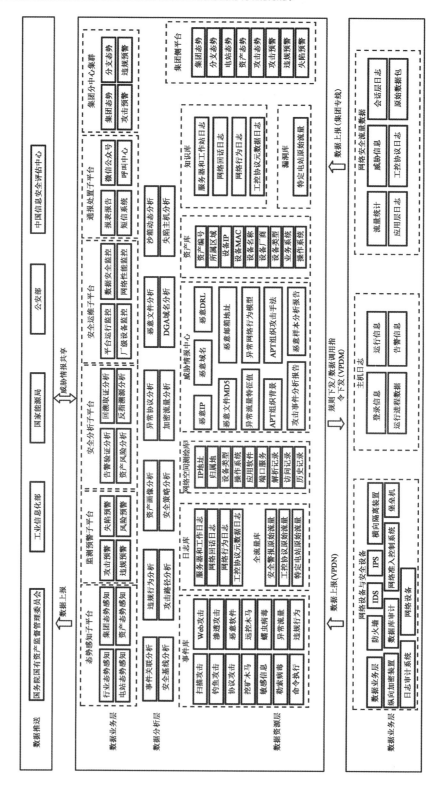

图 3.44　态势感知整体架构

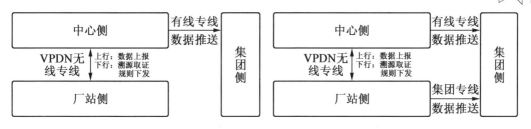

图 3.45 网络安全态势感知单一模式组网与混合组网

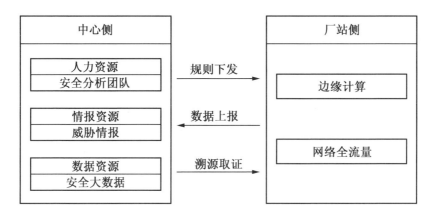

图 3.46 中心侧与厂站侧双向数据交互示意图

4.1 概　述

　　风电场电力监控系统是由变电站自动化系统、风机监视与控制系统、风功率预测系统、电能量采集计量系统等多个子系统共同构成的有机整体,其主要功能与作用是监控风电场生产控制大区和信息管理大区各部分系统与装置的运行状态,同时电网调度侧可采用实时与非实时通信方式向风电场电力监控系统远程下达指令,对现场相关设备进行遥控、遥测和遥调,以确保发电、变电、输电等环节正常运转,向电网输送稳定的电能。风电场电力监控系统作为连接电力系统和信息系统的关键与桥梁,其安全性关系到风电场乃至整个电网的安全,因此针对其特点开展系统性的防护工作具有重要意义。

　　受传统 IT 领域"信息安全三道防线"防护思路的影响,当前大多数风电场电力监控系统的安全防护技术体系仍然采用类似的架构进行构建:由风电场的一线业务部门负责的"第一道防线",用以识别和管理网络安全固有风险,并对风险实施控制;由风电场的风险管理部门和专责部门负责的"第二道防线",用以对各种网络安全风险实施独立的评估、计量、监测及报告;由风电场的监督部门负责的"第三道防线",用以对风电场网络安全进行独立的监督评价与审计。上述方案基本满足了过往风电场在建设与初期运维阶段的网络安防需求,但随着近年来风电新能源行业信息化建设的快速推进,风电场电力监控系统功能与边界的不断扩展,传统相对粗放的网络安防技术体系在新形势下面临威胁感知与监测能力不足、安防协作能力薄弱等诸多挑战,因此亟须重新对风电场电力监控系统网络安防技术架构进行定制化与精细化设计。

　　在充分调研全国各地数百个风电场网络安全防护现状与需求的基础上,结合新时期等级保护"纵深防护"的思想,本章提出分别从物理基础设施防护、通信网络与边界防护、主机安全防护、安全管理中心防护等层面出发,构建层次分明、协同有效、系统完备的风电场电力监控系统安防技术体系。

4.2 物理基础设施防护

▶▶ 4.2.1 物理位置选择 ▶▶ ▶

风电场电力监控系统核心设备部署在继保室/集控室(机房)中,其物理位置的选择的恰当与否直接关系到其遭受损害、灾害等的可能性和严重程度。因而,出于对潜在风险因素的考量与规避,机房应选择设在具有防风、防雨和抗震等能力的建筑内,同时机房应避免建设在建筑物的地下室或顶层中,否则还应加强机房的防潮和防水措施;此外,机房的位置还应远离水、气管道。

▶▶ 4.2.2 物理访问控制与防盗、防破坏 ▶▶ ▶

物理访问控制即采取一定的措施限制有关人员对风电场特定区域或设施的访问,保障电力监控系统资产设备在允许的前提下被访问或使用。电子门禁系统与视频监控的部署与使用是风电场实现物理访问控制的主要方式。

其中,电子门禁系统具有自动识别技术和安全管理措施,是解决相关人员安全出入问题和实现安全防范管理的有效措施(图4.1)。风电场应在其主控楼出入口部署电子门禁系统,现场工作人员须通过口令或生物特征进行身份认证,通过后方可进入工作区域。继保室/集控室属于核心工作区域,其出入口同样应安装电子门系统或设备,从而对进出继保室/集控室进行进一步的身份认证校验。此外,视频监控系统同样是风电场安全防范系统的重要组成部分,一般由前端摄像机、数据传输线缆、视频监控平台组成。风电场现场值班人员不仅可以实时对机房环境进行24小时的不间断监控,而且可以通过对监控录像的回放锁定引发现场安全事件的可疑操作或可疑人员。需要注意的是,无论风电场采用或部署何种形式的物理访问控制措施,都是为确保电力监控系统的安全稳定运行,相关人员进入机房等风电场的重要场所时,风电场还是应该通过指派安全员对访问人员进行必要的跟踪与监护。除上述防护措施以外,风电场还应将物理资产进行固定,贴上明显不易去除的标识,同时将继保室/集控室线缆铺设于隐蔽安全处,以降低其遭受有意或无意损坏的可能性。

▶▶ 4.2.3 防雷击 ▶▶ ▶

风电场主控楼多建于平原、山顶等野外地带,当出现雷暴等恶劣天气时,由于继保室/集控室内及邻近带电运行设备的电效应、热效应及机械效应的混合,或架空线路、埋地线路、金属管线等传到介质上感应电压的存在,机房内电力监控系统相关设备与现场工作人员面临遭受雷击的风险。因此,风电场应采取相应的防雷击保护措施,保障现场设备与人员的安全,具体措施主要涉及通过接地,安装避雷针、屏蔽网、电位平衡设备等对主控楼建筑本体进行防雷击保护的同时,通过合理接线、安装过电压保护器等措施对继保室/集控室内各通信设备进行过电压保护等(图4.2)。

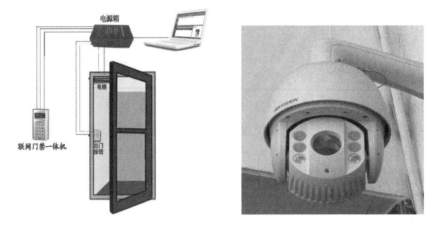

图4.1　继保室/集控室电力门禁控制系统(左)与视频监控系统摄像头(右)

图4.2　避雷针(左)与悬挂式避雷器(右)

▶▶ 4.2.4　防火　▶▶　▶

　　在威胁风电场电力监控系统物理基础设施安全的各种因素中,火灾不仅容易发生,而且破坏性极强,往往会直接导致现场大量设备被毁,重要信息资料丢失,甚至人员伤亡。因此,为防范此类风险,风电场应采取相应的防火与灭火措施。风电场主控楼在建设时就应采用符合耐火等级的建筑材料,同时将其内部继保室/集控室划分不同安全等级区域以进行管理,区域和区域之间需采取必要的隔离防火措施。同时,为了进一步提升风电场针对可能发生火灾的防护能力,风电场还应在继保室/集控室等重点防护区域部署并启用烟感探测器、自动灭火系统等设备,以确保其探测到烟雾或检测到室内温度超过警戒设定值时,可以及时告警提示并第一时间扑灭火情。

▶▶ 4.2.5　防水、防潮和温湿度控制　▶▶　▶

　　在风电场机房内配备有大量用于支撑电力监控系统业务功能的电子设备,它们在带电运行过程中之间由于传导、辐射和对流会产生热耦合效应,此时室内若缺乏对温度进行有效调节的技术措施,持续的热耦合会使得局部热应力逐渐累积,当其超过一定阈值时则降低设备运行的可靠性,甚至减损设备的使用寿命。除了温度因素外,湿度同样也是影响机房内设备稳定运行的重要因素。有相关研究表明,当机房内空气湿度超过 65% 时,设备的电子元器件表面会形成一层薄水膜,其有可能产生短路等问题,严重降低电路的可靠性;而当机房内空气过于干燥时,设备的电子元器件更容易受到静电干扰,引发设备运行故障。此外,若机房内发生渗水或漏水,则可能会导致电路短路、电气设备被烧坏、电力监控系统业务中断、重要数据丢失等后果。因此,为保障电力监控系统稳定运行,风电场应采取相应的防护措施,做好防水、防潮和温湿度控制工作,具体措施主要包括在继保室内/集控室部署专用的精密空调,保证其温度维持在 18 ~ 25 ℃,湿度在 40% ~ 60%;在继保室的地板周围安装水检测仪表或元件(图 4.3),并尽可能使设备所在的房间远离水源或输水管道等。

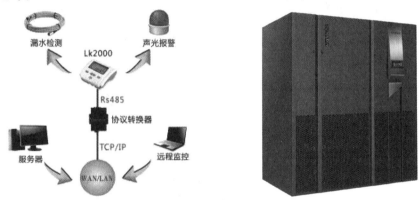

图 4.3 漏水检测装置(左)与精密空调(右)

▶▶| 4.2.6 防静电 ▶▶ ▶

静电是工控系统中的普遍存在的"硬病毒",如果其不断积累而得不到释放,则电荷所聚集的电子元器件表面的电压将不断攀升。当特定触发条件出现时,原本聚集的大量电荷将发生快速迁移,可能会造成设备或元器件被软击穿或硬击穿,致使其性能劣化或永久性损毁失效。此外,较高强度静电放电还可能导致被接触者心律失常、心动过速快,诱发心脏早搏、房颤等问题,威胁现场工作人员的人身安全。因此,风电场应采取相应的防静电措施,防止此类事情的发生。具体的措施主要包括在继保室/集控室铺设防静电地板或地面、将机柜接地、部署静电消除器(图 4.4)、要求机房作业人员佩戴防静电手环等。

▶▶| 4.2.7 电力供应 ▶▶ ▶

电力供应是风电场电力监控系统稳定运行的基本前提,为防止突发的断电事故及接入电网电源波动对站内监控设备造成损害,风电场应设置冗余或并行的电力电缆线路,且将外部电源先接入风电场内的不间断电源(Uniterrupted Power Supply,UPS)(图 4.5),再通过 UPS 向风电场电力监控系统内各设备传输电能,以实现稳压与电力持续供应的目的。值得注意的是,由于不同风电场电力监控系统在现场设备运行的用电总负荷需求、软/硬件负载能承受的最长电源切换时间等方面存在一定的差异,就具体某个风电场而言,其应采购并部署相适配的 UPS 电源,并配备足够数量的 UPS 供电模块,以确保在遇到突发外部电源断电时,UPS 能及时地将存储的电能输送给负载设备,以保障在正常电力供应中断的情况下相关设备仍能维持至少 8 h 以上的正常运转。

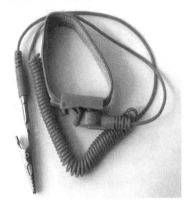

图 4.4　静电消除器(左)防静电手环(右)

图 4.5　UPS

▶▶ 4.2.8　电磁防护　▶▶　▶

外部电磁的侵袭不仅会干扰风电场内监控服务器对现场设备层的实时有效监视,而且还可能会影响系统通信指令的及时准确传达与接收,引发设备控制操作延迟、失准或中断,威胁整个系统的安全稳定运行。此外,由于风电场电力监控系统中的设备在运行时能经过地线、信号线、电源线、寄生电磁信号或谐波等辐射出去,产生电磁泄漏。倘若这些电磁信号被攻击者截获、提取及复原,则可能造成关键配置与业务数据泄露的后果。鉴于此,风电场应采取相应的防护措施,尽可能削减电磁对风电场电力监控系统的影响,具体而言主要包括将继保室/集控室电源线、通信线缆隔离铺设,使用带电磁屏蔽层的通信线缆,将对电磁敏感的关键设备置于电磁屏蔽防护机柜等(图4.6)。

图4.6 防静电地板(左)与电磁保护机柜(右)

▶▶ 4.2.9 室外设备防护 ▶▶ ▶

在风电场电力监控系统中,室外设备主要是指位于风机塔体及邻近区域的RTU、PLC等现场设备。由于其所处工况环境一般较为恶劣,因此为保障其持续稳定运行,除了要针对其开展与一般室内设备相同的物理安全防护工作外,风电场还应对此类室外设备进行适当的增强防护,如将其紧固在铁柜或由防火材料制成的坚固装置(箱体)内,且装置内还应具有散热、通风、防火、防雨及防盗的能力;此外,室外设备部署位置的选择也同样十分重要,应避免将其部署在强电磁干扰、强热源等环境(表4.1)。

表4.1 室外设备防护注意事项

影响因素	防护措施
温度	加装散热系统,使环境温度在0~55 ℃,并且不能安装在发热量大的元器件下面,空间应足够大可进行有效通风散热
湿度	加装除湿系统,保证部署环境中空气的相对湿度应小于65%(无凝露)
震动	远离强震动源,采取减震措施,如采用减震胶等,防止设备10~55Hz振动频率或连续振动
电源	如风电场对于可靠性要求很高或电源干扰特别严重的环境,可安装带屏蔽的隔离变压器(变比为1:1),以减少设备之间的电源不稳定的干扰

4.3　通信网络与区域边界防护

边界防护与通信网络防护是构建电力监控系统"一个中心,三重防护"的重要组成部分,且二者的关联性与互补性颇强。风电场电力监控系统内的各边界防护离不开安全的网络传输,而网络传输安全的保障又需要各边界防护措施的综合支撑。尽管得益于近年来电力行业内网络安全风险评估、等保测评及安全检查工作的持续推进,大部分风电场已就其内部工控系统网络与边界进行了一定程度的二次安防建设与整改工作,消减了一大批突出问题与风险,但当前风电场内仍普遍存在边界和网络监测与审计不完善、入侵检测措施缺失、主机加固不到位等问题(表4.2)。面对日趋严峻的工控网络安全态势,风电场应当防微杜渐,及时全面地对系统边界与内部网络进行全面彻底的加固,以为电力监控系统的安全稳定运行构建起强大的防护屏障。

表4.2　风电场电力监控系统防护主要薄弱环节

安全问题	具体表现
入侵检测措施缺失	无法检测安全Ⅰ区的风机监控系统、变电站自动化系统以及安全Ⅱ区的功率预测系统等工控网络中隐藏的入侵行为
监测与审计缺失	无法对生产控制区中的工控网络进行攻击行为、违规操作、异常流量等行为进行有效监测与审计
主机加固不到位	设备身份认证机制不完善、访问权限配置不合理;控制、管理系统行为审计与监控缺失、数据安全传输、移动介质接入管控不严格与主机病毒防护等措施不完善
缺乏统一的安全管理平台	无法从网络全局角度实时分析和处理安全事件,无法为管理者提供基于事件趋势及告警趋势的综合分析和展现

▶▶ 4.3.1　通信网络防护　▶▶　▶

风电场电力监控系统各业务子系统既相对独立,又相互协作、紧密耦合,共同构成了一个有机整体,而各子系统业务功能的保障以及整个系统业务融合的关键在于基于通信网络实现的资源共享和数据交互。因此,一旦其出现运行故障或因遭受攻击而中断,则可能直接导致整个业务系统的彻底停摆。鉴于此,风电场应基于其内部通信网络整体特点与防护需求,结合相关标准与规范的具体要求部署相应的网络安全防护措施(表4.3)。

表4.3　风电场网络通信传输安全要求

控制点	要求项
网络架构	应保证网络设备的业务处理能力满足业务高峰期需要； 应保证网络各个部分的带宽满足业务高峰期需要； 应划分不同的网络区域，并按照方便管理和控制的原则为各网络区域分配地址； 应避免将重要网络区域部署在边界处，重要网络区域与其他网络区域之间应采取可靠的技术隔离手段； 应提供通信线路、关键网络设备和关键计算设备的硬件冗余，保证系统的可用性； 工业控制系统与企业其他系统之间应划分为两个区域，区域间应采用单向的技术隔离手段； 工业控制系统内部应根据业务特点划分为不同的安全域，安全域之间应采用技术隔离手段； 涉及实时控制和数据传输的工业控制系统，应使用独立的网络设备组网，在物理层面上实现与其他数据网及外部公共信息网的安全隔离
通信传输	应采用校验技术或密码技术保证通信过程中数据的完整性； 应采用密码技术保证通信过程中数据的保密性； 在工业控制系统内使用广域网进行控制指令或相关数据交换的应采用加密认证技术手段实现身份认证、访问控制和数据加密传输
可信验证	可基于可信根对通信设备的系统引导程序、系统程序、重要配置参数和通信应用程序等进行可信验证，并在应用程序的关键执行环节进行动态可信验证，在检测到其可信性受到破坏后进行报警，并将验证结果形成审计记录送至安全管理中心

在通信网络架构方面，风电场首先应保证系统内交换机、路由器等网络设备的业务处理能力满足业务高峰期需要，避免因业务数据流量大造成网络拥堵等事件的发生；采用百兆及以上带宽进行通信，并保障网络各个部分的带宽满足业务高峰期需求。同时，风电场还应将其内部电力监控系统的网络区域划分成为生产控制大区（安全Ⅰ区、安全Ⅱ区）和管理信息大区（安全Ⅲ区）并进行分区管理，在安全Ⅰ区（控制区）部署变电站自动化、风机监控等对一次系统有较大影响的业务子系统，在安全Ⅱ区（非控制区）、安全Ⅲ区分别部署风功率预测子系统的内、外网部分，区域之间还应采取逻辑或物理隔离措施进行防护；按照方便管理和控制的原则，在电力监控系统内进行相应的IP规划和VLAN划分；避免将重要区域部署在边界处等（图4.7）。此外，风电场还应对系统内的路由器、核心交换机、安全设备等关键设备、通信线路进行冗余部署，确保系统的高可用性。在通信传输方面，由于风电场电力监控系统中的通信方式多为基于RS485、Modbus/TCP、OPC、HTTP的有线传输，传输协议基本均不具备身份认证、传输加密功能，给系统的安全稳定运行埋下了被网络攻击的漏洞与隐患。鉴于此，风电场应该按照网络通信传输的安全要求主动采取有关措施，排查、消减电力监控系统内的有线传输方面的风险。以HTTP协议为例，由

于其明文传输的特点,易于遭受数据篡改、身份伪造等。为此,风电场应该对该传输协议进行升级加固,采用 HTTPS(HTTP + SSL/TLS)的方式进行数据传输,以防止通信链路上的数据信息被窃听、泄露、篡改以及破坏等。

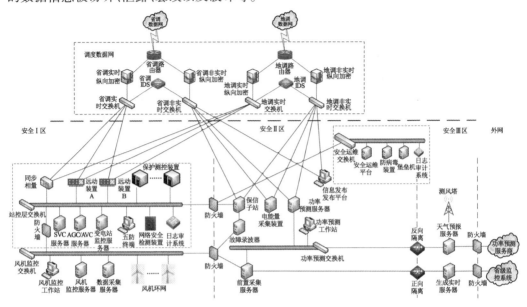

图 4.7　风电场标准网络拓扑

▶▶ 4.3.2　区域边界防护　▶▶　▶

风电场电力监控系统的网络区域边界通常由风电场与调度侧边界、安全Ⅰ区与安全Ⅱ区边界、安全Ⅱ区与安全Ⅲ区边界、安全Ⅲ区与外网边界 4 部分组成,其中风电场与调度侧边界、安全Ⅲ区与外网边界二者共同构成了风电场电力监控系统的外部边界,安全Ⅰ区与安全Ⅱ区边界、安全Ⅱ区与安全Ⅲ区边界为系统内部边界。为确保风电场电力监控系统内部网络免遭内外部威胁的攻击,风电场应基于各区域边界处的通信特点与防护需求,结合相关标准与规范的具体要求(表 4.4)在内外部区域边界处部署相应的网络安全防护措施。

表 4.4　边界防护安全控制要求

控制点	要求项
边界防护	应保证跨越边界的访问和数据流通过边界设备提供的受控接口进行通信; 应能够对非授权设备私自联到内部网络的行为进行检查或限制; 应能够对内部用户非授权联到外部网络的行为进行检查或限制; 应限制无线网络的使用,保证无线网络通过受控的边界设备接入内部网络

续表4.4

控制点	要求项
访问控制	应在网络边界或区域之间根据访问控制策略设置访问控制规则,默认情况下除允许通信外受控接口拒绝所有通信; 应删除多余或无效的访问控制规则,优化访问控制列表,并保证访问控制规则数量最小化; 应对源地址、目的地址、源端口、目的端口和协议等进行检查,以允许/拒绝数据包进出; 应能根据会话状态信息为进出数据流提供明确的允许/拒绝访问的能力; 应对进出网络的数据流实现基于应用协议和应用内容的访问控制; 应在工业控制系统与企业其他系统之间部署访问控制设备,配置访问控制策略,禁止任何穿越区域边界的 E – Mail、Web、Telnet、Rlogin、FTP 等通用网络服务; 应在工业控制系统内安全域和安全域之间的边界防护机制失效时,及时进行报警
入侵防范	应在关键网络节点处监视网络攻击行为; 应在关键网络节点处检测、防止或限制从外部发起的网络攻击行为; 应在关键网络节点处检测、防止或限制从内部发起的网络攻击行为; 应采取技术措施对网络行为进行分析,实现对网络攻击特别是新型网络攻击行为的分析; 当检测到攻击行为时,记录攻击源 IP、攻击类型、攻击目标、攻击时间,在发生严重入侵事件时应提供报警
恶意代码和垃圾邮件防范	应在关键网络节点处对恶意代码进行检测和清除,并维护恶意代码防护机制的升级和更新; 应在关键网络节点处对垃圾邮件进行检测和防护,并维护垃圾邮件防护机制的升级和更新
安全审计	应在网络边界、重要网络节点进行安全审计,审计覆盖到每个用户,对重要的用户行为和重要安全事件进行审计; 审计记录应包括事件的日期和时间、用户、事件类型、事件是否成功及其他与审计相关的信息; 应对审计记录进行保护,定期备份,避免受到未预期的删除、修改或覆盖等; 应能对远程访问的用户行为、访问互联网的用户行为等单独进行行为审计和数据分析
可信验证	可基于可信根对边界设备的系统引导程序、系统程序、重要配置参数和边界防护应用程序等进行可信验证,并在应用程序的关键执行环节进行动态可信验证,在检测到其可信性受到破坏后进行报警,并将验证结果形成审计记录送至安全管理中心

1. 风电场与调度侧边界基础防护

风电场与调度侧边界防护的关键在于保障二者之间的通信信息不被第三方非法截获与破解,保证电力监控系统数据传输的保密性和完整性。根据相关防护要求(表4.4),风电场应在该边界处部署电力专用纵向加密认证装置对进出访问进行控制,纵向加密的配置应符合风电场业务安全策略,以保障风电场与调度侧通过边界防护设备提供的受控接口进行跨境访问和数据通信,同时对 IP 地址及端口进行限制,仅允许业务相关流量通过指定端口通信,除此之外拒绝所有通信;同时风电场还应对纵向加密装置的访问策略应进行优化,配置合理的优先级策略,确保访问控制装置可以根据会话状态信息为进出数据流提供明确的允许/拒绝访问的能力。

2. 安全Ⅰ-Ⅱ区边界基础防护

尽管安全Ⅰ区与安全Ⅱ区同属于生产控制大区,二者之间通信交互十分频繁,但由于安全Ⅰ区内设备与组件对数据的计算与处理的实时性要求更高,因此仍需在二者边界处部署相应适当的防护措施,且针对二者边界的防护的重点与关键在于在保障正常业务数据传输的前提下,对安全Ⅰ区与安全Ⅱ区边界的通信进行有效控制。根据相关防护要求(表4.4),风电场应在该边界处部署工控防火墙,并启用配置基于 IP/MAC 地址、协议和传输端口、通信方向以及应用层标签的合理安全策略,确保防火墙能够对通信两端的 IP 地址、通信端口及协议进行限制,仅允许安全Ⅰ区与安全Ⅱ区正常业务数据流通过指定端口进行通信,除此之外拒绝所有通信。同时,风电场还应对安全Ⅰ区与安全Ⅱ区边界防火墙的安全策略进行优化,避免策略冗余或无效,配置合理的策略优先级。此外,风电场还应考虑在边界处业务通信条件允许的情况下,启用防火墙的恶意代码和垃圾邮件检查和清除功能,并定期升级更新其特征库。

3. 安全Ⅱ-Ⅲ区边界基础防护

在风电场电力监控系统在安全分区架构中,安全Ⅱ区与安全Ⅲ区分属生产控制大区与管理信息大区。根据相关防护要求(表4.4),风电场安全Ⅱ区和安全Ⅲ区之间应通过单向隔离实现物理隔离,隔离装置应配置安全策略,从而对通信两端的 IP 地址及端口进行限制,仅允许安全Ⅱ区与安全Ⅲ区正常业务流通过指定端口通信,缺省策略应为拒绝所有通信。同时,风电场还应确保隔离装置配置的安全策略实现最小化,避免多余或无效策略,配置合理的策略优先级,应能对源地址、源端口、目的地址、目的端口及协议进行限制;默认禁止任何穿越区域边界的通用网络服务,能对进出网络的数据流实现基于应用协议的访问控制,仅允许传输纯文本文件,默认隔绝应用层协议。

4. 安全Ⅲ区与互联网边界基础防护

风电场安全Ⅲ区设备主要用于处理与现场生产管理相关业务工作,且其与互联网之间往往存在频繁通信与数据交互,因而时常面临较多来自互联网的威胁与攻击。根据相关防护要求(表4.4),风电场应在安全Ⅲ区与互联网之间部署专用防火墙,并基于五元组配置合理的配置相应其安全策略,对 IP 地址、通信端口及协议进行限制,仅允许业务相关流量通过指定端口通信;除此之外默认拒绝所有通信。风电场应启用防火墙的状态检测的消息过滤功能,确保其能够高速过滤出入局消息的 MAC 地址、IP 地址、协议和传输端口、通信方向及应用层标签;风电场还对安全Ⅲ区与互联网边界防火墙的安全策略进行优化,避免策略冗余或无效,配置合理的策略优先级。此外,风电场还应考虑在边界处业务通信条件允许的情况下,启用防火墙的恶意代码和垃圾邮件检查和清除功能,并定期升级更新其特征库。考虑到风电场安全Ⅲ区与互联网边界往往是整个系统薄弱环节,且针对电力工控网络的攻击大多数是由外部发起,单道防火墙的防护可能略显不足。因此,本书推荐风电场应该对该边界进行增强防护。具体而言,就是风电场的安全Ⅲ区边界防火墙不应直接与互联网进行连接,而是应该将其首先连接至网络环境相对可控的风电企业或集团专网,而后间接地访问互联网,以确保风场安全Ⅲ区与互联网至少存在两层的防护。

5. 区域边界综合增强防护

除了要采取上述基本的防护技术措施外,针对风电场电力监控系统各边界的防护,风电场还应通过开启各边界处设备的日志审计功能,并部署日志综合审计设备,收集并分析系统各边界设备的日志审计信息,从而实现审计边界防护设备的重要的用户行为及重要安全事件。此外,风电场还应在系统内部署网络安全监测装置、入侵检测、恶意代码检测及清除等防护设备或产品,并配置其相应的防护策略,及时更新固件版本与检测特征库,以提升边界处的综合防护能力。具体而言,就是通过网络安全监测装置实现对设备的在线或下线、USB口的使用或插拔、非授权设备私自连接至网络内部或外部网络等情况进行实时监测和告警;通过入侵检测设备实现对网络流量的分析,及时发现、告警及阻断可能存在正对边界的网络攻击行为,完整记录攻击发起端的源IP、攻击时间、攻击类型、攻击目标、物理位置、攻击方式等;在关键网络节点处部署防毒墙等类似防护设备实现恶意代码检测和清除等,从而能够在风电场电力监控系统区域边界处建立起有效的事前防御、事中检测与事后溯源能力。

4.4 网络设备和安全设备防护

网络设备和安全设备防护是风电场电力监控系统安全防护的重点。当网络设备与安全设备防护不当时,攻击者可以轻易潜入风电场内部工控系统,从而窃取重要数据信息或通过网络攻击,危及风电场电力监控系统的安全。正因为如此,风电场应基于各网络设备和安全设备的通信特点与防护需求,结合相关标准与规范的具体要求(表4.5),对其开展针对性的加固防护。

表 4.5　网络设备与安全设备、主机、数据库与应用安全防护控制要求

控制点	要求项	涉及对象
身份鉴别	应对登录的用户进行身份标识和鉴别,身份标识具有唯一性,身份鉴别信息具有复杂度要求并定期更换; 应具有登录失败处理功能,应配置并启用结束会话、限制非法登录次数和当登录连接超时自动退出等相关措施; 当进行远程管理时,应采取必要措施防止鉴别信息在网络传输过程中被窃听; 应采用口令、密码技术、生物技术等两种或两种以上组合的鉴别技术对用户进行身份鉴别,且其中一种鉴别技术至少应使用密码技术来实现	网络设备; 安全设备; 应用管理系统;数据库 主机
访问控制	应对登录的用户分配账户和权限; 应重命名或删除默认账户,修改默认账户的默认口令; 应及时删除或停用多余的、过期的账户,避免共享账户的存在; 应授予管理用户所需的最小权限,实现管理用户的权限分离; 应由授权主体配置访问控制策略,访问控制策略规定主体对客体的访问规则; 访问控制的粒度应达到主体为用户级或进程级,客体为文件、数据库表级; 应对重要主体和客体设置安全标记,并控制主体对有安全标记信息资源的访问	网络设备; 安全设备; 应用管理系统;数据库; 主机
入侵防范	应遵循最小安装的原则,仅安装需要的组件和应用程序; 应关闭不需要的系统服务、默认共享和高危端口; 应通过设定终端接入方式或网络地址范围对通过网络进行管理的管理终端进行限制; 应提供数据有效性检验功能,保证通过人机接口输入或通过通信接口输入的内容符合系统设定要求; 应能发现可能存在的已知漏洞,并在经过充分测试评估后,及时修补漏洞; 应能够检测到对重要节点进行入侵的行为,并在发生严重入侵事件时提供报警	网络设备; 安全设备; 应用管理系统;数据库 主机
安全审计	应启用安全审计功能,审计覆盖到每个用户,对重要的用户行为和重要安全事件进行审计; 审计记录应包括事件的日期和时间、用户、事件类型、事件是否成功及其他与审计相关的信息; 应对审计记录进行保护,定期备份,避免受到未预期的删除、修改或覆盖等; 应对审计进程进行保护,防止未经授权的中断	网络设备; 安全设备; 应用管理系统;数据库; 主机

续表 4.5

控制点	要求项	涉及对象
恶意代码防范	应采用免受恶意代码攻击的技术措施或主动免疫可信验证机制及时识别入侵和病毒行为,并将其有效阻断	主机
可信验证	可基于可信根对计算设备的系统引导程序、系统程序、重要配置参数和应用程序等进行可信验证,并在应用程序的关键执行环节进行动态可信验证,在检测到其可信性受到破坏后进行报警,并将验证结果形成审计记录送至安全管理中心	网络设备;安全设备;应用管理系统;数据库;主机
数据完整性	应采用校验技术保证重要数据在传输过程中的完整性; 应采用校验技术或密码技术保证重要数据在传输过程中的完整性,包括但不限于鉴别数据、重要业务数据、重要审计数据、重要配置数据、重要视频数据和重要个人信息等; 应采用校验技术或密码技术保证重要数据在存储过程中的完整性,包括但不限于鉴别数据、重要业务数据、重要审计数据、重要配置数据、重要视频数据和重要个人信息等	网络设备;安全设备;应用管理系统;数据库;主机
数据保密性	应采用密码技术保证重要数据在传输过程中的保密性,包括但不限于鉴别数据、重要业务数据和重要个人信息等; 应采用密码技术保证重要数据在存储过程中的保密性,包括但不限于鉴别数据、重要业务数据和重要个人信息等	网络设备;安全设备;应用管理系统;数据库;主机
数据备份恢复	应提供重要数据的本地数据备份与恢复功能; 应提供异地数据备份功能,利用通信网络将重要数据定时批量传送至备用场地; 应提供异地实时备份功能,利用通信网络将重要数据实时备份至备份场地; 应提供重要数据处理系统的热冗余,保证系统的高可用性	网络设备;安全设备;应用管理系统;数据库;主机
剩余信息保护	应保证鉴别信息所在的存储空间被释放或重新分配前得到完全清除; 应保证存有敏感数据的存储空间被释放或重新分配前得到完全清除	应用管理系统;数据库;主机
个人信息保护	应仅采集和保存业务必需的用户个人信息; 应禁止未授权访问和非法使用用户个人信息	应用管理系统;数据库

▸▸ 4.4.1 路由器与交换机防护 ▸▸ ▸

作为风电场电力监控系统中的关键设备,路由器与交换机一般部署于风电场与调度数据边界附近或各安全分区内,用于数据传输和转发,其自身安全防护的程度直接关系到整个网络数据传输的保密性、完整性、可控性及资源的可用性。为做好安全防护工作,风电场应从身份鉴别、访问控制、安全审计和入侵防范等方面对路由器和交换机进行安全加固配置。

1. 身份鉴别

(1)AAA 用户安全管理。

对登录用户的标识与鉴别是交换机/路由器安全防护的首要步骤。基于设备内置AAA 框架(Authentication——认证,Authorization——授权,Accounting——审计)下的认证机制,风电场现场工作人员可以通过设备的命令行控制台配置 authentication – mode、authentication password 等重要参数,以实现只有通过鉴别的用户可以登录交换机/路由器。

```
user – interface vty 0 4              #进入用户界面
authentication – mode password         #使用用户 + 口令认证
set authentication password cipher xxxxx
user – interface aux 0 8
authentication – mode password
```

(2)启用登录失败处理功能,配置连接超时自动退出时间。

风电场现场工作人员还应通过对 wrong – password retry – interval、retry – time 等参数的设置,配置交换机/交换机的口令复杂度与登录失败、口令定期更换安全防护功能等。

```
local – aaa – user wrong – password retry – interval 5 retry – time 3 block –
time 5
   #缺省情况下,本地账号锁定功能处于使能状态,用户的重试时间间隔为 5 分钟,连续认证失败的
限制次数为 3 次,账号锁定时间为 5 分钟。
user – interface console 0
idle – timeout 10              #设置 console 口超时登录时间为 10 分钟
user – interface vty 0 4
idle – timeout 5              #设置 vty 口超时登录时间为 5 分钟
user – interface aux
idle – timeout 6              #设置 aux 口超时登录时间为 6 分钟
```

(3)基于 ssh 的远程登录加密。

为了提高现场日常网络运维效率,风电场中交换机/路由器往往开启远程登录功能,鉴于传统的基于 telnet 的连线会话所传输的数据并未加密,当进行远程登录时用户名、口令等信息易遭攻击者窃听,而 ssh(Secure Shell)会对会话内容进行加密,安全性较高,因此建议风电场采用 ssh 方式对交换机/路由器进行远程管理。以华为 S 系列交换机/路由器为例,具体配置如下:

```
undo telnet server enable                    #关闭 telnet 服务
stelnet server enable                        #启用 stelnet 即 ssh 服务
ssh user testab1                             #创建 ssh 用户 testab1
ssh user testab1 authentication - type password
                                             #配置用户 testab1 的认证模式为用户 + 口令
ssh user testab1 service - type stelnet  #配置用户的服务类型为 stelnet,即 ssh
stelnet server enable                        #启用 ssh
```

2. 访问控制

(1)赋予用户相应权限。

根据管理用户的角色对权限进行细分,不仅有利于各项工作有序开展,而且能够避免因权限配置不当而引发的安全事故。交换机/路由器通常将登录用户的权限划分为 0 ~ 3 共 4 个等级或 0 ~ 15 共 16 个等级,且数字值越高代表用户的权限越大。为了使交换机/路由器中每个用户具有特定的权限,风电场系统安全工程师须对各用户进行授权,授权含义为指派用户的特权级别,即设置用户属于某一特权级别,使其具有相应级别的权限。以 H3C 系列交换机/路由器为例,由于其将用户权限等级划分为 4 个等级,即 0(访问级)、1(监控级)、2(系统级)、3(管理级),因此当需要配置用户权限等级时,可以通过 authorization - attribute 命令对其权限进行设定,具体配置如下:

```
local - user admin - yct01              #创建用户 admin - yct01
passwrd simple XXX                       #设置用户 admin - yct01 的密码为 XX
authorization - attribute level 3        #设置用户 admin - yct01 账户权限为管理级
service - type ssh                       #允许其通过 ssh 登录
local - user admin - yct08              #创建用户 admin - yct08
passwrd simple XXX                       #设置用户 admin - yct08 的密码为 XX
authorization - attribute level 0        #设置用户 admin - yct08 账户权限为访问级
```

(2)修改账户口令默认口令。

路由器/交换机的默认账户与默认口令一般是设备出厂时由生产商统一配置的,此类信息往往是公开可查询的。因此,为了确保路由器/交换机登录用户名与口令的保密性,风电厂应在路由器/交换机初次安装并完成业务调试后就主动修改默认账户的用户名和口令,以华为/H3C 交换机为例,具体操作如下:

```
local - user operator3 password cipher XXXX@ 1432
#将 operator3 的密码修改为 XXXX@ 1432
```

(3)删除多余或过期账户,避免共享账户。

路由器/交换机中如果存在多余、过期账户或共享账户,就有可能被网络不法分子利用,增加风电场电力监控系统遭受非法渗透与攻击的风险。以华为/H3C 路由器/交换机为例,为避免上述情况的发生,风电场现场工作人员在日常开展网络安全运维工作时,应定期通过 display role 等命令查看路由器/交换机的当前的用户列表及相应的权限情况,并与设备当前的管理角色或人员逐一对照,判识并删除多余、过期账户,避免共享账户。

display role	#查看所有用户及其权限
undo local－user operator2	#删除 operator2 用户

3. 安全审计

风电场电力监控系统内的路由器/交换机一般内置审计功能,当配置其为 enable 状态时,则审计功能可以对设备的运行状况、网络流量、管理记录等进行检测和记录,且记录内容包括时间、日期、日志级别、信息摘要等信息。此外,每条记录信息均都被分配了一个严重级别,并伴随一些指示性问题或事件描述信息。除了开启并配置设备自身的审计外,风电场还应将路由器/交换机的日志审计通过 syslog 等协议或机制传输至日志服务器,进行集中汇总与分析,并至少保存 6 个月以上。

4. 入侵防范

(1)仅开启必要的端口与服务。

为了降低风电场遭受网络攻击的可能性,风电场应在对业务需求进行梳理的基础上,按照端口、服务最小化开放原则对路由器/交换机进行相应的配置。例如在实际工作中,为了防止 MAC 地址泛洪攻击,对接入交换机层限定接入端口的数量;关闭 FTP、telnet 等不安全的服务;禁用 135、137、138、139、445、3389 等高危端口。

```
info－center enable #启用安全日志
info－center loghost source VLAN－interface 3
                              #安全日志源接口为 VLAN－interface 3
info－center loghost 192.10.12.1 facility local 1
                              #本地 IP 192.10.12.1
info－center source default channel 2 log level warnings
                              #配置告警日志
snmp－agent
sump－agent trap enable standard authentica－tion
                              #使用 SNMP 协议传输日志
snmp－agent target－host trap address udp＊＊domain ██.█.█.█ params
                              #日志传输的目的地址
securityname public
```

(2)限制远程管理服务 ssh 地址连接。

对路由器/交换机的远程管理是风电场网络安全运维的合理业务需求,但出于对安全的考量,在进行远程管理时,风电场除了要采用 ssh 方式对远程管理通信加密外,风电场还需要配置 ACL 策略,通过对远程登录地址进行限制来避免未授权的访问。此外,考虑到路由器/交换机遭受拒绝服务攻击的可能,风电场还可以对远程管理的时段加以限制,仅允许特定地址在特定时段访问与管理。

```
undo ftp server enable                          #关闭 FTP
undo http server enable                         #关闭 http
undo telnet server enable                       #关闭 telnet

interface g 0 /0 /2                             #配置 interface g 0 /0 /2
shutdown                                        #关闭端 interface g 0 /0 /2
interface g 0 /0 /3                             #配置 interface g 0 /0 /3
undo shutdown                                   #激活端口 interface g 0 /0 /3

acl number 3000                                 #配置 acl number 3000
rule 5 deny tcp destination - port eq 135       #关闭 135 端口
rule 10 deny tcp destination - port eq 137      #关闭 137 端口
rule 15 deny tcp destination - port eq 138      #关闭 138 端口
rule 20 deny tcp destination - port eq 139      #关闭 139 端口
rule 25 deny tcp destination - port eq 445      #关闭 445 端口
traffic - filter inbound acl 3000               #过滤器使用 acl 3000 对端口进行限制
```

5. 数据完整性和保密性

对路由器/交换机而言,鉴别数据在传输与存储过程中的完整性与保密性是安全防护的重点。以华为/H3C 系列路由器/交换机为例,为保障鉴别信息在存储过程的完整性与保密性,风电场现场工作人员应在全局模式下,通过使用 service password - encryption 命令对口令进行加密。而就保障鉴别信息在传输过程的完整性与保密性而言,风电场应采用基于 ssh 等的安全传输机制,以避免鉴别信息等重要数据在传输过程中被攻击者截获。

```
acl 2000
rule 5 permit source 192.168.1.10.0.0.255       #设置允许访问地址
quit
user - interface vty 0 4
acl 2000 inbound                                 #使用 acl 2000 规则对 IP 进行限制
display current - configuration configuration user - interface
                                                 #查看配置
```

▶▶┤ 4.4.2 防火墙防护 ▶▶ ▶

防火墙是风电场电力监控系统内用于实现对安全Ⅰ区与安全Ⅱ区、安全Ⅲ区与外部网络及安全域之间访问控制,过滤非法数据的主要技术手段。针对其防护,风电场应重点关注身份鉴别、访问控制、安全审计入侵防范和其他方面。

1. 身份鉴别

为确保其自身安全,风电场现场工作人员须对防火墙的每个用户进行有效的标识与鉴别。只有通过鉴别的用户,才能被赋予相应的权限,进入防火墙,并在规定的权限范围内进行操作。同时风电场现场工作人员还应配置防火墙的口令安全策略,如口令最小长度 8 位,由大写/小写字母、数字、特殊字符组成,90 天定期更换口令;风电场还应开启防火墙的安全传输通道,并配置安全传输协议(图 4.8)。

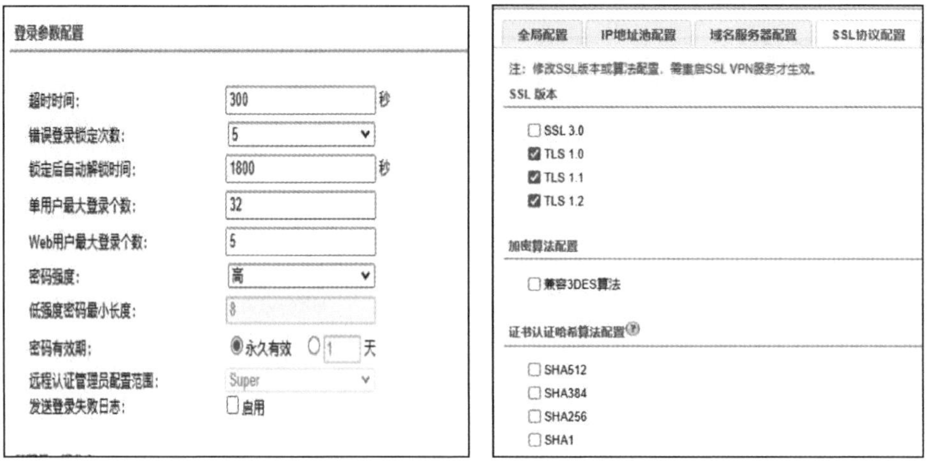

图 4.8　登录策略与密码策略配置(左)与通道安全协议配置(右)

2. 访问控制

在防火墙设备中实现访问控制的目的是保证系统资源在受控且合法地环境中使用。用户只能根据自身具有的权限来访问系统资源,不得越权访问。防火墙应设置不同权限的账户,实现三权分立(图 4.9)。根据不同管理用户的角色对权限进行细致的划分,有利于各岗位精准协调工作。同时,在仅授予用户所需的最小权限条件下,可避免因出现权限漏洞而使一些用户拥有超越其职责的过高权限。

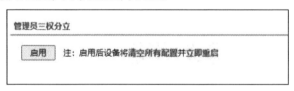

图 4.9　三权分立配置

3. 安全审计

防火墙的审计日志是对其自身运行状况、网络流量、管理记录等进行检测和记录的信息,是设备安全防护所必需的。风电场在对防火墙进行日常安全维护时,应首先核查防火墙的日志审计功能状态,以确保其处于开启状态,日志信息完整且覆盖基本攻击防护日志、黑名单日志、系统日志、操作日志等,至少保存 6 个月。此外,风电场还可以将日志信息传输至日志服务器,以进行集中分析(图 4.10)。

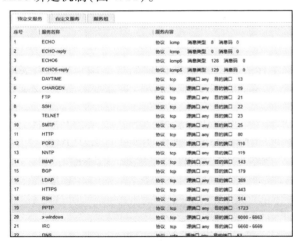

图 4.10　日志类型(左)与安全日志配置(右)

4. 入侵防范

为了避免给攻击者留下漏洞以供攻击,风电场现场工作人员应在防火墙上仅开启必要的端口与服务器。此外,为了保证安全,避免未授权的访问,需要对远程管理防火墙的登录方式与远程登录地址进行限制,其中远程登录方式建议采用 ssh 或 https 方式,远程登录地址可以设定为特定的 IP 地址或地址组,同时防火墙自身也应开启管理登录 IP/MAC 绑定机制(图 4.11)。

图 4.11　关闭未使用服务端口(左)与 IP/MAC 绑定(右)

5. 其他

为了保障防火墙的防护机制能够有效抵御新的网络攻击,风电场现场工作人员应定期对其固件版本进行升级更新(图 4.12)。

图 4.12　设备系统版本更新

▶▶ 4.4.3　隔离网闸防护　▶▶ ▶

使用隔离网闸设备是对以防火墙为核心的网络安全防御保护措施的巨大补充。通过在风电场生产控制大区与管理信息大区之间部署隔离网闸,可以实现二者之间的物理隔离,使外部入侵攻击和安全威胁无法进入风电场电力监控系统的核心区域,使网络访问的安全得到保障。目前风电场常用的隔离网闸设备型号多为南瑞 SysKeeper - 2000,下面以此设备型号为例分别从身份鉴别、访问控制、安全审计和其他方面的安全防护要求及安全配置进行介绍。

1. 身份鉴别

为确保隔离网闸的安全,风电场现场工作人员须对隔离网闸的每个用户进行有效的标识与鉴别,只有通过了身份鉴别的用户,才能被赋予相应的权限,管理隔离网闸,并在相应的用户权限范围内进行操作。此外,风电场现场工作人员还应通过设置具有较高复杂度的口令、超时登录时间等方式以提升隔离网闸在身份鉴别方面的防护能力(图 4.13)。

图 4.13　使用账户口令登录(左)与登录超时配置(右)

2. 访问控制

鉴于当前隔离网闸本身不具备修改登录用户名的功能,仅允许修改其口令,因此风电场现场工作人员在开展网络安全运维时,应修改其默认口令(图4.14),同时指派专人对设备进行维护与管理。

图4.14 口令策略配置

3. 安全审计

隔离网闸内置安全审计功能,但其审计日志的查看则需要日志服务器的配合。在隔离网闸访问客户端的主菜单中选中"日志配置",依次对本地 IP、远程 IP、端口、协议进行有关设置后,就可以将隔离网闸的系统日志、故障日志等信息传输至日志服务器,以便查看与分析(图4.15)。

4. 其他

隔离网闸性能应能满足风电场电力监控系统的业务通信需要(图4.16)。

图4.15 安全日志传输配置

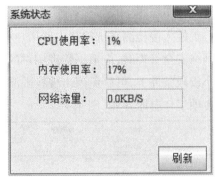

图4.16 设备性能监控

▶▶| **4.4.4 工控入侵检测系统防护** ▶▶ ▶

工控入侵检测系统是一种被动安全防护技术,其通过对系统通信行为的实时监测和分析,检测出异常的攻击行为,并在攻击行为被破坏前进行拦截、告警、系统恢复等操作。在风电场电力监控系统内,工控入侵检测系统一般部署于安全Ⅰ区与安全Ⅱ区,用以检测风电场网络边界的异常入侵行为。下面以绿盟 NIDS 型号的入侵检测系统为例,就其防护重点进行介绍。

1. 身份鉴别

身份鉴别是工控入侵检测系统防护的基础。风电场现场工作人员在日常网络安全管理时,应保证其口令复杂度设置满足要求,同时开启口令定期更换策略、登录失败功能(图4.17)。

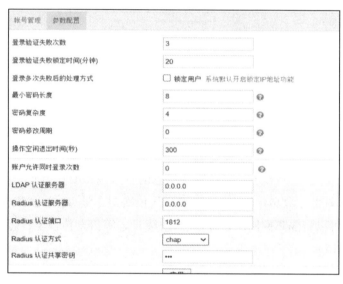

图4.17   登录策略与口令策略配置(左)与远程协助安全配置(右)

2. 访问控制

工控入侵检测系统往往内置用户权限管理功能,因此风电场现场工作人员在进行日常网络安全管理时,应根据管理用户的角色对权限进行细致的划分,在仅授予用户所需的最小权限条件下,可避免因出现权限漏洞而使一些用户拥有超越其职责的过高权限,以便于各项工作有序开展(图4.18)。

用户帐号	角色	允许登录IP	邮箱	启用	操作
admin	操作员	*	admin@nsfocus.com	☑	📝 🗑

图4.18   三权分立配置

3. 安全审计

为了对工控入侵检测系统运行状况、网络流量、管理记录等进行检测和记录,需要启用设备自身的安全审计功能,并进行相关参数的配置确保审计信息的完整,存储 6 个月以上,且无审计权限的账户无法对日志进行变更操作。此外,风电场还可以通过 syslog 等传输协议将工控入侵检测系统的审计信息传送至日志服务器或日志审计系统,进行集中的汇总分析(图 4.19)。

图 4.19　安全审计日志配置

4. 入侵防范

出于对入侵检测设备自身入侵防范的考量,风电场系统安全工程师在日常网络安全运维中,应当结合业务需求,开启或关闭必要的服务与端口。当需要对设备进行远程管理时,应采用 ssh/https 方式,且在实现 IP 和 MAC 地址关联绑定的基础上,严格限定远程接入地址,以避免未授权的访问(图 4.20)。

图 4.20　IP/MAC 绑定配置

5. 其他

入侵检测系统功能的实现的关键在于其内置特征库的有效性,为了尽可能提升入侵检测设备对入侵行为的判识能力,抵御安全风险,风电场现场工作人员应主动做好特征库的升级更新工作(图 4.21)。

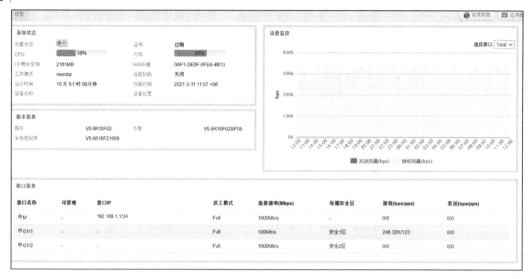

图 4.21　系统固件版本与设备性能监控

▸▸ 4.4.5　纵向加密认证装置防护　▸▸ ▸

纵向加密认证装置采用基于电力调度证书的身份验证并基于隧道加密进行数据传输,保证电力业务数据的机密性和完整性。在风电场电力监控系统中,纵向加密认证装置一般部署在电力控制系统的内部局域网与电力调度数据网的路由器之间。下面以南瑞 NetKeeper – 2000 纵向加密为例,就其防护重点进行介绍。

1. 身份鉴别

纵向加密认证装置内置双因素认证机制,登录设备时需要在设备上插入各账户对应 IC 卡(已导入认证证书)并在访问客户端上输入相应的登录口令方可进入。因此,风电场现场工作人员在进行日常管理时,应该确保登录用户的口令满足一定的复杂度要求,同时指派专人对 IC 卡进行保管和使用(图 4.22)。

图 4.22　设备证书配置(左)与配置设备 IC 卡(右)

2. 安全审计

纵向加密网关内置安全审计功能,默认为开启状态,能够对重要的用户行为与操作进行审计(图 4.23),无审计权限的账户无法对日志进行变更操作。此外,纵向加密设备还提供将设备自身审计信息发送至日志综合审计的功能。

图 4.23 安全审计日志配置

3. 入侵防范

纵向加密装置是基于特定的业务场景开发的专用硬件设备,因此在端口与服务上默认满足最小开放原则。其在入侵防范方面的防护重点在于对通过网络管理的管理终端进行有效的限制。此外,鉴于在局域网内 IP 地址存在被冒用的可能,因此,风电场现场工作人员在进行网络安全运维时,还应在纵向加密上将 IP 地址与网卡地址进行绑定,以降低设备遭受入侵的风险(图 4.24)。

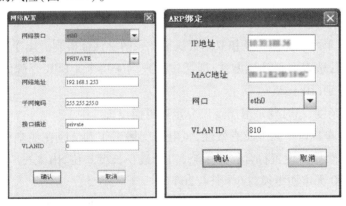

图 4.24 限制传输 IP 地址(左)与 MAC 绑定(右)

▶▶ 4.4.6 堡垒机防护 ▶▶ ▶

堡垒机又称为安全运维审计平台或安全运维平台,其通过采集和监控整个网络环境中各个设备组件的运行状态、安全事件和网络活动,做到集中告警、及时处理和安全审计(表 4.6)。在风电场电力监控系统内,堡垒机一般部署在生产控制大区或信息管理大区。

表 4.6　堡垒机的主要功能

功能	内容
用户权限管理	堡垒机系统有两种用户:管理员用户和普通运维人员。管理员中又分成相互独立、相互制约三类管理员:系统管理员、安全管理员和安全审计员。系统管理员负责系统运行维护、系统业务配置等系统操作;安全管理员负责用户账户管理、用户权限管理以及系统安全配置;安全审计员负责对系统、用户的行为进行审计和分析
身份鉴别	安全管理员为不同业务运维人员分配唯一的账号,确保用户与实际操作职责相对应,满足运维管理和审计的要求。同时,堡垒机支持多种身份验证,包括 Radius、LDAP、内置 TOTP 动态双因素认证,并支持上述任意两种认证的组合认证,保证的账号的安全性
资源管理	系统管理员负责添加、修改、删除网络设备、应用系统、数据库和服务器等受保护资源,建立统一的资源访问入口。不同用户所能访问的资源由安全管理员统一分配
访问控制	用户通过堡垒机不仅能够根据系统设定的访问控制策略对系统资源进行访问,还可以通过用户登录的 IP 地址、访问时间和使用的命令来控制系统资源的访问
安全审计	堡垒机支持对用户操作的相关信息的识别、记录、存储和分析。所有登录到堡垒机的用户对自身能访问的资源的操作都会被堡垒机的安全审计功能所记录,包括图形界面操作,文件的上传、下载等行为,在进行安全检查和事故追溯中起到重要的作用

1. 身份鉴别

(1)双因素认证。

堡垒机内置单因素认证登录和双因素认证登录两种认证机制。出于提升安全防护的考量,风电场应首选双因素认证方式,即通过用户名 + 口令 + USB 令牌的方式对登录的用户进行身份鉴别(图 4.25)。

(2)口令复杂度、超时登录退出及口令定期更换设置。

为了加强堡垒机口令强度及有效性,风电场现场工作人员应在堡垒机上配置不同权限的账户并为每个账户设置符合安全策略,口令最小长度 8 位,由大写/小写字母、数字、特殊字符组成,90 天定期更换口令(图 4.26)。

除此之外,风电场还可以启用堡垒机自身内置登录超时退出机制(开启状态时下默认为 1 800 s),启用登录失败处理功能,以实现在指定时间内对连续多次登录失败的 IP 的锁定(图 4.27)。

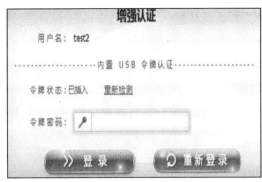

图 4.25 账户名口令登录(左)与双因素认证登录(右)

图 4.26 配置账户与口令(左)与安全口令策略(右)

图 4.27 登录策略与 IP/MAC 绑定策略

2. 访问控制

（1）用户及权限管理。

堡垒机将登录用户分为系统账号管理员、系统审计员、系统管理员、业务管理员和普通用户 5 种类型（表 4.7），因此风电场在堡垒机上进行用户创建与权限划分时应结合业务需求与设备特点，进行合理的配置（图 4.28）。

表 4.7　角色权限

账号类型	权限范围
系统账号管理员	系统账号管理（系统审计员、系统管理员的创建和管理）；认证方式管理；密码策略管理等
系统审计员	查询系统管理日志；查询所有用户登录日志；行为审查等
系统管理员	运维用户管理；业务管理员管理；资源管理；策略管理；工单管理；实时监控；查询运维日志、查询运维用户登录日志和查询业务管理日志；审计和业务管理报表；从账号改密；系统升级；配置数据备份；电源管理；高可用性；网络配置；时间设置；Web 运维相关设置；接口配置等
业务管理员	资源管理；策略管理；工单管理；实时监控；查询运维日志、运维用户登录日志和业务管理日志；审计和业务管理报表等
普通用户	执行日常运维操作

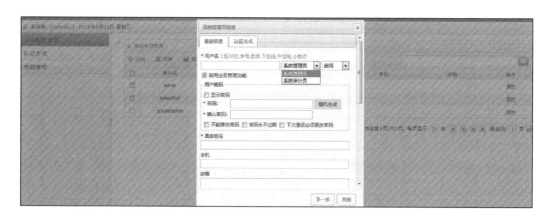

图 4.28　账户权限配置

（2）修改默认账户的默认口令。

堡垒机出厂自带的默认用户，由于其口令往往是公开可查询的，因此风电场现场工作人员在日常网络安全运维过程中，应主动修改默认账户的默认口令（图 4.29）。

图 4.29 口令修改

（3）远程管理方式与地址限制。

堡垒机提供 ssh、https、RDP 等方式对设备进行安全的远程管理的功能，因此风电场现场工作人员在进行日常网络安全运维时，应结合实际情况选择其中的一种；同时对通过网络进行管理的管理终端进行限制（图 4.30）。

图 4.30 远程安全通道配置

3. 安全审计

堡垒机自带日志审计功能，且默认为开启状态，能够对重要的用户行为进行审计，审计信息包括生成时间、日志类型、用户、IP 地址、操作状态等信息。无审计权限的账户无法对日志进行变更操作；具有审计管理权限的管理员可登录管理界面的审计管理，查看到所有的运维操作日志，并将日志进行备份（图 4.31）。

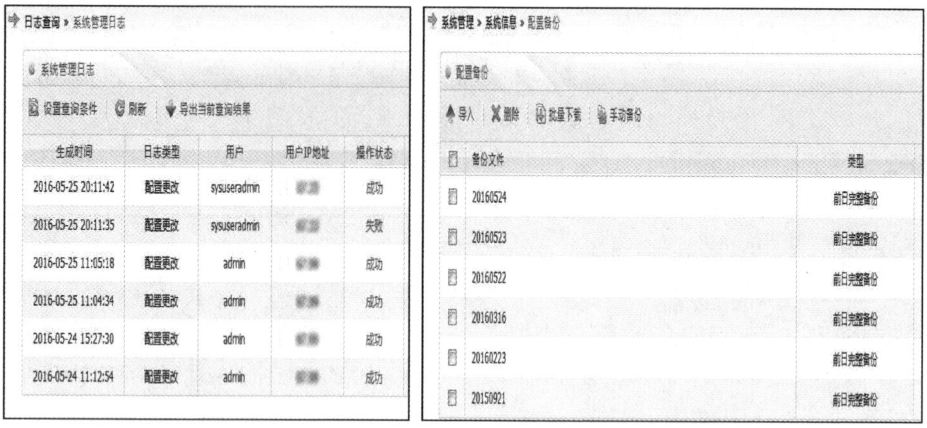

图4.31　安全日志审计配置(左)与安全日志审计备份(右)

▶▶ 4.4.7　日志综合审计设备防护　▶▶ ▶

日志综合审计设备是风电场网络中的重要组成部分,其通过对安全设备、服务器以及应用管理系统等日志进行集中收集,以监测和分析风电场业务的安全状态,发现风电网络中的异常行为,提升风电工控网络的风险防护深度(表4.8)。本节以东软 NetEye 日志综合审计系统为例,对其防护重点进行介绍。

表4.8　风电工控日志综合审计设备主要功能

功能	内容
日志收集策略	日志审计系统可以集中收集系统中关键的网络设备、安全设备、服务器等设备的操作日志、系统日志、服务器上各应用程序的运行日志等,进一步统一汇总,并做简单的提示和分析,管理员根据日志提示再做进一步的分析和查询
日志监控策略	根据管理员根据实际情况设置的 日志过滤条件,对各个设备的各类日志进行实时监控,同时审计系统对审计日志的完整性具有一定的保护作用,防止非授权用户对日志信息进行修改
异常检测	不仅对正常日志可以进行记录,对于异常日志,可实现基于攻击规则库对日志分析后可以发现异常事件
日志管理权限	日志审计系统可按照不同系统角色进行权限分配和管理
日志审计系统监视内容	通过日志审计系统,系统管理人员可以实时查看加入日志审计系统设备的信息、详细的运行情况和操作日志等
安全审计信息监视策略	通过日志审计系统,系统管理人员能够对安全审计信息进行监视

续表 4.8

功能	内容
告警策略管理	日志审计系统可根据用户需求定义事件的告警方式。此外,系统管理员可根据业务需求定义自动告警功能,告警内容用户也可以自定义,根据告警内容采取相应措施等

1. 身份鉴别

日志综合审计设备一般采用用户名 + 口令的方式对登录用户进行身份鉴别。因此风电场现场工作人员在对设备进行运维管理时应确保设备的口令长度、复杂度设置符合要求,同时开启口令定期更换机制,如每 90 天更换;启用口令历史对比,确保新口令在近期未被使用;配置登录失败处理与超时退出(图 4.32)。

图 4.32 口令策略与登录策略配置

2. 访问控制

日志综合审计设备内置安全审计组、安全管理员组等多个管理组别,风电场现场工作人员在日常网络安全运维过程中,应根据管理用户的角色需要,将对应的账户划归到相应的组别中,以实现权限配置的目的(图 4.33)。

序号		角色名	授权用户组	描述	操作
1		安全审计员	超级管理员组,安全审计员组	安全审计员只对日志管理菜单予以...	
2		安全管理员	超级管理员组,安全管理员组	安全管理员对除系统管理以外的所...	
3		系统管理员	超级管理员组,系统管理员组	系统管理员仅对系统管理菜单下除...	

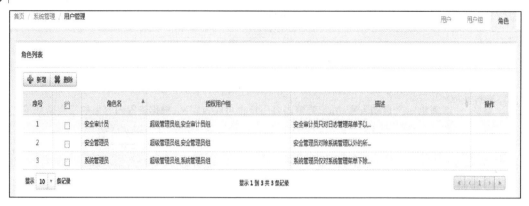

图 4.33　用户角色配置

3. 安全审计

综合日志审计设备不仅能够对其自身进行审计(图 4.34),还能对够通过相关配置,实现对风电场电力监控系统内其他设备的运行状况、网络流量、管理记录等审计信息进行集中汇总;审计管理员在日志综合审计上便可全面地掌握并分析整个系统的安全审计信息。

序号		策略名称	状态	处理方式	处理顺序	是否内置	操作
1		登录成功审计	启用	停止处理其他策略	1	内置	
2		登录失败审计	停用	停止处理其他策略	2	内置	
3		启动进程审计	停用	停止处理其他策略	3	内置	
4		SU失败动作审计	停用	停止处理其他策略	4	内置	
5		拒绝可疑连接行为审计	停用	停止处理其他策略	5	内置	
6		su root动作审计	停用	停止处理其他策略	6	内置	
7		SU成功动作审计	停用	停止处理其他策略	7	内置	
8		普通病毒感染告警审计	停用	停止处理其他策略	8	内置	
9		高风险病毒感染告警审计	停用	停止处理其他策略	9	内置	
10		用户注销审计	停用	停止处理其他策略	10	内置	

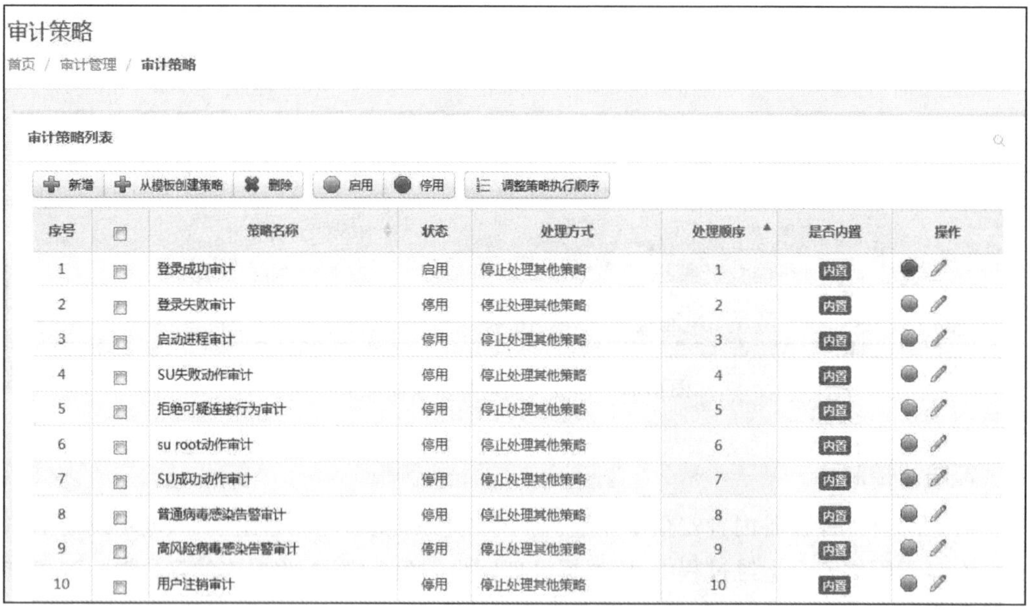

图 4.34　安全审计日志配置

4.4.8　网络安全监测装置防护

网络安全监测装置是一种集信息采集、统计分析、实时告警上报、可视化监视等功能于一身的综合防护设备,广泛应用于物联网及工控系统。在风电场电力监控系统中,其一般位于风电场内部网络与调度实时/非实时数据网边界附近,并采用探针程序(Agent)、syslog 等方式或工作机制监控风电场安全Ⅰ区与安全Ⅱ区内服务器和工作站、安全设备和网络设备的使用情况,同时将相关操作记录转发给调度。当前,风电场内使用率较高的网络安全检测装置主要有南瑞的 ISG – 3000Ⅱ型、科东的 PSSEM – 2000S、鸿瑞 HR CRPM – 3000 三种,下面重点以鸿瑞 HR CRPM – 3000(表 4.9)为例从身份鉴别、访问控制、安全审计等方面就其防护要求及安全配置进行介绍。

表 4.9　网络安全监测装置主要采集设备

功能	内容
主机设备采集	主机设备采集原则上包含了变电站内所有类型的主机,如变电站后台监控系统主机、保护信息子站工作站、故障录波器主机等,一般采用探针程序(Agent)采集操作系统自身感知的安全信息,再通过 TCP/IP 协议,发送至网络安全监测装置,并由网络安全监测装置进行实时监测分析
网络设备采集	网络设备采集主要指站控层、间隔层交换机等设备的信息采集,网络安全监测装置通过 SNMP 协议采集交换机的安全信息,交换机产生告警事件后,通过 SNMP Trap 协议向网络安全监测装置发送事件信息
安全防护设备采集	安全防护设备采集主要指变电站内防火墙设备、正反向隔离装置等,安全防护设备通过 syslog 日志格式将数据传送到网络安全监测装置,如果日志格式不符合规范要求,则需要对设备进行升级,提供标准日志或由厂家提供动态解析库,部署到网络安全监测装置上。如无法通过软件升级方式支持或不具备硬件条件,则需要进行整体更换

1. 身份鉴别

网络安全监测装置内置双因素认证,登录设备时需要在输入装置地址、用户名、口令及 USB KEY PIN 码(图 4.35)。因此,风电场系统工程师在进行日常管理时,应该确保登录用户的口令满足规定的复杂度要求。

2. 访问控制

网络安全监测装置内置系统管理员、安全管理员、安全审计员、运维用户和普通用户共 5 类角色,其中系统管理员主要用于对用户、登录配置软件进行白名单管理;安全审计员主要用于审计装置运行日志;安全管理员主要用于配置安全策略和机制;运维用户主要用于完成监测装置日常配置与调试;普通用户仅有查看装置配置及运行状态的权利。鉴于此,风电场现场工作人员在进行安全运维管理时,应基于业务需求的梳理,基于三权分立的原则分别创建相应的账户,并赋予与其角色相适的权限(图 4.36),以在保障与电力监控系统有关的各项工作有序开展的同时,避免因权限配置不当而产生安全隐患。

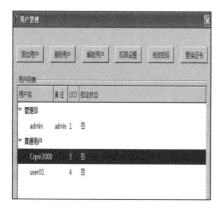

图 4.35 用户验证与登录控制

图 4.36 用户权限配置(左)用户管理(右)

3. 安全审计

网络安全监测装置不仅能够对其自身进行审计,还能够通过在目标对象或资产上部署 Agent 的方式,实现对目标设备上重要的用户行为与操作的审计。设备审计员登录成功后,可根据时间、关键字、查询条数、日志类型、日志级别、用户类型及组件类型进行筛选查看(图 4.37);分别点击日志级别、日志时间、用户类型、日志类型和组件类型菜单栏,可实现对该菜单栏参数的升、降序排列;点击导出按钮,可导出并备份日志记录。

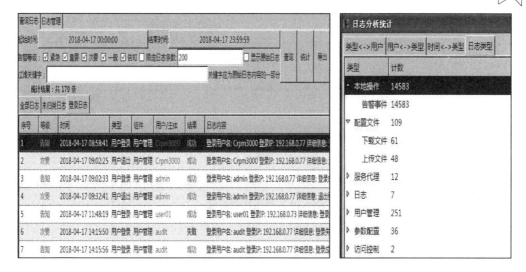

图4.37 安全日志审计管理(左)与安全日志分析(右)

4. 入侵防范

网络安全监测装置是基于特定的业务场景开发的专用硬件设备,因此在端口与服务上默认满足最小开放原则。其在入侵防范方面的防护重点在于对通过网络管理的管理终端进行有效限制。通过其内置的接入地址限制模块,可以实现仅允许通过特定 IP 地址登录客户端(图4.38)。

图4.38 限制传输 IP

5. 其他

网络安全监测装置固件版本的及时升级与更新同样十分重要。风电场应指派专人对设备固件版本定期进行检查,并从安全的官方渠道下载升级包,更新网络安全监测装置固件版本(图4.39)。

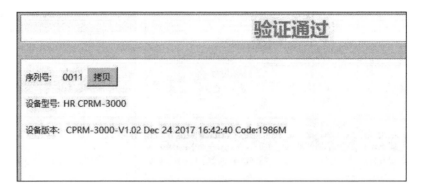

图 4.39　系统定期升级

 ## 4.5　主机防护

　　风电场电力监控系统中的主机主要有变电站自动化服务器、风机监控服务器、风功率预测服务器与工作站等,其在各个业务子系统中往往承担着数据采集、存储、计算、转发等核心功能,是风电场持续稳定运行的关键(表 4.10)。

表 4.10　风电场电力监控系统中的主要主机

主机	操作系统类型	所属子系统
变电站自动化系统服务器	Windows Server 2008、Windows 7、Red Hat Linux	变电站自动化系统
五防系统工作站	Windows XP、Windows 7、Red Hat Linux、Ubuntu	
风机监控服务器	Windows Server 2003、CentOS、Windows Server 2008、Red Hat Linux	风机监控系统
风机监控工作站	Windows XP、Windows 7、Windows 10、Red Hat Linux	
风功率预测服务器	Red Hat Linux、Windows Server 2003、CentOS、Windows Server 2008	风功率预测系统
气象服务器	Windows Server 2008、CentOS、Windows Server 2012、Red Hat Linux	
风功率预测工作站	Windows XP、Windows 7、Red Hat Linux、Ubuntu	

　　为保障风电场电力监控系统的主机安全,风电场应依照相关防护标准与规范,从多个

控制点及要求项角度出发对主机进行全面的检查和加固,以确保各服务器与终端设备具备事前防御、事中检测和事后溯源的能力,提高风电场电力监控系统的整体网络安全防护水平。

▶▶ 4.5.1 Windows 主机防护 ▶▶ ▶

在 IT 信息系统中,Windows 系统一直备受木马、病毒程序困扰,其相应防护工作十分关键且得到了应有的重视。相对而言,由风电场电力监控系统网络环境相对封闭,且多与互联网存在物理隔离,所以传统观点认为从外部发起的能够对风电场内部电力监控系统构成实质威胁的攻击能够被全部阻断,因此可以不必过多关注系统内部主机的安全防护;此外,大多数风电场出于业务系统兼容性与稳定性的考量,也很少主动对系统内的 Windows 系统进行版本升级、补丁程序安装、病毒查杀等操作,因此相关主机长期运行后便会积累大量的安全漏洞。随着近年来风电行业信息化程度的快速提升,风电场电力监控系统与外部网络的通信与交互越发频繁,面对层出不穷的新型网络攻击手段与日益严峻的工控网络安全态势,风电场内 Windows 主机由于防护措施不到位而被病毒感染的事件时有发生,严重威胁电力监控系统的安全稳定运行。鉴于此,风电场应主动作为,从身份鉴别、访问控制、入侵方法等多个方面加强电力监控系统内 Windows 主机的防护工作,防患于未然。

1.身份鉴别

(1)禁用默认账户、设置口令策略。

安装 Windows 系统的主机通常使用"账户 + 口令"的方式进行用户身份鉴别,登录系统的用户需要输入正确的账户和口令才能完成系统登录。尽管该方式具有操作方便且"性价比高"的特点,在风电场电力监控系统内应有颇为广泛,但其仍存在一定缺陷,即攻击者可以通过使用字典对账户和口令进行暴力破解。若主机中存在默认账户,那么攻击者仅需破解口令便可以获取该账户权限。鉴于此,风电场应该为每一个需要登录特定主机的工作人员分别建立不同的账户,且禁用 Administrator 账户与 Guest 等默认账户。具体操作如下:在 Windows 系统桌面右键"此电脑",依次选择"管理"→"系统工具"→"本地用户和组"→"用户",进入用户账户管理界面。双击需要禁用的账户,进入用户属性对话框,勾选"账户已禁用",即可禁用相关账户(图4.40)。

除了禁用默认账户外,新建账户的口令复杂度与使用期限的设置同样十分关键。试想,如果将"111111""123456789"或风电场名字的拼音作为登录使用的口令,那么该口令也是极易被攻击者破解的。为防止上述情况的发生,风电场应该在各 Windows 主机上启用口令复杂度与使用期限策略机制,用口令复杂度与使用期限策略机制,具体操作如下:在系统运行栏中输入"gpedit. msc"进入本地组策略编辑器,依次选择"计算机配置"→"Windows 设备"→"安全设备"→"账户策略"→"密码策略",打开密码策略便可调置密码策略机制,如密码长度是8位,最长使用90天(图4.41)。

图 4.40　Windows 系统禁用 Guest 账户

图 4.41　Windows 系统密码策略

（2）配置登录失败处理机制。

为了进一步降低账户鉴别信息被暴力破解的可能性,风电场还应启用并配置电力监控系统内 Windows 主机自带的登录失败处理功能。具体操作如下:在本地组策略编辑器的界面,点击账户锁定策略,即可进入账户锁定策略编辑界面,对界面参数进行设定,如设置账户锁定时间 1 min、账户锁定阈值 5 次等(图 4.42)。

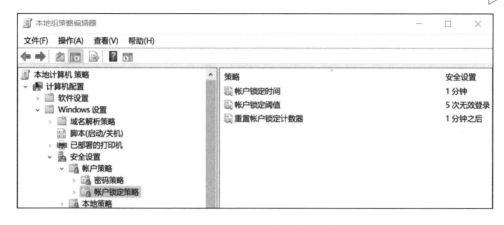

图 4.42 Windows 系统账户锁定策略

（3）启用关机清除系统虚拟内存。

Windows 系统虚拟内存支持在内存页面未使用时，使用系统页面文件将其交换到磁盘。在正在运行的系统上，此页面文件由操作系统以独占方式打开，并且受到很好的保护。但是，当系统关机时，如若未启用"清除虚拟内存页面文件"保护机制，则攻击者可以通过将原 Windows 系统磁盘挂载到另一台计算机的方式，轻易获取在原主机操作系统上从 RAM 缓存到页面文件的数据，存在敏感数据泄露的风险。因此，风电场应当启用关机清除系统虚拟内存机制，具体操作如下：在系统运行栏中输入"gpedit. msc"进入本地组策略编辑器，依次选择"计算机配置"→"Windows 设置"→"安全设备"→"本地策略"→"安全选项"→"关机：清除虚拟内存页面文件"，双击该策略，进入该策略的属性框，点击"启用"，即可启用此策略（图 4.43）。

图 4.43 Windows 系统启用关机清除虚拟内存页面文件策略

（4）禁止显示上次登录的账户。

Windows 系统在登录时默认会保留上次登录的账户名，用户再次登录时只需输入对应的账户口令即可登录。然而,这种默认配置存在一定安全隐患,即合法用户的账户名可能会被泄露。为了避免上述情况的发生,风电场应当启用 Windows 主机上相应的登录保护机制,禁止在交互式登录时显示上次登录的账户名(图 4.44),具体操作如下:在系统运行栏中输入"gpedit. msc"进入本地组策略编辑器,依次选择"计算机配置"→"Windows 设置"→"安全设备"→"本地策略"→"安全选项"→"交互式登录:不显示上次登录",双击该策略,进入该策略的属性框,点击"已启用",即可启用此策略。

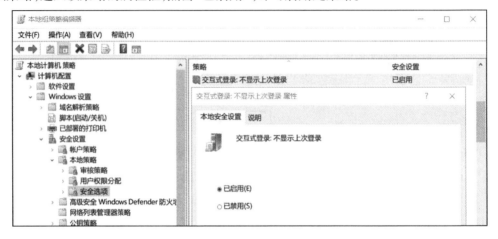

图 4.44　Windows 系统启用交互式登录不显示上次登录策略

(5)配置远程桌面加密。

风电场电力监控系统中的风功率预测、风机监控等服务器一般部署在继保室中,但现场当值人员大多数时间都在中控室中工作。出于提升现场运维效率和便捷程度的考量,风电场普遍在上述服务器中开启远程管理功能。此时,如若未对远程管理进行加密,则日常在对这些服务器进行远程登录与管理时,用户的身份鉴别信息同样存在被恶意用户窃听的风险。因此,风电场应启用对主机远程管理的通信加密保护机制,具体操作如下:在系统运行栏中输入"gpedit. msc"进入本地组策略编辑器,依次选择"计算机配置"→"管理模板"→"Windows 组件"→"远程桌面服务"→"远程桌面会话主机"→"安全",依次启用相关的远程桌面服务安全选项,"远程(RDP)连接要求使用制定的安全层"选择"RDP"(图 4.45)。

(6)远程登录地址限制。

为防止未授权用户使用远程桌面连接服务器情况的发生,应该对服务器的远程桌面连接地址进行限制,仅允许合法用户的主机 IP 地址通过远程桌面连接到服务器。具体操作如下:依次打开"控制面板"→"系统和安全"→"Windows Defender 防火墙"→"高级设置"→"入栈规则"→"远程桌面 - 用户模式(TCP - In)"→"属性"→"作用域"→"本地 IP 地址(下列 IP 地址)"→"添加",输入合法的远程桌面客户端地址,完成后点击"确定"和"应用"即可(图 4.46)。

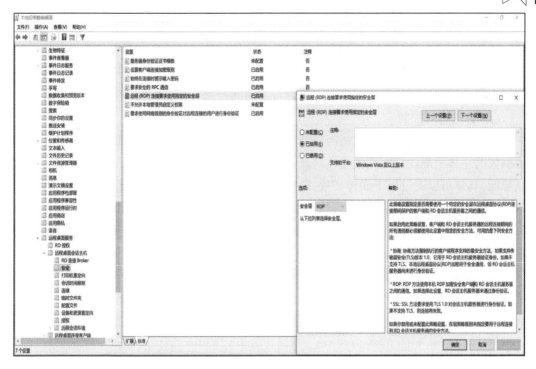

图 4.45 Windows 系统远程桌面服务安全配置

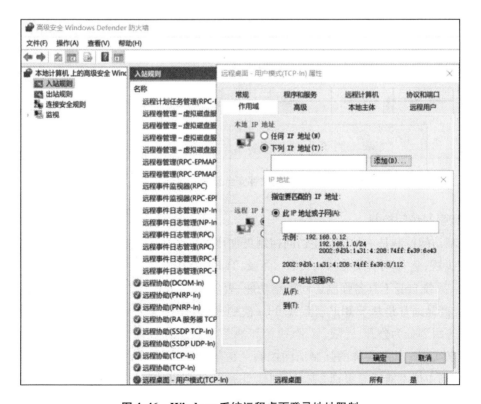

图 4.46 Windows 系统远程桌面登录地址限制

2.访问控制

访问控制含义是计算机系统在合法的范围内使用技术防止用户对资源进行未授权的非法访问,其一般涉及主体、客体和控制策略3个基本要素。在风电场电力监控系统安全防护工作中访问控制的实现方式可划分为自主访问控制与强制访问控制2种。

(1)自主访问控制。

自主访问控制是基于自主访问模型与策略建立的一种机制,该机制允许对客体拥有控制权的主体明确地指定其他主体对该客体的访问权限。Windows系统自带自主访问控制功能,具体可以通过以下操作实现:选中目标文件,点击鼠标右键→属性→安全,即可进入该文件的安全属性对话框,如果想要修改该文件权限,点击"编辑"即可进入该文件的权限设置对话框,修改该文件的所属对象或所属组,以及调整对象与所属组被允许或拒绝执行的相关权限操作(图4.47)。

图4.47 Windows系统文件安全属性(左)与文件权限(右)

(2)强制访问控制。

强制访问控制是一种比自主访问控制更加严格的访问控制技术,其主体通常是一个进程或线程,客体可能是数据、文件、目录、TCP/UDP端口、共享内存段、I/O设备等。Windows系统自身不具备强制访问控制功能,要实现该功能需要借助第三方主机防护产品,此类产品通常是基于BLP模型或Biba模型来构建的。其中,BLP模型将主体和客体的安全等级划分为公开、受限、秘密、机密和绝密5个级别,进而通过机密性的定义、设置及使用来实现主体对客体的强制访问控制。在基于BLP模型的强制访问控制机制框架下,低级别主体不能读高级别客体,否则就泄密了;高级别主体不能向低级别客体写入,否则机密信息从机密性高的级别流入机密性低的地方也会泄密。与BLP模型相似,Biba模型同样将主体和客体的安全等级划分为 5 个级别,但不同点在于 Biba 模型强调完整性,其通过相应规则的定义与设置来防止数据从任何较低完整性级别流到较高的完整性级别中。在该模型中,信息在系统中只能自上而下流动(表 4.11)。

表 4.11　BLP 模型和 Biba 模型的三种访问控制规则

模型	规则类型	规则内容	规则生效机制
BLP 模型	简单安全规则	给定安全级别的主体不能读取较高安全级别的客体(不能向上读)	当安全级别为机密的主体访问安全级别为绝密的客体时,简单安全规则生效,此时主体对客体可写不可读,即不能上读
	星属性规则	给定安全级别的主体不能将信息写入较低的安全级别客体(不能向下写)	当安全级别为机密的主体访问安全级别为秘密的客体时,星属性安全规则生效,此时主体对客体可读不可写,即不能下写
	强星属性规则	一个主体只能在同一个安全级别的客体上执行读写功能,在较高或者较低的级别都不能读写。一个主体要读写一个客体,主体的许可和客体的分类必须为相同级别	当安全级别为机密的主体访问安全级别为机密的客体时,强星属性安全规则生效,此时主体对客体可写可读
Biba 模型	简单完整性公理	主体不能从较低完整性级别的客体读取数据(不能向下读)	当完整性级别为"中完整性"的主体访问完整性级别为"低完整性"的客体时,主体对客体可写不可读
	星完整性公理	主体不能向位于较高完整性级别的客体写数据(不能向上写)	当完整性级别为"中完整性"的主体访问完整性级别为"高完整性"的客体时,主体对客体不可写,也不能调用主体的任何程序和服务
	调用属性	主体不能请求(调用)完整性级别更高的主体的服务	当完整性级别为"中完整性"的主体访问完整性级别为"中完整性"的客体时,主体对客体可读可写

借助以上两种安全模型,可实现主机的强制访问控制功能。以国内某工控安全厂商的主机安全加固系统为例,在主机上安装完成该主机加固系统后,依次选择主机加固→访问控制,即可进入该软件的访问控制主界面(图 4.48),勾选"开启增强性访问控制",控制模式选择"执行",控制模型选择"机密性控制(BLP)"或"完整性保护(Biba)"。以选择"机密性控制(Biba)"为例,策略配置完成后点击左侧"主体",进入主体配置界面,即可选

择特定的主程序作为主体进程,选择完成后即可选择该进程的机密性等级,选择该进程的安全级别,完成后点击右上侧"应用",应用该主体配置。主体配置完成后点击左侧"客体",进入客体配置界面,此处选择添加一个文件夹(即目录)作为客体(该客体路径为C:\Users\86150\Pictures),机密性安全等级为"高等级"(图4.49)。完成后点击右上侧"应用",应用该客体配置。此时基于"机密性控制(BLP)"配置的强制访问控制策略设置完成,此时由于客体安全级别高于主体安全级别,当再打开客体的文件夹时,显示"拒绝你访问该文件夹"(图4.50)。

图4.48 主机加固系统强制访问控制策略主界面

图4.49 主机加固系统强制访问控制客体配置界面

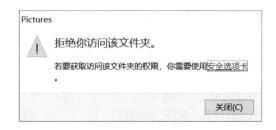

图4.50 主机加固系统强制访问控制功能实现

3.入侵防范

（1）在 Windows 防火墙中添加可信程序、关闭高危端口。

Windows 操作系统中自带软件防火墙，通过启用该软件，可以为主机提供基本的恶意流量防护功能，具体操作如下：依次点击"控制面板"→"系统和安全"→"Windows 防火墙"→"选择启用 Windows 防火墙"即可（图 4.51）。倘若需要防火墙放行某一应用系统的数据流，则应将该应用添加到防火墙的规则库中，具体操作如下：依次点击"控制面板"→"系统和安全"→"Windows 防火墙"→"允许应用或功能通过 Windows 防火墙"，打开添加允许的应用界面，点击"允许其他应用"，选择需要防火墙放行的应用程序，点击"添加"后，再"确定"，该应用程序的数据流就会被允许通过防火墙（图 4.52）。

图 4.51 启用或关闭 Windows 系统防火墙

图 4.52 在 Windows 系统防火墙中添加可信程序

此外,若 Windows 主机内存在非必要空闲端口,则也易成为被攻击的对象,因此风电场应在业务梳理的基础上,排查并关闭内各主机的空闲端口,具体操作如下:依次点击"控制面板"→"系统和安全"→"Windows 防火墙"→"高级设置"→"入站规则"→"新建规则",则进入新建入站规则向导界面(图 4.53)。此处以关闭 TCP445 端口为例进行介绍,进入该向导后依次点击"端口"→"下一步"→"选择 TCP"→"特定本机端口",输入"445"→"下一步"→"阻止连接"→"下一步"→选中"域""专用""公用"→"下一步"→命名为"关闭 TCP445 端口"→"完成"。即可在 Windows 防火墙入站规则中加入一条规则,禁止外部设备访问本机 TCP445 端口(图 4.54)。

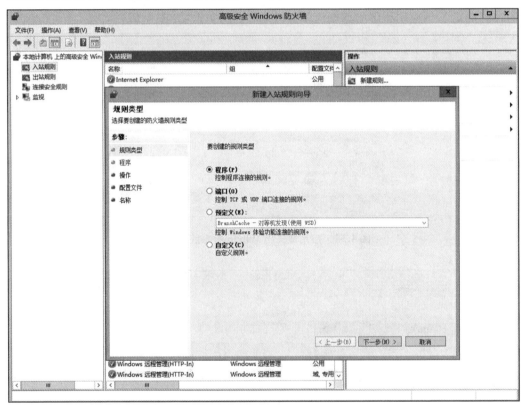

图 4.53　Windows 系统防火墙新建入站规则向导

(2)通过杀毒软件进行病毒查杀。

计算机病毒能够利用自身的"传染"能力,破坏数据资源,影响主机的正常使用,严重时甚至会导致整个系统的瘫痪。鉴于此,风电场应做好系统中的 Windows 主机的防病毒工作,如安装专用杀毒软件、及时更新病毒库以及定期(如每周一次)对主机进行病毒扫描。如若在主机上检测到病毒,则风电场应在第一时间采取隔离措施以防止病毒扩散,并在充分评估后对其进行查杀(图 4.55)。考虑到当前风电场电力监控系统与互联网普遍存在物理隔离的现状,在线更新主机防病毒软件的特征库不具有可行性,因此推荐其采用离线方式,定期(如每月一次)对病毒特征库进行更新。

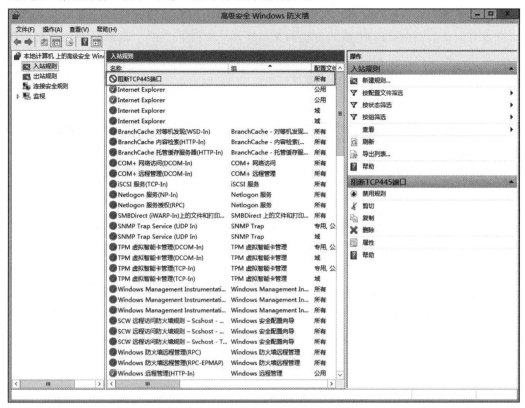

图4.54 在 Windows 系统防火墙中添加一条入站规则

图4.55 杀毒软件正在进行病毒扫描

针对部分风电场主机可能存在无法保障正常业务软件与杀毒软件同时运行的情况,风电场也可以考虑给相应主机安装基于白名单机制的主机加固软件以实现主机防病毒的目标。以某加固产品为例,在安装前应通过杀毒软件对主机进行全盘病毒查杀,确保系统无病毒后安装该软件。主机加固软件安装完成后点击固化模块功能中的"一键固化",即可对本机上的所有可执行文件进行扫描,从而将主机上所有被允许执行的可执行文件加入到自身内建的白名单规则库中,开启白名单防护功能(图4.56)。此时只有在白名单库中的可执行程序可以在本机上正常运行,恶意代码等白名单外的程序或进程无法在本机运行。该方式同样可以保障主机免遭恶意代码攻击,提升电力监控系统的整体防护能力(图4.57)。

图 4.56　主机安全加固系统白名单防护主界面

图 4.57　主机安全加固系统扫描完成后的白名单库

4. 安全审计

Windows 系统具有日志安全审计功能,当操作系统开启日志审计时,系统能够实时记录每个事件的日期和时间、级别、来源、事件 ID、任务类别等信息。Windows 事件日志中共有 5 种事件类型,分别是信息、告警、错误、成功审核和失败审核(表 4.12)。

表 4.12 Windows 系统日志类型

日志类型	事件类型	描述	文件名
Windows 日志	系统	包含系统进程,设备磁盘活动。事件记录了设备驱动无法正常启动或停止,硬件失败,重复 IP 地址,系统进程的启动、停止及暂停行为	System. evtx
	安全	包括安全性相关的事件,如用户权限变更、登录及注销、文件及文件夹访问、打印等信息	Security. evtx
	应用程序	包含操作系统安装的应用程序软件相关的事件。事件包括了错误、警告及任何应用程序需要报告的信息,应用程序开发人员可以决定记录哪些信息	Application. evtx
应用程序及服务日志	Microsoft	Microsoft 文件夹下包含了 200 多个微软内置的事件日志分类,只有部分类型默认启用记录功能,如远程桌面客户端连接、无线网络、有线网路、设备安装等相关日志	详见日志存储位置文件
	Microsoft Office Alerts	微软 Office 应用程序(包括 Word/Excel/PowerPoint)的各种警告信息,其中包含用户对文档操作过程中出现的各种行为,记录有文件名、路径等信息	OAertx. evtx
	Windows PowerShell	Windows 自带的 PowerShell 应用的日志信息	Windows PowerShell. evtx
	Internet Explorer	IE 浏览器应用程序的日志信息,默认未启用,需要通过组策略进行配置	Internet Explorer. evtx

在系统运行栏中输入"eventvwr. msc",可进入 Windows 系统日志查看器,点击"Windows 日志",可查看 Windows 日志概览及其他相关信息。若需查看特定事件的日志信息,则应在事件筛选器中键入相应的 ID 值。当需要对日志审计策略进行调整时,则需在系统运行栏中输入"gpedit. msc"进入本地组策略编辑器,依次选择"计算机配置"→"Windows 设置"→"安全设备"→"本地策略"→"审核策略",打开审核策略编辑器,便可对 Windows 系统的审核策略进行修改。双击每一条策略,打开该策略的编辑面板,勾选"成功""失败",则可以对每条策略相关的事件的成功或失败信息进行审计记录(图 4.58)。

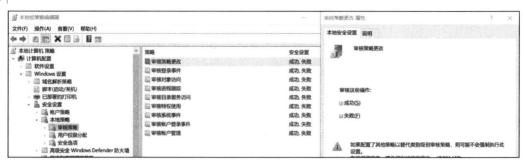

图 4.58　Windows 系统审核策略

Windows 系统的这些日志信息在排错、取证和溯源中扮演着重要的角色,当系统发生故障或遭受网络攻击时,可以查看日志信息来处理故障或者发现攻击。通过 Windows 系统自带事件查看器的工具,即可查看分析所有的系统日志。在 Windows 主机中,其内置的 System、Security 及 Application 三个核心日志文件默认大小均为 20 MB,当记录事件数据超过 20 MB 时,系统默认将优先覆盖过期的日志记录(图 4.59),其他应用程序及服务日志默认最大为 10 MB,超过最大限制也优先覆盖过期的日志记录。就网络安全等级保护2.0 标准对主机日志保存时间不应少于 6 个月的要求而言,Windows 系统默认的 20 MB 日志存储空间无法满足相关要求,因此建议风电场将系统内各主机的日志存储空间调整为 200 MB 及以上。

图 4.59　Windows 系统日志设置

5. 非法外联

Windows 系统自身不具备非法外联检测功能,要实现该功能需要借助第三方主机防护产品。以某厂商主机加固软件为例,在其主界面依次点击"主机加固"→"非法外联"→"添加功能模块",添加一个非本系统的主机 IP 地址或网址,此处添加 www. baidu. com(图 4.60),该主机加固系统软件固定频率(如每 30 s 一次)对该 IP 地址或网址发送 ping 消息,如果能收到回复,则说明该主机连接到了系统外,主机加固系统会产生告警。

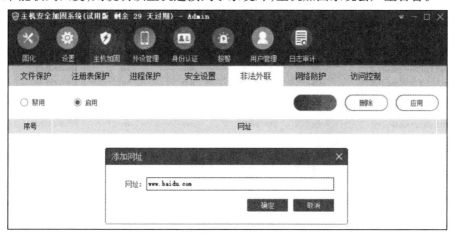

图 4.60　主机安全加固系统非法外联功能界面

6. 外设管理

由于 U 盘、移动硬盘等外设管理不严,风电场电力监控系统内主机遭受外部病毒入侵的事件常有发生,对电力监控系统产生严重的安全威胁。鉴于此,风电场应采取禁用 USB 口等技术措施来防止此类事件的发生。具体操作如下:打开运行命令框,输入"regedit"后按回车键,进入 Windows 系统注册表,选中"计算机\HKEY_LOCAL_MACHINE\SYSTEM\CurrentControlSet\Services\USBSTOR",在右侧对话框中双击"Start"项,在弹出的编制窗口中将默认值 3 修改为 4,即可禁用主机未使用的 USB 口(图 4.61)。

图 4.61　禁用主机未使用的 USB 口

除手动修改注册表禁用 USB 口外,风电场还可以借助第三方主机加固系统实现该功能。以某工控厂商主机加固系统为例,依次点击"外设管理"→"移动存储管理",勾选基本策略中的"禁止执行 U 盘上的程序",可以防止 U 盘中的恶意代码感染主机。对于未在该软件上进行注册的普通 U 盘,也应该禁止使用(图 4.62)。

图 4.62   主机安全加固系统的移动存储管理功能

►► 4.5.2   Linux 主机防护   ►► ►

在风电场电力监控系统内,Linux 主机通常扮演核心服务器的角色,是整个系统稳定运行的关键所在,一旦遭受网络攻击可能导致风电场电力监控系统瘫痪。为降低系统遭受网络攻击的风险,风电场可以从身份鉴别、访问控制等多个层面对 Linux 开展针对性的防护。

1. 身份鉴别

与 Windows 系统类似,Linux 系统也使用账户+口令的方式对用户进行身份鉴别。Linux 系统的用户身份鉴别信息存储在/etc/passwd 及/etc/shadow 两个文件中,二者联合存储着用户账户信息及口令。

```
[root@ localhost yangfot]# cat /etc/passwd
root:x:0:0:root:/root:/bin/bash
bin:x:1:1:bin:/bin:/sbin/nologin
daemon:x:2:2:daemon:/sbin:/sbin/nologin
adm:x:3:4:adm:/var/adm:/sbin/nologin
shutdown:x:6:0:shutdown:/sbin:/sbin/shutdown
halt:x:7:0:halt:/sbin:/sbin/halt
gnome - initial - setup:x:988:982::/ run/ gnome - initial - setup/ :/
sbin/nologin
sshd:x:74:74:Privilege - separated SSH:/var/empty/sshd:/sbin/nologin
yangfot:x:1000:1000:yangfot:/home/yangfot:/bin/bash
```

在/etc/passwd 文件中,每行代表一个账户信息,每行以冒号分隔分为七列,从左至右依次标识账户名、口令、UID、GID、账户说明等信息。其中 UID 是用户唯一的身份标识,是系统区分不同的账户的依据。用户 UID 范围为 0~65 535,共分为 3 个范围,不同范围内的账户具有不同特性(表 4.13)。值得注意的是,当前广泛使用的 Linux 版本中,口令不再直接保存在 passwd 中,通常将 passwd 文件中的口令字段使用一个"x"来代替,将/etc/shadow 作为真正存储口令文件。

root	:	x	:	0	:	0	:	root	:	/root	:	/bin/bash
:---:		:---:		:---:		:---:		:---:		:---:		:---:
↓		↓		↓		↓		↓		↓		↓
账户名		口令		UID		GID		账户说明		账户主文件夹		账户 shell

表 4.13 Linux 系统中账户 UID 取值范围及特性

UID 范围	该 UID 用户的特性
0(系统管理员账户)	当 UID 为 0 时,代表这个账户是"系统管理员",要让其他的账号名称也具有 root 权限时,将该账号的 UID 改为 0 即可。一个系统上面的系统管理员不一定只有 root,不过不建议有多个
1~499(系统账户)	保留给系统使用的 ID,其实除了 0 之外,其他的 UID 权限与特性是相同的。默认 500 以下的数字让给系统作为保留账号只是一个习惯。1~99:由操作系统自行创建的系统账号;100~499:若用户有系统账号需求时,可以使用的账号 UID
500~65 535(普通账户)	给一般账户使用的普通账户

Linux 系统中/etc/shadow 文件每行有 9 个字段,每个字段也是以冒号分隔,与/etc/passwd 文件类似,具体字段的含义这里不再做详细解释,这个文件主要是为了增加系统安全性而另外设置用来存放用户的密码,只有 root 用户才有权限访问,但是为了安全性显示的仍然是加密后的密码。/etc/shadow 文件内容如下:

```
[root@ localhost yangfot]# cat /etc/shadow
root:$6$EQI60LIqg9SRMXHNUyeKRkjjQS3x4mbrwiAVo0::0:99999:7:::
bin:*:17834:0:99999:7:::
daemon:*:17834:0:99999:7:::
adm:*:17834:0:99999:7:::
shutdown:*:17834:0:99999:7:::
halt:*:17834:0:99999:7:::
gnome-initial-setup:!!:18309::::::
sshd:!!:18309::::::
yangfot:$6$IP/Dr2Vz0vTbqLYrhvZmbMO//HT2mt0x/WiBi./::0:99999:7:::
```

在/etc/shadow 文件中,每行代表一个账户信息,每行以冒号分隔分为九列,各字段分别表示账户名、账户口令等(表 4.14)。

表 4.14　Linux 系统中/etc/shadow 文件各字段说明

字段名称	含义
账户名	与/etc/passwd 文件中的用户名含义相同
口令	加密的散列值,通常使用 SHA512 散列算法。所有伪用户的密码都是"!!"或" * ",代表没有密码是不能登录的。新创建的用户如果未设定密码,那么它的密码项也是"!!",代表这个用户没有密码,不能登录
最后一次修改密码时间	表示最后一次修改密码的时间,此处的单位是天,表示从 1970 年 1 月 1 日截止最后一次修改密码经过的天数
修改密码的最短时间间隔	表示口令修改完成后多长时间内不能再次修改口令,防止用户因频繁修改而忘记口令
口令最长使用期限	口令最长使用期限
口令过期前几天告警	口令到期前几天当用户登录系统时提醒用户应该修改口令
口令过期后的宽限期限	在密码过期后,用户如果还是没有修改密码,则在此字段规定的宽限天数内,用户还是可以登录系统的;如果过了宽限天数,系统将不再让此账户登录,也不会提示账户过期,是完全禁用
口令过期后的失效时间	同第 3 个字段一样,使用自 1970 年 1 月 1 日以来的总天数作为账户的失效时间。该字段表示,账号在此字段规定的时间之外,不论密码是否过期,都将无法使用
保留字段	该字段目前未使用,等待新功能的加入

(1)设置口令策略。

Linux 系统账户口令策略的配置文件为/etc/login. defs,使用 vim 编辑器打开该文件,按"i"键进入编辑模式,修改口令策略。

```
[root@ localhost yangfot]# vim /etc/login.defs
PASS_MAX_DAYS        90
PASS_MIN_DAYS        2
PASS_MIN_LEN         8
PASS_WARN_AGE        7 #口令过期前 7 天提醒
```

(2)配置登录失败处理、连接超时自动退出功能。

默认情况下,Linux 的登录失败处理功能为关闭状态,为了防止账户及口令被恶意用户暴力破解,建议风电场开启 Linux 主机的该项功能,具体操作如下:使用 vim 编辑器打开/etc/pam. d/system − auth 文件,在该文件第二行写入:"auth required pam_tally2. so onerr = fail deny = 3 unlock_time = 300 even_deny_root root_unlock_time = 300"。

```
[root@ localhost yangfot]# vim /etc/pam.d/system-auth#% PAM-1.0 #第一行
auth required pam_tally2.so onerr = fail deny = 3 unlock_time = 300 even_deny_root
root_unlock_time = 300 #连续3次登录失败锁定300秒
```

配置登录超时自动退出功能需要修改/etc/profile 文件中的 TIMEOUT 环境变量。使用 vim 编辑器打开该文件,在该文件的末尾添加"export TMOUT = 300"。

```
[root@ localhost yangfot]# vim /etc/profile
export TMOUT = 300 #账户登录后300 s 无操作自动退出账户
```

(3)配置 SSH 远程管理。

与 Windows 系统主机类似,Linux 系统主机远程管理时建议使用 SSH 协议,禁用 telnet。对于正在使用的 Linux 服务器,应离线安装 SSH 服务,服务安装完成后配置 SSH 开机自启动。使用 vim 编辑器打开/etc/rc. local 文件,在文件末尾添加:"/etc/init. d/sshd start"。

```
[root@ localhost yangfot]# vim /etc/rc.local
/etc/init.d/sshd start #配置 ssh 开机自启动
```

(4)SSH 远程连接地址限制。

为防止未授权用户使用 SSH 远程连接 Linux 服务器,建议对 Linux 服务器 SSH 远程连接的地址进行限制。使用 vim 编辑器对/etc/hosts. allow 和/etc/hosts. deny 文件进行编辑,此处以管理员电脑的 IP 地址为192. 168. 0. 1 为例进行介绍,仅允许管理员的电脑 SSH 连接 Linux 服务器。在/etc/hosts. allow 文件中添加:"sshd:192. 168. 0. 1:allow",在/etc/hosts. deny 文件中添加:"sshd:ALL"。

```
[root@ localhost yangfot]# vim /etc/hosts.allow
sshd:192.168.0.1:allow #允许192.168.0.1 的 IP 地址使用 SSH 连接本机
[root@ localhost yangfot]# vim /etc/hosts.deny
sshd:ALL #禁止所有 IP 地址使用 SSH 连接本机
```

2. 访问控制

与 Windows 系统访问控制类似,Linux 系统也分为自主访问控制与强制访问控制。自主访问控制通过用户对文件的访问权限(r 读、w 写、x 执行)来实现,强制访问控制通过 SeLinux 来实现。

(1)自主访问控制。

在 Linux 系统中,每个文件或目录都具有各自的属性,属性不同权限不同,可以使用 ls 命令查看文件相关属性,具体如下:

```
[root@ localhost yangfot]#ls -l /test.txt
- rwxr-xr-x 1 root root 4096 May 13 18:30 test.txt
```

该文件的属性共有 7 列,每列代表不同含义,具体如下:

在文件权限中,r 代表可读,分数为 4;w 代表可写,分数为 2;x 代表可执行,分数为 1。如果一个文件的所有者具有该文件的 rwxr 权限,那么它的分数即为 4 + 2 + 1 = 7;所属组拥有该文件的 rx 权限,那么它的分数为 4 + 1 = 5,其他人拥有该文件的 rx 权限,分数为 4 + 1 = 5,则该文件的权限为 755。Linux 中,为确保系统安全,配置文件(即/etc 目录下的文件)权限要求不超过 744(即 rwxr - -r - -)。

Linux 系统中使用 chmod 修改文件或目录权限,具体如下:

```
[root@ localhost yangfot]#chmod 744 /test.txt
- rwxr - -r - - 1 root root 4096 May 13 18:30 test.txt
```

特殊文件,如/etc/passwd 和/etc/shadow 建议权限不要超过 400。

```
[root@ localhost yangfot]#chmod 400 /etc/passwd
- r - - - - - - - - 1 root root 4096 May 13 18:30 /etc/passwd
```

(2)强制访问控制。

Linux 系统的强制访问控制功能可以使用 SELinux 实现,其针对特定的进程与特定的文件资源来进行权限的控制,并提供 Disabled、Permissive 及 Enforcing 共 3 种工作模式(表 4.15)。值得注意的是,对于 Linux 系统的安全来说,强制访问控制是一个额外的安全层,SELinux 的强制访问控制并不会完全取代自主访问控制,当使用 SELinux 时,自主访问控制仍然被使用,且会首先被使用,如果允许访问,则再使用 SELinux 策略;反之,如果自主访问控制规则拒绝访问,则不需要使用 SELinux 策略。

表 4.15　SELinux 三种工作模式

工作模式	说明
Disabled	关闭,SELinux 未运行
Permissive	宽容模式,SELinux 已经运行,但仅会有告警信息,并不会限制访问
Enforcing	强制模式,SELinux 正在运行中,开始启用防护规则

SELinux 的运行状态可以使用 sestatus 命令进行查看,具体如下:

```
[root@ localhost yangfot]#sestatus
SELinux status:              enabled
SELinuxfs mount:             /sys/fs/selinux
SELinux root directory:      /etc/selinux
Loaded policy name:          targeted
Current mode:                enforcing
Mode from config file:       enforcing
Policy MLS status:           enabled
Policy deny_unknown status:  allowed
Max kernel policy version:   31
```

默认 SELinux 是开启状态，如果要进行模式切换，可以修改器配置文件/etc/SELinux/config，具体如下：

```
[root@ localhost yangfot]#vi /etc/SELinux/config
# This file controls the state of SELinux on the system.
# SELINUX = can take one of these three values:
# enforcing - SELinux security policy is enforced.
# permissive - SELinux prints warnings instead of enforcing.
# disabled - No SELinux policy is loaded.
SELINUX = enforcing
# SELINUXTYPE = can take one of three values:
# targeted - Targeted processes are protected,
# minimum - Modification of targeted policy. Only selected processes are pro
tected.
# mis - Multi Level Security protection.
SELINUXTYPE = targeted
```

将以上配置文件中的 SELINUX = enforcing 修改为 SELINUX = disable 可以关闭 SELinux（需要重新启动操作系统），如果需要在 permissive 与 enforcing 之间切换，使用 setenforce 命令即可。

```
[root@ localhost yangfot]#setenforce 0
#将 enforcing 状态的 SELinux 切换为 permissive 状态
[root@ localhost yangfot]#setenforce 1
#将 permissive 状态的 SELinux 切换为 enforcing 状态
```

在 SELinux 的配置前需要与电力监控系统开发厂商进行沟通，以确定是否可以进行配置，配置过程需有专业人员指导或协助。

3. 入侵防范

iptables 是一种 Linux 系统中最常见的主机防火墙，其由 4 张表（raw、mangle、nat、filter)5 条链(INPUT、OUTPUT、PORWARD、PREROUTING、POSTOUTING)组成,用于对进出主机的流量进行控制(表 4.16、图 4.63)。当有数据包从 Linux 主机网卡进入后,其将依次进入 raw 表、mangle 表和 nat 表、filter 表实现各表对应的相关功能,如果 iptables 配置了安全策略,则数据包需要与安全策略进行匹配,允许通过的数据包被放行,禁止的数据包则被丢弃。

表 4.16   Linux 系统中 iptables4 张表及 5 条链的功能

组成		功能
4 张表	raw	高级功能,如网址过滤
	mangle	数据包修改(QOS),用于实现服务质量
	nat	地址转换
	filter	包过滤,用于防火墙规则
5 条链	INPUT	入站数据包处理
	OUTPUT	出站数据包处理
	PORWARD	处理转发数据包
	PREROUTING	用于目标地址转换(DNAT)进站进行的过滤
	POSTOUTING	用于源地址转换(SNAT)出站进行的过滤

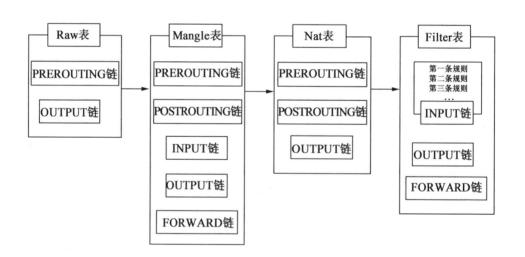

图 4.63   iptables 防火墙原理

iptables 的开启与关闭可以通过在 linux 终端中输入"chkconfig iptables on/off"(重启后永久生效)或"service iptables start/stop"(即时生效,重启后失效)来实现。iptables 规则的显示与设置则可以通过相应的指令输入来实现。

```
[root@ localhost yangfot]# iptables -L INPUT -n -v
#显示 iptables 防火墙 INPUT 链规则
[root@ localhost yangfot]#iptables -L OUTPUT -n -v --line-numbers
#显示 iptables 防火墙 INPUT 链规则并显示行号
[root@ localhost yangfot]#iptables -I INPUT -p tcp --dport 80 -j ACCEPT
#允许外部主机访问本机 tcp80 端口
[root@ localhost yangfot]#iptables -A INPUT -p tcp -s 192.168.1.2 -j DROP
#禁止 192.168.1.2 访问本机
```

4. 安全审计

Linux 系统拥有非常灵活且强大的日志功能,可以保存多种类型的日志信息(表 4.17)。大部分 Linux 发行版默认的日志守护进程为 syslog,其位于/etc/syslog√/etc/syslogd 或/etc/rsyslog.d 目录下,日志守护进程的默认配置文件为 /etc/syslog.conf 或 rsyslog.conf。任何希望生成日志的程序都可以向 syslog 发送信息,syslog 可以根据日志的类别和优先级将日志保存到不同的文件中,形成日志文件。

表 4.17　Linux 系统常见日志类型

类型	说明
auth	用户认证时产生的日志,如 login 命令、su 命令
authpriv	与 auth 类似,但是只能被特定用户查看
console	console 针对系统控制台的消息
cron	系统定期执行计划任务时产生的日志
daemon	某些守护进程产生的日志
ftp	FTP 服务
kern	系统内核消息
local0. local7	由自定义程序使用
lpr	与打印机活动有关
mail	邮件日志
mark	产生时间戳
news	网络新闻传输协议产生的消息
ntp	网络时间协议产生的消息
user	用户进程
uucp	UUCP 子系统

Linux 系统日志一般会默认开启,但仍需检测确认。Linux 开启日志服务操作如下:

```
[root@ localhost yangfot]# service auditd status
#查看日志审计是否开启
[root@ localhost yangfot]# service auditd start
#开启日志审计
```

Linux 系统的非法外联与外设管理功能自身无法实现,需要借助第三方工具,实现原理与 Windows 系统类似,此处不再介绍。

 ## 4.6　应用管理系统防护

风电场电力监控系统由变电站自动化系统、风机监控系统、风功率预测系统等多个业务子系统组成(表4.18),电力监控系统的核心功能由业务应用管理系统实现,因此应用管理系统是否可以正常运行对风电场而言极为重要,且业务应用管理系统的安全防护必不可少。确保电力监控系统持续、稳定、可靠运行,应从不同控制点、不同控制项进行检查和安全加固(表4.5)。

表 4.18　风电场电力监控系统中的主要业务子系统

应用管理系统名称	主要功能	开发厂商
PCS－9700 场站监控系统、PRS－700(U)变电站监控后台系统	实现对全变电站的主要设备和输配电线路的自动监视、测量、自动控制和微机保护以及与调度通信等综合性的自动化功能	南瑞继保、长园深瑞
金风中央监控系统、远景能源 OS、HZ Windpower	用于风机监控、自动调节、实现最大风能捕获以及保证良好的电网兼容,监测风机运行状态、风速、风向等信息	远景能用、金风科技、海装风电、联合动力
无功自动控制系统	采集各变电站、发电厂的母线电压、母线无功、主变高、低压侧无功测量数据,以及各开关状态数据等实时数据并进行在线分析和计算,从电网优化运行的角度调整全网中各种无功控制设备的参数,对其进行集中监视和分析计算	南京阿贝斯信息
有功自动控制系统	根据电力调度机构下达的指令,自动调节其发出的有功功率,将风电场并网点的有功功率控制在要求运行范围内	南京阿贝斯信息
风功率预测系统、WPPS	根据风电场气象信息有关数据,利用物理模拟计算和科学统计方法,对风电场的风力风速进行短期预报,预测出风电场的功率	远景能源、金风科技、北京智慧空间科技

续表4.18

应用管理系统名称	主要功能	开发厂商
PCS - 9200 五防系统	五防系统是变电站防止误操作的主要设备,其主要功能包括:(1)防止误分、合断路器;(2)防止带负荷分、合隔离开关;(3)防止带电挂(合)接地线(接地刀闸);(4)防止带接地线(接地刀闸)合断路器(隔离开关);(5)防止误入带电间隔	南瑞继保
PCS - 9798 保护信息管理装置	收集变电站继电保护、记录仪、安全自动装置等智能设备的实时/非实时运行、配置和故障信息	南瑞继保
PCS - 996 故障录波	记录保护动作时间量和开关副接电状态信息,找出保护不正确的动作的原因,必要时通过计算工具进行模拟计算分析	南瑞继保

▶▶ 4.6.1 身份鉴别 ▶▶ ▶

身份鉴别是应用管理系统安全防护的第一道大门,只有通过身份鉴别的人员才能登录系统,访问系统资源。如果风电场电力监控系统没有身份鉴别机制或身份鉴别机制不完善,将导致系统被非授权用户访问,可能造成电力监控系统中的机密信息泄露,系统遭受人为破坏等,导致风电场无法正常进行生产作业,造成风电场重大经济损失。

1. 账户管理及口令策略设置

风电场电力监控系统包含众多业务子系统,出于操作方便的考量,现场各应用管理系统通常只设置一个或两个账户,账户信息被所有值班人员共用,且账户一旦登录以后不会退出,所有值班人员均可在此账户上进行操作(图4.64)。如果用户误操作或非授权用户故意破坏系统,即使审计进程可以记录到操作行为,但因账户被所有人员共享,也无法确定相关责任人,无法实现事故追责。因此,建议在该系统中为风电场每个管理人员设置不同的账户,值班人员应登录自己账户进行操作。

不同应用管理系统新建账户操作方法存在一定的差异,此处以金风中央监控系统为例进行介绍。在金风中央监控系统中为风电场每个管理人员新建账户,在系统主界面依次点击系统→本地用户和组→本地用户→新用户→新增用户(图4.65)。每个账户的账户名不应相同,也不应该使用风电场管理人员的姓名作为账户名,这样的账户名易被猜测破解,默认的账户建议禁用。

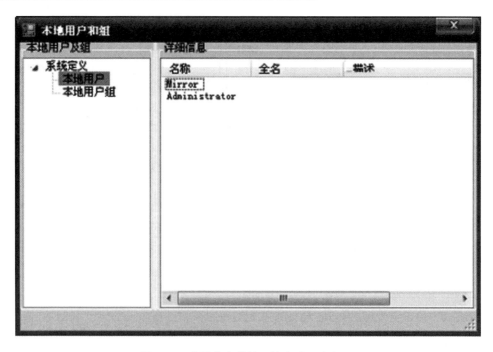

图 4.64 金风中央监控系统本地用户和组

图 4.65 金风中央监控系统新建账户

　　鉴于当前大部分风电场工控系统开发厂商往往只注重系统功能的实现,而忽视系统的安全性问题,从而导致其开发的应用管理系统往往存在安全功能缺失或不足的情况,不少风电场电力监控系统账户管理功能过于简单,仅有新建账户、删除账户、修改账户口令等相关功能,无账户口令策略相关功能。因此,为确保用户账户安全,就需要提高风电场管理人员的安全意识,所有账户的口令设置都应该具有一定的复杂度要求,口令由大小写字母、数字、特殊符号组成,长度不小于 8 位,每 90 天更换一次口令。

2. 登录失败处理设置

为防止恶意用户暴力破解应用管理系统合法用户身份鉴别信息,除了禁用系统默认账户、增加用户口令强度等措施外,还应设置登录失败处理功能。对一段时间内用户账户连续多次登录失败的次数进行限制,例如某账户 5 min 内连续 10 次登录失败,可锁定该账户 10 min,防止恶意用户暴力破解合法用户身份鉴别信息。鉴于当前风电场电力监控系统的业务子系统几乎没有登录失败处理功能模块,无法实现该安全防护功能。但随着人们对网络安全重视程度的提高,在后期新建的风电场中,电力监控系统的业务子系统很可能会增加该功能,风电场管理人员应对该功能进行合理配置。

3. 使用加密的协议进行访问

在风电场电力监控系统的众多业务子系统中,风机监控系统一般为 B/S 架构,位于中控室的风机监控客户端浏览器使用 HTTP 协议以 WEB 页面的形式访问后台风机监控系统的服务器(图 4.66)。由于 HTTP 协议明文传输数据,因此用户在登录风机监控系统的过程中,用户账户及口令信息通过网络明文传输,恶意用户只需要对风电场网络流量进行嗅探,即可获取到风机监控系统合法用户的账户及口令信息。为防止用户身份鉴别信息明文传输过程中被窃听,应对身份鉴别数据进行加密后传输。HTTPS 协议在 HTTP 协议的基础上对数据进行了加密,确保了数据传输过程中的保密性。然而,目前大多数风机厂商开发的风机监控系统不支持 HTTPS 协议,这为风电场电力监控系统安全埋下了较大的安全隐患。因此,建议风电场联系开发商,对风机监控系统进行升级,使用 HTTPS 协议替换 HTTP 协议进行数据传输,确保用户身份鉴别信息及业务数据加密传输,防止被恶意用户窃听。

图 4.66 远景能源 OS 使用 HTTP 协议进行数据传输

▶▶┤ 4.6.2 访问控制 ▶▶ ▶

为了防止系统账户权限过大,从而发生用户滥用权限的情况,系统应基于用户角色为每个账户进行相应的权限划分,只授予其完成自身业务所需的最小权限。以金风中央监控系统为例,在为风电场不同岗位的工作人员创建用户账户时赋予其账户不同的权限,仅允许每个账户访问特定的资源,从而实现访问控制(图4.67、图4.68)。风电场电力监控系统的各业务子系统中的默认账户一般为管理员账户,无法禁用也无法删除,该账户应由风电场场长管理。

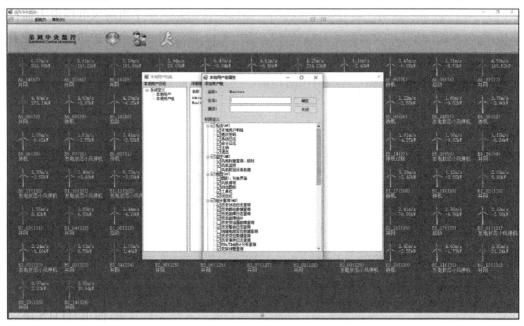

图4.67　金风中央监控系统用户权限配置界面

某风电场变电站自动化系统则为风电场所有人员配置了不同的操作员账户,账户名不同,且有系统管理员账户 admin 和审计员账户 audit,不同账户权限不同,实现了用户的权限分离(图4.69)。

▶▶┤ 4.6.3 入侵防范 ▶▶ ▶

1.登录地址限制

为防止风电场电力监控系统中存在的漏洞被恶意用户利用或应用管理系统被非授权用户尝试访问,风电场应对登录应用管理系统的主机 IP 地址进行限制。以风机监控系统为例,可以在风机监控服务器端对应用管理系统的配置文件进行修改,仅允许中控室风机监控终端的 IP 地址通过浏览器访问风机监控系统,其余主机一律拒绝连接。然而,目前风电场电力监控系统各业务子系统几乎没有对登录地址进行限制的功能。

图 4.68 PCS – 9700 场站监控系统用户权限配置界面

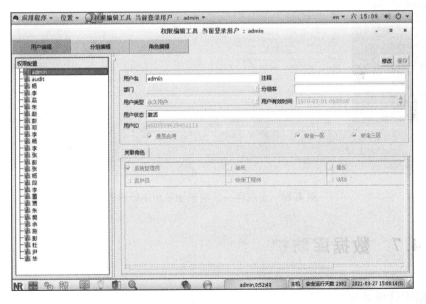

图 4.69 PCS – 9700 场站监控系统用户编辑界面

2. 漏洞检测

与传统 WEB 应用管理系统相似,风电场电力监控系统也可能存在 SQL 注入、CSRF、XSS 等各种常见漏洞,但因网络安全对专业技术要求较高,而风电场人员技术能力有限等原因,电力监控系统可能存在的漏洞不能及时被发现,给风电场遗留下了极大安全隐患。部署有漏洞扫描系统的风电场,可以使用该系统定期(如每三个月一次)对风电场电力监控系统各业务子系统进行漏洞扫描,确保可以及时发现系统漏洞。对发现的系统漏洞,可以联系系统开发商,开发相关漏洞补丁程序,经测试无误后可以在风电场电力监控系统中进行安装。

▶▶ **4.6.4 安全审计** ▶▶ ▶

风电场电力监控系统各业务子系统基本都具备日志审计功能,且默认开启。审计内容是记录操作人员的操作记录或各种仪器仪表的告警信息。以金风中央监控系统为例(图4.70),审计内容一般包括记录编号、记录时间、当前账户、记录内容等,为风电场管理人员日常维护工作有很大的帮助。可以根据开始时间、结束时间、用户等特征对日志时间进行过滤性选择,还可以对审计事件进行统计或导出备份,审计功能系统默认开启。

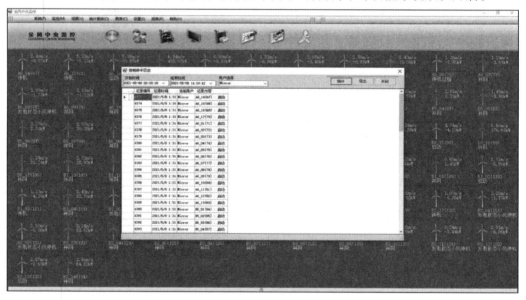

图4.70 金风中央监控系统日志审计界面

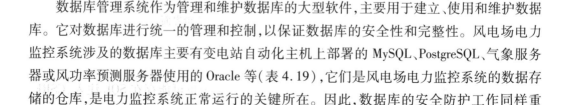

4.7 数据库防护

数据库管理系统作为管理和维护数据库的大型软件,主要用于建立、使用和维护数据库。它对数据库进行统一的管理和控制,以保证数据库的安全性和完整性。风电场电力监控系统涉及的数据库主要有变电站自动化主机上部署的 MySQL、PostgreSQL、气象服务器或风功率预测服务器使用的 Oracle 等(表4.19),它们是风电场电力监控系统的数据存储的仓库,是电力监控系统正常运行的关键所在。因此,数据库的安全防护工作同样重要,需要从多方面、多维度对数据库进行检查和安全加固,从而确保电力监控系统数据安全。

表 4.19 风电场电力监控系统常见数据库管理系统

数据库管理系统	所在主机	所属业务子系统	性能	安全性	操作难度	价格
MySQL	变电站监控主机	变电站自动化系统	低	一般	简单	免费
PostgreSQL	变电站监控主机、风机监控服务器	变电站自动化系统、风机监控系统	一般	一般	一般	免费
Oracle	气象服务器、功率预测服务器	风功率预测系统	高	高	复杂	昂贵

▶▶ 4.7.1 MySQL 数据库防护 ▶▶ ▶

MySQL 的安全防护主要依赖于安装相关安全插件并进行安全配置来实现。

1. 身份鉴别

（1）安装 mysql_secure_installation 插件加固 MySQL。

MySQL 最常使用的安全插件是 mysql_secure_installation，该插件具有配置账户口令策略、删除测试数据库、禁止匿名账户访问、禁止 root 账户直接登录等功能。

```
root@ localhost:#mysql_secure_installation
secure enough. Would you like to setup VALIDATE PASSHORD component?
Press y |Y for Yes, any other key for No:y
There are three levels of password validation policy:
LOH Length > = 8
MEDIUM Length > = 8, numeric, mixed case, and special characters
STRONG Length > = 8, numeric, mixed case, special characters and
dictionary file
Please enter 0 = LOH, 1 = MEDIUM and 2 = STRONG:2
Please set the password for root here.
New password:XXXXXXXX
Enter your password again:XXXXXXXX
Do you wish to continue with the password provided? ( Press y |Y for Yes, any
other key for No) :y
Remove anonymous users? ( Press y |Y for Yes, any other key for No) :y
Success.
Disallow root login remotely? ( Press y |Y for Yes, any other key for No) :y
Remove test database and access to it? ( Press y |Y for Yes, any other key for No) :y
Reload privilege tables nouu? ( Press y |Y for Yes, any other key for No):y
All done
```

（2）配置登录失败处理。

为防止 MySQL 被恶意用户暴力破解，需要配置登录失败处理功能。MySQL 的登录失败处理功能需要安装插件实现，具体过程如下：

```
Mysql > install plugin CONNECTION_CONTROL soname 'connection_control.so';
Query OK, 0 rows affected (0.01 sec)
Mysql > install plugin CONNECTION_CONTROL_FAILED_LOGIN_ATTEMPTS soname
'connection_control.so';
Query OK, 0 rows affected (0.00 sec)
```

以上两个插件安装完成后，修改 MySQL 的配置文件 my. cnf，在该文件中添加如下两行内容：

```
localhost@ root:#vi /etc/mysql/my.cnf
connection-control-failed-connections-threshold=5       #限制登录次数为5次
connection-control-min-connection-delay=300000          #锁定时间为300 000
                                                         ms,即5 min
localhost@ root:#service mysql restart                  #重启数据库服务
```

（3）数据加密传输。

为防止 MySQL 的重要数据在传输过程中被窃听，建议启用数据库的 SSL 加密功能，以确保传输数据的机密性。具体操作如下：

```
Mysql > show global variables like '% ssl%';       #查看 ssl 安装情况
Variable_name Value
have_openssl DISABLED
have_ssl DISABLED
Mysql > status;
SSL: Not in use                                     #查看 ssl 状态
若为启用，则需要服务器安装 SSL，安装完成后方可使用 SSL 登录
Mysql > grant select,insert,update,delete on *.* to 'user1'@'%' identi-
fied by 'root';
```

（4）设置口令过期时间。

MySQL 中口令过期时间的设置需要通过修改/etc/mysql/my. cnf 文件中的 default_password_lifetime 参数值。以设置口令过期时间为 90 天为例，具体操作如下：

```
localhost@ root:#vi /etc/mysql/my.cnf
default_password_lifetime=90
```

2. 访问控制

在 MySQL 中，默认只有一个 root 账户，但因为该账户权限过大，容易造成权限滥用，所以不建议使用该账户对 MySQL 进行日常的管理与维护。风电场应该为每一个需要管理 MySQL 的管理员创建不同的账户，并为其分配完成其工作所需的最小权限。

MySQL 将账户的管理权限划分为全局性管理权限、数据库级别的权限、数据库对象

级的权限 3 个级别,并将与权限设定的有关信息存储在 Db 表、Tables_priv 表、Columns_priv 表和 Procs_priv 表中,待 MySQL 实例启动后就加载到内存中(表 4.20)。权限的查看可以通过键入"show grants for"来实现,权限的赋予与删除则可以使用 GRANT 命令与 REVOK 命令来实现。通过为不同的账户赋予对数据库、表、列等对象不同的权限来实现访问控制功能。

表 4.20　MySQL 的权限管理

类别	权限/表	说明
MySQL 权限级别	全局性的管理权限	作用于整个 MySQL 实例级别
	数据库级别的权限	作用于某个指定的数据库上或者所有的数据库上
	数据库对象级别的权限	作用于指定的数据库对象上(表、视图等)或者所有的数据库对象上
MySQL 系统权限表	Db 表	存放数据库级别的权限,决定了来自哪些主机的哪些用户可以访问此数据库
	Tables_priv 表	存放表级别的权限,决定了来自哪些主机的哪些用户可以访问数据库的这个表
	Columns_priv 表	存放列级别的权限,决定了来自哪些主机的哪些用户可以访问数据库表的这个字段
	Procs_priv 表	存放存储过程和函数级别的权限

```
Mysql >CREATE USER 'test'@'localhost' IDENTIFIED BY 'Xboiu@&*862';
#创建一个 test 账户,该账户尽可以本地登录,口令为:Xboiu@&*862
Mysql >show grants for test;                    #查看 test 账户权限
Mysql > GRANT ALL PRIVILEGES ON *.* TO 'test'@'localhost' IDENTIFIED BY
'password';                              #为 test 用户赋予所有权限
Mysql > REVOK ALL PRIVILEGES ON *.* TO 'test'@'localhost' IDENTIFIED BY
'password';                              #回收 test 用户赋予所有权限
Mysql > GRANT ALL PRIVILEGES ON MYSQL to test @ localhost idenfified by
'MYSQL';                                 #授权 test 用户拥有 MYSQL 数据库权限
Mysql >flush priviliges;                 #刷新系统权限表
```

禁止所有账户使用空口令登录。

```
Mysql >SELECT User,host FROM mysql.user WHERE (plugin
IN('mysql_native_password', 'mysql_old_password') AND
(LENGTH(Password) = 0 OR Password IS NULL)) OR
(plugin = 'sha256_password' AND LENGTH(authentication_string) = 0);
```

3. 入侵防范

（1）登录地址限制。

默认情况下 MySQL 允许所有主机 IP 连接,为了防范非授权用户对 MySQL 进行访问,尽可能降低其遭受网络攻击与入侵的风险,风电场需要对 mysql. user 表中的 host 信息进行设置,限制允许连接 MySQL 的主机 IP 地址,相关具体操作如下:

```
Mysql > select host,user from mysql.user;         #查看当前 user、host 列信息
host user
localhost root
%  root
#注意:mysql 通过 user + host 的方式进行用户识别,虽然此处有两个 root 账户,实际上是两
个账户,因为它们 host 值不同;localhost 值代表仅可本机登录,% 代表所有地址均可登录

Mysql > update user set host = '192.168.0.1' where user = 'root';
Query OK, 1 row affected (0.00 sec)
Rows matched: 1 changed: 1 Warnings: 0
Mysql > flush privileges;                          #刷新权限
Query OK, 0 rows affected (0.00 sec)
Mysql > select host,user from mysql.user;      再次查看账户 host、user 列信息
host user
localhost root
192.168.0.1 root
```

（2）重命名 root 账户。

MySQL 中 root 的重命名可以通过 update 命令来实现,具体操作如下:

```
Mysql > use mysql;
Mysql > update user set user = "XXXXX" where user = "root";
Mysql > select user,host from mysql.user;              #查看结果
```

4. 安全审计

数据库管理系统的审计功能主要作用是监视并记录对数据库的各类行为、事件等,并记录在审计日志或数据库中以便进行回溯、查询和分析,以实现对用户操作等行为的监控和审计。MySQL 数据库的安全审计主要依赖于 Geneal Log 与 BinLog + Init_connect 两个功能模块来实现。

（1）基于 General Log 的安全审计。

General Log 是 MySQL 的通用日志,记录了其接收到的每一个查询或是命令,无论这些查询或是命令是否正确甚至是否包含语法错误,General Log 都会将其记录在 general_log_file 文件中,记录的格式为{Time,Id,Command,Argument }。

查看 General Log 开启情况,执行如下 SQL 命令:

```
Mysql > show variables like'% general_log% ';
```

开启 General Log,执行 SQL 命令:

```
Mysql > set global general_log = on;
```

值得注意的是,由于开启 General Log 后,数据库就会不断地记录日志,会产生不小的系统性能上的开销,长期开启还可能会导致大量的磁盘空间被日志信息所占据,挤占核心业务数据的存储空间。因此,除个别情况下可临时开启 General Log 用于辅助故障等使用外,一般不建议风电场开启此功能。

(2)基于 BinLog + Init_connect 安全审计。

BinLog 是 MySQL 的逻辑日志,它记录了数据库上的所有改变,并以二进制的形式追加写入到磁盘中的;它可以用来查看数据库的变更历史、数据库增量备份和恢复、主从数据库的复制。由于 BinLog 是在 MySQL 的 server 层实现的,因此包括 innodb 在内的所有引擎都能写入 BinLog 日志信息。通过分析 BinLog 可以帮助我们在需要时查询数据库做了哪些操作,但是只通过 BinLog 没有办法发现是哪个用户,哪个客户端连过来进行操作的,只有 thread_id 这个信息。Init_connect 是指登录数据库以后,自动执行指定的命令,我们可以把用户的登录 thread_id、用户名、时间等信息通过 init_connect 记录到数据库中,从而达到用户登录信息的审计。与 General log 相比,该方法产生的日志量小,容易分析,是一种更为常见的日志审计方法。配置方法如下:

创建审计用的数据库和表。

```
mysql > create database db_monitor charset utf8;
mysql > use db_monitor;
CREATE TABLE accesslog
( thread_id int(11) DEFAULT NULL,              #进程 id
log_time datetime default null,                #登录时间
localname varchar(50) DEFAULT NULL,            #登录名称,带详细 ip
matchname varchar(50) DEFAULT NULL,            #登录用户
key idx_log_time(log_time)
) ENGINE = InnoDB DEFAULT CHARSET = utf8;
```

配置 init – connect 参数。

```
# vim /etc/my.cnf
[mysqId]
server-id = 130
federated
log-bin = mysql-bin
binlog_format = mixed
init_connect ='insert into db_monitor.accesslog(thread_id,log_time,local-
name,matchname) values(connection_id(),now(),user(),current_user());
```

创建普通用户,不能有 super 权限,而且用户必须有对 access_log 库的 access_log 表的 insert 权限,否则会登录失败。

```
mysql > GRANT
CREATE,DROP,ALTER,INSERT,DELETE,UPDATE,SELECT ON *.* TO
audi01@'%' IDENTIFIED BY '147258';
mysql > flush privileges;
```

赋予用户 access_log 的 insert、select 权限,然后重新赋予权限。

```
mysql > GRANT SELECT,INSERT ON db_monitor.* TO audi01@'%';
mysql > flush privileges;
```

使用 audi01 用户登录查看。

```
mysql > select * from accesslog;
mysql > delete from accesslog where thread_id=10;
```

5. 备份与恢复

MySQL 数据备份可以借助第三方工具实现,目前最常使用的 MySQL 备份工具为 sql-dump,该工具可以进行手动备份和实现自动备份,也可以使用数据库管理软件进行备份。本节将以该工具为例介绍 MySQL 的自动备份与恢复方法。

（1）备份。

①手动备份。mysqldump 的备份原理是通过协议连接至 MySQL 数据库,然后将其转换成对应的 insert 语句,因此当需要备份这些数据时,只要执行这些 insert 语句即可将对应的数据备份。在整个备份过程中,mysqldump 采用了 SQL 级别的备份机制,并将数据表导成可供执行的 SQL 脚本文件,因此,该方法比较合适于不同 MySQL 版本之间备份使用。具体操作如下:

```
mysql > flush tables with read lock;          #锁表,只能读不能写
mysql > flush logs;                           #滚动日志
mysqldump -u root -p 口令 --databases zabbix |gzip > /opt/zabbix.sql.gz
```

②通过 SQLyog 进行备份。作为一款常用的数据库管理软件,SQLyog 使得使用者可以通过图形界面对 MySQL 进行日常的管理与维护,从而减少了使用者对增、删、改、查等

各种命令行的操作,对风电场现场工作人员而言更具友好性。具体操作如下:使用SQ-Lyog 打开 MySQL→选中需要备份的数据库→鼠标右键点击"备份/导出"→"以 SQL 转储备份数据库"(图4.71)。在弹出的"SQL 转储"窗口中,输入要备份的名字即可进行备份该数据库的操作(图4.72)。

图4.71　使用 SQLyog 对数据库进行备份

图4.72　使用 SQLyog 导出需要备份的数据

(2)还原。

①动还原。用 mysqldump 备份出来的文件是一个可以直接导入的 SQL 脚本,可以直接用客户端将数据导入恢复。具体操作如下:

```
/opt/zabbix.sql -uyejr -pyejr db_name < db_name.sql
```

②使用 SQLyog 还原。使用 SQLyog 打开 MySQL→选中需要备份的数据库→鼠标右键点击"导入"→导入外部数据,选中需要导入的备份文件(图4.73)。

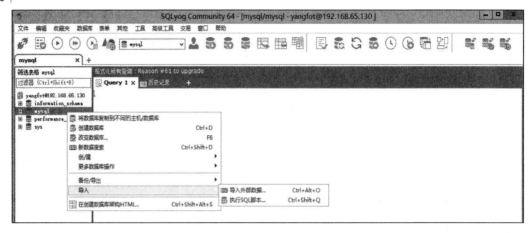

图 4.73 使用 SQLyog 导入数据

▶▶| 4.7.2 Oracle 数据库防护 ▶▶ ▶

　　与 MySQL 相比,Oracle 具有性能高、可伸缩、并行性强、安全性高等优势,可以更高效、更快速地存储或读取大量数据。在风电场电力监控系统中,Oracle 数据库管理系统通常部署在变电站自动化服务器、风功率预测服务器或气象服务器中,用于存储变电站自动化相关控制信息、功率预测数据或气象信息。

1. 身份鉴别

(1)账户管理。

　　使用 SQLplus 等客户端软件以 system 账户或 sys 账户登录 Oracle,查看相关信息并对相关策略进行加固,具体操作如下:

```
SQL > CREATE USER < username > IDENTIFIED BY < newpasswd > ;
#创建新账号
SQL > DROP USER  < username > CASCADE;
#删除多余自建账号
SQL > select username from dba_users where ACCOUNT_STATUS = ÓPEN;
#查看数据库已启用的管理员账户
SQL > ALTER USER < username > ACCOUNT LOCK;
#锁定未使用的账户(尤其是管理员账户)
SQL > ALTER USER sys IDENTIFIED BY < newpasswd > ;
#修改默认的 sys 账户口令
SQL > ALTER USER system IDENTIFIED BY < newpasswd > ;
#修改默认的 system 账户口令
SQL > SELECT  *  FROM all_users;
#查看用户自建账户
```

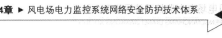

```
SQL > select username,profile from dba_users where account_status = OPEN;
#查看当前开启用户及其 profile 文件(该文件一般为 default)
SQL > alter profile default limit FAILED_LOGIN_ATTEMPTS 5;
#限制登录失败次数为 5 次
SQL > alter profile default limit PASSWORD_LOCK_TIME 30 /1440;
#连续登录失败后账户锁定 30 min
SQL > alter profile default limit PASSWORD_LIFE_TIME 90;
#设定口令有效期限为 90 天
SQL > alter profile default limit PASSWORD_VERIFY_FUNCTION verify_function;
#开启口令复杂度策略
SQL > SELECT * FROM dba_profiles;
#查看以上配置内容是否正确
```

(2)数据加密传输。

在目录 MYMORACLE_HOME/network/admin 下编辑 sqlnet. ora 文件,去掉下面两行之前的"#"符号:

```
SQLNET.ENCRYPTION_SERVER = required;
SQLNET.ENCRYPTION_TYPES_SERVER <加密算法(例如 DES)>
```

2. 访问控制

在 Oracle 数据库安装过程中,系统通常会自动创建一些用户,这些用户账户大多数是用于管理的。由于其口令是公开的,所以创建后大多数都处于锁定状态,需要管理员对其进行解锁并重新设定口令(表 4.21)。

表 4.21　Oracle 数据库默认账户及其权限

账户名称	权限和作用
SYS	数据库中具有最高权限的数据库管理员,可以启动、修改和关闭数据库
SYSTEM	辅助的数据库管理员,不能启动和关闭数据库,但可以进行其他一些管理工作,如创建用户、删除用户等
SYSMAN	OEM 的管理员用户,可以对 OEM 进行配置和管理
DBSNMP	OEM 代理用来监视和管理数据库的用户
PUBLIC	实质上是一个用户组,数据库中任何一个用户都属于该组成员。要为数据库中每个用户都授予某个权限,只需把权限授予 PUBLIC 就可以了

在 Oracle 数据库中,用户权限分为系统权限和对象权限两类。系统权限是指在数据库级别执行某种操作的权限,或针对某一类对象执行某种操作的权限,如 CREATE SES-SION 权限、CREATE ANY TABLE 权限(表 4.22)。对象权限是指对某个特定的数据库对

象执行某种操作的权限,如对特定表的插入、删除、修改和查询的权限(表4.22)。

表 4.22　Oracle 常用系统权限汇总

系统权限	含义
CREATE SESSION	创建会话
CREATE SEQUENCE	创建序列
CREATE SYNONYM	创建同名对象
CREATE TABLE	在用户模式中创建表
CREATE ANY TABLE	在任何模式中创建表
DROP TABLE	在用户模式中删除表
DROP ANY TABLE	在任何模式中删除表
CREATE PROCEDURE	创建存储过程
EXECUTE ANY PROCEDURE	执行任何模式的存储过程
CREATE USER	创建用户
DROP USER	删除用户
CREATE VIEW	创建视图

(1)系统权限。

Oracle 数据库有多种系统权限,每种系统权限都为用户提供了执行某一种或某一类数据库操作的能力。由于系统权限有较大的数据库操作能力,因此应该只将系统权限授予值得信赖的用户。可以用 SELECT 语句查询 SYSTEM_PRIVILEGE_MAP 获得所有的系统权限信息,当需要对某一制定系统用户进行授权或权限回收时,则可以通过 GRANT 语句或 REVOKE 语句来实现。

```
SQL > SELECT * FROM SYSTEM_PRIVILEGE_MAP;
#查询 Oracle 数据库中所有的系统权限信息

SQL > GRANT CREATE ANY VIEW TO SYSTEM;
#为 SYSTEM 用户授予 CREATE ANY VIEW 权限
SQL > GRANT CREATE SESSION,CREATE TABLE TO SYSTEM;
#为 SYSTEM 用户授予 CREATE SESSION,CREATE TABLE 权限

SQL > REVOKE CREATE ANY VIEW FROM SYSTEM;
#回收 SYSTEM 用户 CREATE ANY VIEW 权限;
SQL > REVOKE CREATE SESSION,CREATE TABLE FROM SYSTEM;
#回收 SYSTEM 用户 CREATE SESSION,CREATE TABLE 权限
```

(2)对象权限。

在 Oracle 数据库中共有 8 种类型的对象权限,不同类型的模式对象有不同的对象权限,而有的对象并没有对象权限,只能通过系统权限进行控制,如簇、索引、触发器、数据库链接等(表 4.23)。

表 4.23　Oracle 的对象权限汇总

对象权限	表	视图	序列	过程
修改(alter)	√		√	
删除(delete)	√	√		
执行(execute)				√
索引(index)	√			
插入(insert)	√	√		
关联(references)	√	√		
选择(select)	√	√	√	
更新(update)	√	√		

与系统权限相同,对象权限的查询、授予及回收,也需要通过 SECLECT、GRANT、REVOKE 等 SQL 语句来实现。

```
SQL > SELECT * FROM USER_SYS_PRIVS WHERE SERNAME = 'user2';
#查询 user2 用户的对象权限


SQL > GRANT SELECT,INSERT,UPDATE ON human.table TO user1;
#将 human 模式下的 table 表的 SELECT,INSERT,UPDATE 权限赋予 user1


SQL > REVOKE SELECT,INSERT,UPDATE ON human.table FROM user1;
#回收 user1 用户 human 模式下 table 表的 SELECT,INSERT,UPDATE 权限
```

3. 入侵防范

(1)登录地址限制。

默认情况下 Oracle 允许所有主机 IP 连接,为了限制非授权用户对 Oracle 进行访问,需要在目录 MYMORACLE_HOME/network/admin 下修改 sqlnet.ora 文件,以对连接 Oracle 的主机 IP 地址进行限制,具体设置信息如下:

```
tcp.validnode_checking = yes
tcp.invited_nodes = (ip1,ip2,…)          #允许访问的 ip
tcp.excluded_nodes = (ip1,ip2,…)         #不允许访问的 ip
```

（2）关闭远程登录功能。

关闭远程 Oracle 的登录功能时，应在目录 MYMORACLE_HOME/network/admin 下修改 sqlnet. ora 文件的 sqlnet. authentication_services、REMOTE_LOGIN_PASSWORDFIL 等参数值，而后重启数据库和监听使修改设置生效，具体参数配置如下：

```
sqlnet.authentication_services =(NONE)

SQL > ALTER SYSTEM SET REMOTE_LOGIN_PASSWORDFILE = EXCLUSIVE SCOPE = SPFILE;
#修改参数 Remote_login_passwordfile 为 EXCLUSIVE 或 SHARED

SQL > ALTER SYSTEM SET REMOTE_OS_AUTHENT = FALSE SCOPE = SPFILE;
#修改参数 REMOTE_OS_AUTHENT
```

（3）删除数据库中无用的、测试的表及试图。

查看数据库中表或视图等对象。

```
SQL > SELECT * FROM dba_tables;
SQL > SELECT * FROM dba_views;
```

删除数据库中存在的无用的、测试的、废弃的表或视图。

```
SQL > DROP TABLE <tablename>;
SQL > DROP VIEW <viewname>;
```

4. 安全审计

Oracle 审计主要用于对数据库的各种操作、系统事件、安全事件等进行记录，作为故障排查、溯源追责的重要依据。Oracle 数据库中的日志审计可以划分为告警日志（Alert Log Files）、跟踪日志（Trace Files）及重做日志（Redo Log）3 种。其中最重要的是重做日志，重做日志是用户对数据库所做的变更操作记录在产生的日志，根据 Oracle 中该类日志产生的机制与日志写入特点，重做日志又可以进一步划分为在线重做日志和归档重做日志。默认情况下 Oracle 运行在非归档模式状态，因此需要对其进行配置。具体操作如下：

```
SQL > SHUTDOWN IMMEDIATE                              #关闭数据库
SQL > STARTUP MOUNT                                   #启动到加载模式
SQL > ALTER DATABASE ARCHIVELOG                       #设置数据库为归档模式
SQL > ALTER DATABASE OPEN
SQL > ALTER SYSTEM SET log_archvie_format ='% S_% T_% R.log'
scope = spfile                                        #归档日志的名称格式
SQL > ALTER SYSTEM SET
log_archive_dest_1 ='location = \oracle \oradata \archive1' scope = spfile
                                                      #配置归档位置
```

设置为归档模式对主机磁盘空间要求非常高,且需要重启数据库,应提前进行数据备份,以免发生故障导致数据丢失。

查询 Oracle 日志:

```
SQL > SELECT * FROM v $ logfile ORDER BY group#;
#通过 v $ logfile 视图查询在线日志文件信息
SQL > SELECT * FROM v $ log;
#通过 v $ log 视图查询在线日志的总体信息
```

5. 备份与恢复

(1)冷备份。

Oracle 数据库具有冷备份与热备份的数据备份能力,如果数据库使用完成后可以正常退出,且业务允许长时间关闭,可采用冷备份(脱机备份)方式,降低运营成本。其方法是首先关闭数据库,然后对所有文件进行备份,包括数据文件、控制文件、联机重做日志文件等。

在 SQL Plus 环境中进行数据库冷备份的步骤如下:

①启动 SQL Plus,以 SYSDBA 身份登录数据库。

②查询当前数据库所有数据文件、控制文件、联机重做日志文件的位置。

```
SQL > SELECT file_name FROM dba_data_files;
SQL > SELECT member FROM v $ logfile;
SQL > SELECT value FROM v $ parameter WHERE name = 'control_files';
```

③关闭数据库。

```
SQL > SHUTDOWN IMMEDIATE;
```

④复制所有数据文件、联机重做日志文件以及控制文件到备份磁盘,可以直接在操作系统中使用复制、粘贴方式进行,也可以使用下面的操作系统命令完成:

```
SQL > HOST COPY 原文件 目标文件
```

⑤重新启动数据库。

```
SQL > STARTUP
```

(2)热备份。

虽然冷备份过程较为简单、快捷,但是在多数情况下,系统业务需要数据库处于7×24小时的运行状态,不能中断数据库业务进行冷备份,只能采取热备份方式进行数据备份。热备份是指数据库在归档模式下进行的数据文件、控制文件、归档日志等文件的实时备份方式。

在 SQL Plus 环境中进行数据库完全热备份的步骤如下:

①启动 SQL Plus,以 SYSDBA 身份登录数据库。

②将数据库设置为归档模式。

③以表空间为单位,进行数据文件备份。查看当前数据库有哪些表空间,以及每个表空间中有哪些数据文件。

```
SQL > SELECT tablespace_name,file_name FROM dba_data_files
ORDER BY tablespace_ name;
```

分别对每个表空间中的数据文件进行备份,方法如下:

```
SQL > ALTER TABLESPACE USERS BEGIN BACKUP;
#将需要备份的表空间(如 USERS)设置为备份状态
```

将表空间中所有的数据文件复制到备份磁盘。

```
SQL > ALTER TABLESPACE USERS END BACKUP;
#结束表空间的备份状态
```

对数据库中所有表空间分别采用该步骤进行备份。

④备份控制文件。将控制文件备份为二进制文件,例如:

```
SQL > ALTER DATABASE BACKUP CONTROLFILE TO 'D: \ORACLE \BACKUP \CONTROL.BKP';
```

将控制文件备份为文本文件,例如:

```
SQL > ALTER DATABASE BACKUP CONTROLFILE TO TRACE;
```

⑤备份其他文件。归档当前的联机重做日志文件。

```
SQL > ALTER SYSTEM ARCHIVE LOG CURRENT;
```

归档当前的联机重做日志文件,也可以通过日志切换完成。

```
SQL > ALTER SYSTEM SWITCH LOGFILE;
```

备份归档日志文件及初始化参数文件,将所有的归档日志文件及初始化参数文件复制到备份磁盘中。

(3)非归档模式还原。

非归档模式下数据库的恢复主要指利用非归档模式下的冷备份恢复数据库,步骤如下:

①关闭数据库。

```
SQL > SHUTDOWN IMMEDIATE
```

②将备份的所有数据文件、控制文件、联机重做日志文件还原到原来所在的位置。

③重新启动数据库。

```
SQL > STARTUP
```

非归档模式下的数据库恢复是不完全恢复,只能将数据库恢复到最近一次完全冷备份的状态。

(4)归档模式还原。

在归档日志文件、联机重做日志文件及控制文件都没有损坏的前提条件下,利用恢复技术可以做到数据文件的完全恢复。数据库的完全恢复是指在归档模式中一个或多个数据文件损坏,利用热备份的数据文件替换损坏的数据文件,再将归档日志文件和联机重做日志文件结合使用,采用前滚技术重做上次备份时间戳上的所有改动,进而采用回滚技术回退未提交的操作,将数据库恢复到故障时刻的状态。

在 SQL Plus 环境中进行数据库级完全恢复的步骤如下:

①如果数据库没有关闭,则强制关闭数据库。

```
SQL > SHUTDOWN ABORT
```

②利用备份的数据文件还原所有损坏的数据文件。

③将数据库启动到 MOUNT 状态。

```
SQL > STARTUP MOUNT
```

④执行数据库恢复命令。

```
SQL > RECOVER DATABASE
```

⑤打开数据库。

```
SQL > ALTER DATABASE OPEN;
```

 ## 4.8 安全管理中心

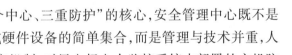

作为构建风电场电力监控系统"一个中心、三重防护"的核心,安全管理中心既不是一个单独软件或硬件,也不是一堆软件或硬件设备的简单集合,而是管理与技术并重,人员与设备结合的一个有机体。其通过特定机制,对风电场电力监控系统内部署的主机防病毒系统、运维审计堡垒机、网络安全监测装置等软硬件加以综合运用,进而对系统内各部分设备的安全信息进行集中收集、综合分析、规则判断及处理响应,实现对风电场电力监控系统的安全策略、系统资产、边界区域、通信网络等方面安全机制的统一管理、统一监控、统一审计、综合分析及协同防护(表 4.24)。为此,风电场从架构与模块设计、通信接口规范、安全防护要求三个方面出发全方位、成体系地构建安全管理中心。

表 4.24 安全管理中心防护控制点与要求项

控制点	要求项
系统管理	应对系统管理员进行身份鉴别,只允许其通过特定的命令或操作界面进行系统管理操作,并对这些操作进行审计; 应通过系统管理员对系统的资源和运行进行配置、控制和管理,包括用户身份、系统资源配置、系统加载和启动、系统运行的异常处理、数据和设备的备份与恢复等

续表 4.24

控制点	要求项
审计管理	应对审计管理员进行身份鉴别,只允许其通过特定的命令或操作界面进行安全审计操作,并对这些操作进行审计; 应通过审计管理员对审计记录进行分析,并根据分析结果进行处理,包括根据安全审计策略对审计记录进行存储、管理和查询等
安全管理	应对安全管理员进行身份鉴别,只允许其通过特定的命令或操作界面进行安全管理操作,并对这些操作进行审计; 应通过安全管理员对系统中的安全策略进行配置,包括安全参数的设置,主体、客体进行统一安全标记,对主体进行授权,配置可信验证策略等
集中管控	应划分出特定的管理区域,对分布在网络中的安全设备或安全组件进行管控; 应能够建立一条安全的信息传输路径,对网络中的安全设备或安全组件进行管理; 应对网络链路、安全设备、网络设备和服务器等的运行状况进行集中监测; 应对分散在各个设备上的审计数据进行收集汇总和集中分析,并保证审计记录的留存时间符合法律法规要求; 应对安全策略、恶意代码、补丁升级等安全相关事项进行集中管理; 应能对网络中发生的各类安全事件进行识别、告警和分析

▶▶ 4.8.1 架构与功能模块设计 ▶▶ ▶

按照"总体规划、模块化设计"的思路,风电场电力监控系统的安全管理中心可以划分为信息采集、数据分析、安全处置、用户呈现及系统支撑 5 个功能模块进行规划建设(图 4.74)。

1. 信息采集模块

信息采集模块主要用于采集来自于风电场电力监控系统内的网络设备、安全设备、主机、数据库、中间件等资产的日志信息、性能参数、拓扑结构等相关设备信息。通过对大量数据的分析和整合,安全管理中心可以实现系统整体安全态势的把握。信息采集模块需要将获取到的设备信息传递给用户呈现模块供用户查看,传递到设备管理模块进行存储,还需要传递至数据分析模块进行相关信息的分析。

2. 数据分析模块

信息采集模块将数据传递给数据处理模块,此时便可对整个系统的业务健康性、故障问题情况、环境安全状况、系统设备性能等方面进行综合评估分析,形成分析结果,在人机交互界面的呈现层中向用户展示,将分析结果存储至设备管理层,同时将系统分析结果反馈给安全处置模块做进一步的处置。

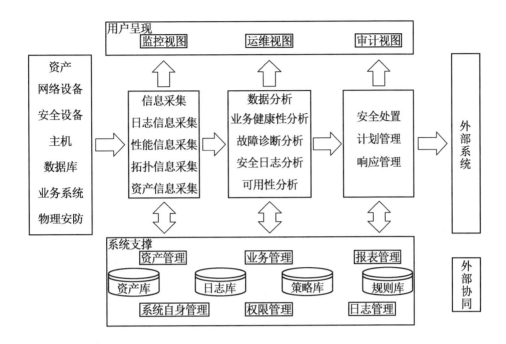

图 4.74 风电场安全管理中心架构与模块设计

3. 安全处置模块

安全处置模块接收系统状态分析结果,依据分析结果采取相应的响应措施,响应措施以视图形式呈现给安全管理中心的管理人员。相关管理人员便可通过外部系统,采取协调措施对发现的安全问题进行处理。

4. 用户呈现模块

系统呈现模块主要根据管理人员不同的角色,对信息采集、数据分析及安全处置模块的结果进行展示,针对不同级别与不同角色的用户建立对应的用户视图,最大限度地保护系统的内容安全。

5. 系统支撑模块

系统支撑模块功能主要是对整个系统资产、策略、日志及规则进行存储,可根据系统维护需求,以报表形式提供相关信息,制订有针对性的系统维护方案,帮助安全运维人员全面把握系统网络安全状况。

▶▶▌ **4.8.2 通信接口规范** ▶▶ ▶

通信接口规范主要是指对安全管理中心涉及的接口协议与和接口防范进行规范,并提出具体的要求。其中接口协议主要是指安全管理中心应通过 syslog、SNMP Trap、WEB Service 等常规协议、自定义私有协议等方式、通过 Agent 主动采集等方式,以实现各组件之间的数据交互。接口防范主要是指安全管理中心应采取一定的技术措施,保证接口之间数据交互的完整性与保密性。

▶▶ **4.8.3 安全防护要求** ▶▶ ▶

风电场安全管理中心的安全防护工作涉及系统管理、安全管理、审计管理和集中管控4 个方面(图 4.75)。

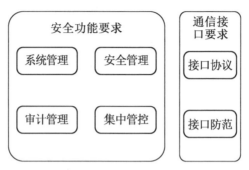

图 4.75 风电场安全管理中心技术要求框架

1.系统管理要求

安全管理中心的系统管理要求主要是指通过系统管理员对风电场电力监控系统的资源和运行参数配置、控制和管理,主要有用户身份管理、系统资源配置、系统加载和启动、系统异常处理及支持管理备份与恢复等。

2.安全管理要求

安全管理中心的安全管理要求主要是指通过安全管理员对风电场电力监控系统中通过对主体、客体进行统一标记,进行对主体进行授权,配置适应性安全策略,并确保标记、授权和安全策略的完整等。

3.审计管理要求

安全管理中心的审计管理要求主要是指通过审计管理员对分布在风电场电力监控系统设备的安全审计机制进行集中管理,主要含有审计记录的分类,提供开启和关闭相应的安全审计机制,各类审计记录的存储、管理和查询等;进而审计管理员对审计记录进行分析,并根据分析结果进行及时处理等。

4.集中管控要求

安全管理中心的集中管控要求主要是指在系统的通过在网络区域内划分出特定的管理区域,部署集中管控系统或设备并与相关的被管理系统及设备建立一条安全的信息传输路径,进而可以对网络中的安全设备、组件等进行统一管理,对系统的网络链路、网络与安全设备等各类信息资产的运行状态进行集中监测,同时对各类信息资产的审计数据进行集中汇总与分析,对整个系统的安全策略、补丁升级、恶意代码等进行集中管理。

（1）管理网络规划。

风电场应划分一个特定的网络区域，并通过各设备自身的 MGMT 口进行组网与连接，以构建一个区别与业务功能网隔离的独立管理网络，用于部署集中管控措施，实现对整个网络的集中管理（图4.76）。

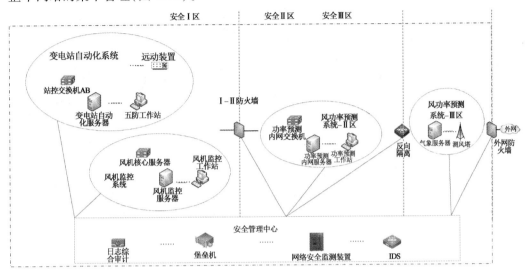

图 4.76 风电场安全管理中心模型图

（2）安全管理。

绝大多数安全设备均支持使用 https 协议通过 WEB 界面进行管理（图4.77），日常运维使用 https、ssh 等加密协议对设备进行管理，可以防止管理人员的身份鉴别信息在网络传输过程中被窃听、管理数据被篡改等，可以有效地提高安全管理中心自身的安全性。

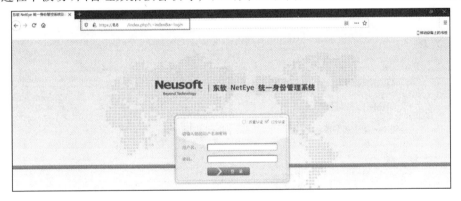

图 4.77 使用 HTTPS 协议登录堡垒机

（3）综合监控。

网络安全监测装置可以配置相关策略，对风电场电力监控系统的网络链路、安全设备、网络设备、主机等设备的运行状态进行集中监控，以便在其发生故障后第一时间定位故障点,协助风电场及时进行故障修复(图4.78)。

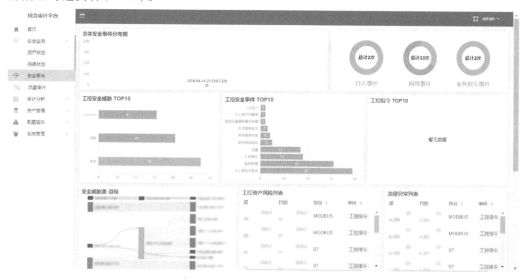

图4.78　网络安全监测设备安全监控界面

(4)安全审计。

综合日志审计系统、数据库审计系统等设备对风电场电力监控系统中各个设备及系统上的日志信息进行收集、汇总并集中分析,形成日志报表,管理人员可以根据日志报表了解系统当前的安全状况。日志保存6个月以上,在发生安全事故后可以帮助风电场进行溯源与追责(图4.79)。

图4.79　综合日志审计系统综合审计界面

（5）统一防护。

堡垒机、防毒墙等可以对风电场电力监控系统中各设备的安全策略、恶意代码、补丁升级等进行统一管理，方便管理人员日常维护，提高了日常的运维效率，实现了对电力监控系统设备的统一防护（图4.80）。

图4.80　堡垒机设备管理界面

（6）入侵检测。

入侵检测系统对网络中发生的各类安全事件进行识别、告警和分析（图4.81）。入侵检测日志可以发送至综合日志审计系统，方便管理人员了解系统遭受网络攻击的情况，以便及时调整安全策略，应对可能发生的网络攻击。

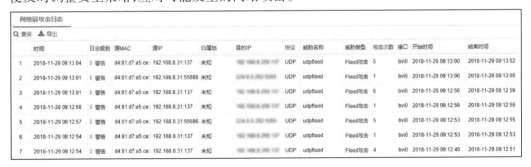

图4.81　入侵监测系统针对网络入侵的告警信息

基于全生命周期的风电场电力监控系统安全防护管理

作为风电场日常管理工作的重要内容,风电场网络安全管理是基于业务需求与网络安全防护策略而建立的,用以协调、指导、监督现场有序开展与电力监控系统防护相关的各项工作。风电场网络安全管理的最终目标是通过建立系统且行之有效的网络安全管理体系,并使之运行以促使其网络安全管理水平能够在不断地检查和纠正中得到提升,以防范各类网络安全隐患,保障风电场电力监控系统业务可用性、完整性和保密性。

5.1 风电场电力监控系统网络安全管理现状与风险分析

"三分技术,七分管理",安全技术与安全管理两者相辅相成,缺一不可。基于大量风电场等保测评、安防评估的资料分析表明,尽管部分风电场已基本按照"安全分区,网络专用,横向隔离,纵向认证"十六字方针原则对其电力监控系统采取相应的技术防护措施,但在网络安全管理方面仍普遍存在诸多安全隐患(表 5.1)。

表 5.1 风电场网络安全管理主要风险汇总

类别	风险点
安全管理制度 运行方面	安全管理制度覆盖不全面; 安全管理制度宣贯不到位; 安全管理措施未有效落实,存在私自插 U 盘、私自连接外网的现象; 制度未定期评审优化;安全管理策略与措施未及时修订与更新
安全组织结构/ 人员、资源配备 方面	组织建设不完善,未建立现场的网络安全领导小组; 人员职责未明确,未明确相关人员的安全职责; 缺乏网络安全专业技术人员; 未定期进行网络安全培训,安全意识/技能欠缺; 安全投入资金占比偏低

续表 5.1

类别	风险点
安全建设方面	风险辨识不全面,安全设计方案考虑不充分、未经评审等;
	系统外包开发管理不规范,系统交付、验收不完善;
	对信息软件供应商风险评估不足,导致系统供应链存在风险;
	未定期进行安全评估,导致不能及时发现安全隐患
安全运维方面	系统账户共享、设备账户密码丢失、设备不知如何操作使用;
	安全策略未根据业务需求变更进行调整和维护;
	网络安全应急预案不完善、缺乏应急演练;
	网络安全等级保护工作和安全防护评估工作重视程度不够,未能及时发现风险并修复

1. 在安全管理制度运行方面的现状与风险

网络安全管理制度体系是风电场有关职能部门与管理人员开展各项网络安全管理工作的依据。受"重功能实现,轻安全防护"等固有思想的影响,大多数风电场尚未建立完备的、覆盖电力监控系统全生命周期的管理的制度体系,导致现场网络安全管理在基础层面上就存在工作死角与盲区,不少风电场还表现出管理制度宣贯不到位、落实打折扣、制度评审修订不及时等问题与隐患。

2. 在安全组织结构/人员、资源配备方面的现状与风险

安全组织架构与人员作为风电场网络安全管理三要素的组成部分,是网络安全管理制度体系执行与落实的重要保障。但在安全管理工作实际开展中,仍存在网络安全管理组织架构建设不完善、人员责任与义务划分不明确等问题,导致网络安全管理成为少数人的工作。加之,当前大多数风电场现场人员主要为运检人员,缺少网络安全相关专业人才;现场工作员工普遍欠缺网络安全教育与培训,安全意识整体较为淡薄。在各方面资源配备有限的调节下,风电场及其所属上级公司出于成本控制的考量,往往会不同程度地压减在安全投入方面,容易导致资金投入不足。

3. 在安全建设方面的现状与风险

根据电力行业相关标准与规范,风电场电力监控系统在建设过程中应保证安全技术措施"同步规划、同步建设、同步使用",但在系统实际建设过程中,不少风电场仍存在安全建设风险辨识不全面、安全设计方案考虑不充分、安全设计方案未经评审就实施等现状,使得风电场电力监控系统在建设初期时就埋下了安全隐患的种子。此外,在电力监控系统外包开发过程中,部分风电场还存在外包开发管理不规范,系统交付、验收管理不完善,未要求开发商提交系统安全性测试报告、源代码审查报告等情况。

4. 在安全运维方面的现状与风险

网络安全运维是风电场电力监控系统能够持续、安全、稳定运行的关键与保障,但在实际工作中,风电场电力监控系统内仍普遍存在设备账户共享、账户与口令管理混乱等问题。虽然多数风电场在安全区域边界和系统内部部署了多种安全防护设备,但如何根据现场业务的变化,对安全设备的部署方式及其安全策略进行有效的调整与维护,仍然是当前风电场网络安全管理工作的难点。除此之外,不少风电场还存在网络安全应急预案不完善、缺乏应急演练、等保测评与安防评估未定期开展或工作流于形式以及安全问题未能及时全面整改等问题。

5.2 风电场电力监控系统网络安全生命周期管控

风电场电力监控系统生命周期包含规划、设计、实施、运行维护和废弃 5 个基本阶段,整个生命周期中安全管理工作必不可少。

1. 规划阶段

规划阶段的安全评审是根据电力监控系统的业务使命和功能,明确系统建设应达到的安全目标。主要根据电力监控系统的面临对象、应用场景、业务状态、操作需求等方面进行威胁建模,重点厘清电力监控系统的安全目标。在电力监控系统整体规划中应体现安全评审结果,并作为此阶段成果的重要依据。

(1)规划评审。

风电场电力监控系统在规划阶段应根据相关安全管理制度,组建项目安全小组,项目安全小组由风电场所属上级公司的网络安全管理部门及安全建设支持组技术骨干、系统承建方负责人、外单位专家等组成,对系统建设的供应商选择、合同安全条款、项目安全管理计划和项目安全风险档案进行必要的评审和指导,在保证当前阶段的工作或结果正确以后再开展一下阶段的工作,以保证各个环节正确、有效地控制(表 5.2)。

表 5.2 规划评审

评估环节	评估内容
供应商选择	对供应商的安全防护能力与水平进行评估,并将供应商的安全评估结果作为选择供应商的重要依据
合同安全条款选择	参与合同安全条款的制订,涉及外包、采购合同或合作开发的项目应签订正式的合同等
项目安全管理计划	重要事项申报中预算的编制、建设周期规划、项目进度计划等;成立包括安全人员在内的安全管理组织架构,明确网络安全负责人,制订项目安全管理计划和网络安全目标
项目安全风险档案	创建安全风险档案,记录上线系统在其生命周期阶段部署、服务、功能以及安全视角上的问题、漏洞、历史整改情况,便于项目组及时了解和确认系统当前的安全风险姿态

（2）软件供应商选择。

风电场电力监控系统软件目前绝大多数以软件外包开发或采购成熟的软件形式建设，因此在需求建设阶段，应同时完成外包（采购）决策、软件供应商选择、服务目标确定等工作，同时应具备软件供应商管理程序文件（表 5.3）。

表 5.3 软件供应商管理程序文件

管理控制措施		主要内容
外包服务商（供应商）评审		对软件供应商的实力、解决方案、维护服务、实施能力、产品报价等因素进行评估，并将入围的供应商形成名册
外包服务过程的管理与控制	进度控制	在外包服务过程中，应由项目安全小组协调并管理好软件供应商，按照进度要求开展具体的外包实施工作
	沟通管理	项目安全小组与软件供应商建立通畅的信息交流机制，明确双方联系人
	安全要求	软件供应商在进行项目开发、提供服务时，需要遵守网络安全的相关规定； 软件供应商在进行项目开发、提供服务时，需与其在合同中明确安全要求、服务定义以及服务交付标准，保证项目期间的安全及项目顺利交付验收； 软件供应商在进行项目开发、提供服务时，涉及信息传递，须在信息传递前确定安全的传递方法，以保证信息传递中的安全； 软件供应商在进行项目开发、提供服务时，需要使用风电场相关数据时，须对其提供的相应数据进行保护
	其他监控	软件供应商在进行工程实施过程期间，应做好物理访问控制、制度遵守、网络连接等相关方面的控制工作
	特殊情况处理	外包服务异常终止时，风电场应做好相应应急处置预案，及时应对软件供应商服务中止带来的风险

（3）软件安全需求分析。

在明确保护目标和安全防护等级基础上，风电场需要通过确定对象、识别威胁、评估威胁、消减威胁等流程，梳理出电力监控系统安全面临的威胁，以便针对性地采取措施，确定整体安全需求。

2. 设计阶段

在电力监控系统设计阶段，风电场与软件供应商需要根据系统整体安全需求开展安全设计。安全评审是设计阶段不可缺少的步骤，其目的是对系统设计方案的安全功能设计进行判断，以确保设计方案符合系统规划阶段的安全目标。在系统设计方案中应将安全评审结果作为此阶段成果的重要依据。

电力监控系统安全设计分为概要设计和详细设计两个阶段：概要设计阶段确定功能模块间的处理流程、与其他功能的关系设计等安全整体架构；详细设计阶段应实现系统安全功能的程序设计,指导程序设计的安全编码工作。详细设计包括应用软件模块设计、处理流程、数据结构、输入/输出、算法、逻辑处理流程图等内容。电力监控系统概要设计和详细设计的活动均包括详细安全需求分析、控制措施选择、安全技术实现和设计审查 4 个关键环节(表 5.4)。风电场在完成设计文档后,需召开评审会议,对设计文档进行安全评审。

表 5.4 风电场电力监控系统设计的关键环节

关键环节	具体内容
详细安全需求分析	从确定需要保护的信息资产出发,分析系统面临的安全风险,明确安全需求
控制措施选择	根据安全目标及详细安全需求分析结果,从应用设计的角度、成本、安全性、用户体验等方面综合选择最佳的控制措施
安全技术实现	完成安全控制措施技术实现的设计工作,技术实现分为三步:结构设计、模块设计及详细设计
设计审查	检查安全设计是否符合安全需求

3. 实施阶段

实施阶段安全评估是对系统开发实施过程进行安全风险识别,分析系统安全需求和运行环境面临的安全威胁,并验证系统开发完成后的安全功能模块的有效性。评估中需对规划阶段的安全威胁进行深入识别,评估安全措施的落实状况,分析已实施的安全措施能否能够有效抵御现有威胁、脆弱性的影响,并对源代码进行安全审计。

(1)开发阶段。

电力监控系统开发阶段作为整个系统生命周期管控的核心步骤,风电场应明确安全开发原则与过程控制措施。虽然风电场目前暂无自行开发能力,均为外包开发或购买成品软件,但在此阶段,风电场可聘请第三方监理公司做好开发人员安全培训与监督软件开发的质量等工作(表 5.5)。

表 5.5 开发阶段管控

阶段	控制措施
安全培训	开发人员应遵守安全设计方案进行系统开发,确保开发环境、编码及系统流程控制的安全; 开发人员不得超越其规定权限进行开发,不得在程序中设置后门或恶意代码程序; 开发人员不得将源代码上传至外网或云盘; 遵循代码编写安全规范,根据代码编写安全规范以及安全设计方案进行系统开发; 软件系统开发、测试不得在生产环境中进行; 禁止使用生产数据进行开发测试等

续表 5.5

阶段	控制措施
进度与质量把控	根据开发计划,定期跟踪软件开发进度和问题,及时反馈解决; 开发过程中应定期进行代码静态分析,使用代码审核工具进行检测,并报告源代码中存在的安全弱点

（2）测试阶段。

软件供应商在完成系统开发后,应对系统进行软件安全测试,以便在部署之前预防并识别软件的安全问题。电力监控系统的安全性测试应该以攻击者角度所有可能采用的手段去测试系统,寻找系统中可以被利用的弱点。

软件安全测试可以采用的测试方法包括常见的白盒测试、黑盒测试以及灰盒测试等方法。在传统测试之外,模糊测试和渗透测试是验证软件安全性的常用测试方法。

①模糊测试。模糊测试本质上属于黑盒测试,它不关心被测试目标的内部实现,而是在软件测试中强制软件程序使用畸形数据,并观察软件运行是否产生异常,从而发现相应的安全漏洞。其中测试点的选择、样本选择、数据关联性、自动化框架、异常监控与异常恢复等关键因素均能影响模糊测试的效果（图 5.1）。

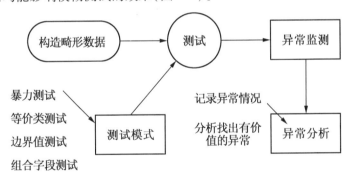

图 5.1　模糊测试流程

②渗透测试。渗透测试是一种模拟攻击者进行攻击的测试方法,与一般软件测试不同,渗透测试采用攻击者思想,从"逆向"的角度出发,测试软件系统的安全性,其主要作用是在于可以测试软件在实际生产环境中运行时的安全状况。与其他的安全测试方法相比,渗透测试的优势是能够发掘出真实的安全问题,此类问题也较为严重的,能够被攻击者实际利用。渗透测试包括方案制订、信息收集、高/低级漏洞利用、完成渗透测试报告等步骤（图 5.2）。

③静态代码安全测试。静态代码安全测试主要通过相关工具对程序源代码进行安全扫描,根据程序中数据流、控制流、语义等信息与工具安全规则库进行匹配,并结合人工分析,挖掘出代码中隐藏的安全漏洞。

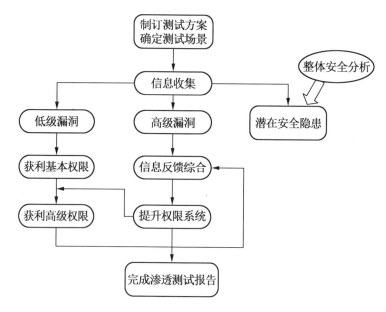

图 5.2 渗透测试基本流程

（3）交付上线。

软件供应商将软件交付到风电场并部署到生产环境之前，验收是必不可少的环节。在软件的交付过程中，规范的验收是发现遗漏和不可预见的安全问题的最后一个检测点，有助于保持安全的计算环境，避免不符合安全要求的软件被应用到生产环境中。验收是确保开发或采购的电力监控系统软件符合需求、质量、功能和安全保障要求的重要工作。软件安全验收应确保应用软件的功能、性能、安全和隐私都符合用户的要求，并且软件无须特定的专业人员就能进行部署和管理（表 5.6）。

表 5.6 安全验收的关键环节

关键环节	主要内容
实现安全需求	确保针对安全需求进行了相应的安全设计，所有安全需求都得到了满足
安全部署	确保软件默认培训是安全的，不会导致由于部署产生的安全问题
部署环境安全	确保软件在多样的计算环境中是安全的
隐私保护	确保软件采取措施满足隐私保护的相关要求
合规	确保软件满足相关标准和要求，例如等级保护要求、行业网络安全保护相关要求
交付完善	确保开发方交付文档完善，包括但不限于系统的源代码、需求分析文档、系统测试报告等，并制订系统部署手册、操作手册和相关管理员权限

电力监控系统部署上线阶段，风电场应按照投运生产环境安全部署、安全验证与渗透测试、剩余风险评级与接受、权限开通、试运行等步骤（表 5.7）完成系统的安全上线。

表 5.7 系统上线步骤

步骤	主要工作
投运生产环境安全部署	对等待上线的生产环境进行安全基线加固,安装补丁、杀毒软件等
安全验证与渗透测试	及时更新应用系统目录信息,提供完整的软硬件部署配置信息,并聘请第三方专业机构对上线系统进行安全验证与渗透测试
剩余风险评级与接受	审视所有识别出的问题和风险,确保问题和风险都得到正式的关注、修正或接受。对残余的安全问题及风险进行评估,制订后继改进计划,对是否上线进行决策
权限开通	提前申请端口开通、防火墙策略等权限,安全人员根据安全风险档案、进行权限开通
试运行	按照相关监管要求,电力监控系统正式投产前,应进行试运行,对试运行期间发现的问题进行评估,制订后继改进计划,对是否上线进行决策

4. 运行维护阶段

风电场电力监控系统上线交付之后将由责任单位和责任人对系统的稳定性、安全性、连续性进行保障维护,并根据电力监控系统的安全等级进行安全配置,如:用户创建、权限分配、数据备份策略等;制订电力监控系统应急操作指导书和业务连续性计划;同时持续做好漏洞与补丁管理、安全运维、重大变更等级测评与安全评估等工作(表 5.8)。同时定期开展运行维护阶段的等级测评和安全评估是掌握和控制电力监控系统运行过程中安全风险的手段,运行维护阶段的等级测评和安全评估应常态化开展。电力监控系统业务流程、系统状况发生重大变更时,也需及时进行等级测评和安全评估。

表 5.8 系统运维工作

运维工作	主要内容
漏洞与补丁管理	风电场系统维护人员负责系统的日常安全维护工作,风电场应根据安全事件,通知系统维护人员,系统维护人员收到风电场的漏洞事件通知后,及时处置发现的安全问题,及时更新系统的安全补丁
安全运维	风电场定期按照合规与基线要求,对系统进行安全扫描,扫描发现的安全问题及时通知系统维护人员进行处置

续表 5.8

运维工作	主要内容
安全运维	建立与维护互联网开放端口清单,并定期梳理开放的互联网端口,系统维护人员应定期确认系统的互联网开放端口的使用情况,对未使用的端口及时申请关闭
	定期排查系统是否在跨区互联、私自接入等现象
	外包服务商定期维护时,应事先进行审批,并对操作内容进行事前审查、事中监督、事后审计等机制
	定期开展等级测评和安全评估
重大变更等级测评与安全评估	电力监控系统的变更和升级需求应严格按照变更管理流程实施,涉及安全控制措施变更或者系统重大变更时应及时通知风电场安全人员进行等级测评和安全评估

5. 废弃阶段

    风电场电力监控系统因业务或技术变化等原因终止运行时,系统进入废弃阶段,要通过建立的系统下线流程(表 5.9)确保系统的更新换代能以一个安全和系统化的方式完成。

表 5.9　系统下线流程

步骤	工作内容
系统下线触发	电力监控系统因业务或技术变化等原因终止运行时,系统维护人员应及时提出下线申请,并经风电场及上级主管部门审批后,实施系统下线
下线安全评估	风电场应组织人员对下线进行安全评估,在系统下线完成之后,评估存在的风险、遗留注意事项,关闭安全风险档案
数据安全清理与归档	系统维护人员在对系统进行下线过程中须记录设备、介质和信息的处理、信息转移、暂存和清除的过程,并提交给安全人员进行评估确认
	电力监控系统终止运行的处理过程中,须采用安全的方法清除系统中的数据,确保迁移或废弃的设备、介质内不包含敏感数据。须按照要求对需要保留的相关数据进行转存,并记录转存过程。同时应清理设备上与信息系统运行有关的配置,避免产生残余安全风险
权限回收	风电场安全人员对下线系统的防火墙端口、路由规则、IP 等权限进行回收

 ## 5.3 风电场电力监控系统网络安全管理相关方与职责

1. 风电场及其所属上级公司

风电场及其所属上级公司是整个网络安全管理的主体和关键,其职责涉及系统的定级备案、规划设计,安全制度的落实、安全自查及委托测评与评估,应急演练与通报预警等多个方面。

(1)定级备案、规划设计。

风电场负责依照国家及电力行业网络安全等级保护的管理规范和技术标准,确定电力监控系统的安全保护等级,然后上报上级主管部门审批,经批准后向风电场所在的市级以上公安机关备案;开展电力监控系统安全保护的规划设计;使用符合国家及电力行业有关规定、满足电力监控系统安全保护等级需求的信息技术产品和网络安全产品,开展风电场电力监控系统安全建设和整改工作。

(2)安全制度落实、安全自查及委托测评与评估。

风电场负责制定、落实各项安全管理制度,定期对风电场电力监控系统的安全状况、安全保护制度及相应措施的落实情况进行自查,委托符合国家及电力行业相关规定的等级测评机构与评估机构,定期开展等级测评和安全防护评估。

(3)应急演练与通报预警。

风电场所属上级公司负责按照网络安全通报制度的规定,建立健全的本单位通报机制,开展网络安全通报预警工作,及时向其行业主管(监管)部门、属地监管机构报告有关情况。风电场负责制订不同等级的网络安全事件响应、处置预案,对电力监控系统的网络安全事件分等级进行应急处置,并定期开展应急演练。

风电场所属上级公司主要负责依照国家网络安全等级保护的管理规范和技术标准,督促、检查和指导其下属在风电场电力监控系统的等级保护工作和安全防护评估工作,监督风电场等保测评和安全评估实施过程,检查风电场网络安全问题整改落实情况。

2. 设计单位与安全产品供应商

风电场电力监控系统设计单位在进行系统整体设计时,应明确系统的安全保护需求,设计合理的安全总体方案,制订安全实施计划,负责安全建设工程的技术支撑;同时还应充分考虑系统整体结构方面与电力信息系统安全防护原则的一致性,与《信息安全技术 网络安全等级保护基本要求》及行业基本要求在技术类各安全层面、控制点、要求项的一致性。

风电场电力监控系统安全产品供应商负责按照国家及电力信息系统安全等级保护的管理规范和技术标准,开发符合等级保护相关要求的网络安全产品,接受安全测评;按照国家有关要求销售网络安全产品并提供相关服务。同时,安全产品供应商还应以合同条款或者保密协议的方式保证其所提供的设备及系统符合政策法规的要求,在设备及系统的全生命周期内对其负责,并按照国家有关要求做好保密工作,防范关键技术和设备的扩散。

3. 电力调度机构

电力调度机构负责风电场电力监控系统安全防护的技术监督,负责发起调管范围内的自评估工作,收集、汇总调管范围内各运行风电场的自评估结果,审核风电场报送的电力监控系统安全防护实施方案;配合开展调管范围内的检查评估,根据安全评估结果督促、落实整改。此外,电力调度机构还负责建立健全联合防护和应急机制,制订应急预案,统一指挥调度范围内的风电场电力监控系统安全应急处置。

4. 等级测评与安防评估机构

等级测评机构与安全防护评估机构负责根据等级测评或安防评估委托,协助风电场及其上级公司按照国家及电力行业网络安全等级保护的管理规范和技术标准,对风电场电力监控系统进行等级测评与安全防护评估,按要求对成果报告进行评审和备案。此外,等级测评与安防评估机构可根据风电场及其上级公司的安全保障需求,提供信息安全咨询、应急保障、安全监理等服务。

在测评与评估期间,等级测评机构与安全防护评估机构应履行相应的义务,包括遵守国家有关法律法规和技术标准,提供安全、客观、公正的检测评估服务,保证测评与评估的质量和效果;保守在测评与评估活动中知悉的国家秘密、商业秘密、业务敏感数据和个人隐私,防范测评与评估风险;对测评与评估人员进行安全保密教育,与其签订安全保密责任书,规定其应履行的安全保密义务和承担的法律责任,并负责检查落实。

5. 等级保护管理部门与主管部门

风电场电力监控系统的等级保护管理部门是指风电场所在地的网安,其主要负责依照等级保护相关法律、行政法规的规定,对辖区内风电场进行网络安全保护和监督管理工作。

风电场电力监控系统的主管部门是指所在地能监局,其主要负责依照国家及电力信息系统安全等级保护的管理规范和技术标准,督促、检查和指导辖区内风电场的网络安全等级保护工作。

 # 5.4 风电场电力监控系统网络安全防护管理体系建设

▶▶ 5.4.1 网络安全管理方针 ▶▶ ▶

风电场所属上级公司应在最高管理层定义"网络安全方针"并形成正式文件,方针主要阐述公司网络安全管理目标、方法等内容(表5.10),该方针应获得管理层批准签字。上级公司需要通过正式公告、宣传培训等方式对全体员工和外部相关方发布"网络安全方针",必要时可以留存宣传培训记录。风电场所属上级公司应做好"网络安全方针"的版本管控工作,保留每次管理评审后的评审记录和修订记录,并及时向下属各风电场进行宣贯。

表 5.10　网络安全方针主要内容

主要内容
网络安全工作要充分反映其业务目标
网络安全工作体现以"安全第一,预防为主,管理和技术并重,综合防范"为方针,遵循"统一领导,统一规划,统一标准,统一组织开发"的原则
按照"谁主管谁负责,谁运营谁负责"建立电力二次系统安全管理制度,明确运行、检修、调试和信息化等部门相关人员的安全职责,实现"全员参与,专人管理"
没有绝对的安全,网络安全工作应该以风险管理为基础,在安全、效率和成本之间均衡考虑
电力监控系统严格落实"安全分区、网络专用、横向隔离、纵向认证"原则,关键信息、岗位需重点保护
对保密信息的访问应遵循工作相关性原则、最小授权原则和审批受控原则
积极提高员工网络安全意识,同时采取技术措施,防止无意泄密和故意泄密
系统管理、用户管理、应用管理以及系统审核尽可能做到职责分离

▶▶| 5.4.2　组织体系 ▶▶ ▶

1. 网络安全管理组织结构

　　风电场所属上级公司在设计安全管理架构时,应充分考量实际的安全管理需求,设计符合风电场实际的安全管理组织结构。基于大量的现场调研与分析,本书推荐将其设计成由决策层、管理层和执行层组成的三层结构(图 5.3):

　　(1)第一层为决策层,负责网络安全战略事项决策和方向指引。

　　(2)第二层为管理层,负责牵头制定和推广网络安全管理规范,指导网络安全各项事务的执行,审查网络安全各项事务的执行效用并提出整改意见。

　　(3)第三层为执行层,负责在业务工作中执行网络安全管理规范,获取网络安全指导资源。

2. 组织职责

　　(1)网络安全管理委员会。

　　网络安全管理委员会是网络安全管理的决策层,对公司经营层负责,成员组成包括公司总经理、技术负责人、安全专家等,公司总经理担任网络安全管理委员会主任,为公司网络安全负责人。网络安全管理委员会应明确工作职能(表 5.11),领导公司网络安全管理工作。

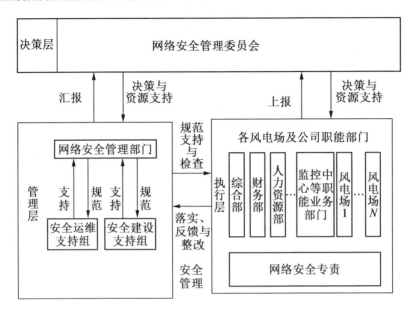

图 5.3　风电企业网络安全组织架构

表 5.11　网络安全管理委员会主要职能

主要职能
统筹公司的网络安全宏观战略规划,领导和推动整个企业层面网络安全工作和发展
决策网络安全管理组织机构设立、调整、关键人事变动,网络安全重大策略、项目的变更,确认可接受的风险和风险水平等
管理评审网络安全管理体系
为管理层、执行层的网络安全工作提供必要的资源支持
向管理层、执行层分配网络安全管理目标,并监督该目标的实施
重大网络安全事件处理决策与监督

（2）网络安全管理部门。

网络安全管理部门是网络安全管理的管理层,其对网络安全管理委员会负责。网络安全管理部门分为安全建设支持组和安全运维支持组,二者共同负责落实网络安全管理目标,指导与监督各部门、各风电场执行网络安全管理要求等(表 5.12)。

表 5.12　网络安全管理部门主要工作

主要工作
建立/维护网络安全管理体系,并协调和推进体系在内外相关方的落实;指导与监督各部门、各风电场执行网络安全管理要求;维护信息资产,定期开展等保测评和安全防护评估,向网络安全管理委员会汇报测评和评估结果

续表 5.12

主要工作
制订网络安全的年度审计计划和审计方案;执行网络安全的内部审计工作,配合外部相关的网络安全审计工作,向网络安全管理委员会汇报审计结果;就网络安全的审计结果与各相关方进行沟通,并督促和指导各相关方改进
网络安全事件/事故调查处置的整体组织与协调;跟踪和研究网络安全的发展趋势;网络安全建设任务的规划与执行;与外部网络安全机构的沟通和联络
组织对员工的网络安全意识、管理与技术的培训或分享
定期对安全运维支持组、安全建设支持组和网络安全专责的网络安全工作执行情况进行评估,并评定网络安全专责的安全工作绩效

①安全建设支持组。安全建设支持组主要负责提供公司安全建设管理支持,包括对电力监控系统建设相关风险的识别、处置等工作(表 5.13),支撑公司下属风电场电力监控系统安全建设管理。

表 5.13　安全建设支持组主要工作

主要工作
协同网络安全管理部规划网络安全建设任务并执行工作
协同网络安全管理部完成年度网络安全审计方案并执行工作
协同网络安全管理部对电力监控系统建设相关风险的识别、处置工作
协同网络安全管理部进行网络安全事件调查处置
跟踪和研究安全的发展趋势,引进和推广新的安全架构与测试方法;承担必要的网络安全培训或分享工作

②安全运维支持组。安全运维支持组主要负责提供公司的安全运维管理支持,包括建设维护安全运维体系、对电力监控运维相关风险的识别、处置等工作(表 5.14),支撑公司下属风电场电力监控系统安全运维管理。

表 5.14　安全运维支持组工作职能

主要职能
协同网络安全管理部规划网络安全运维任务并组织执行工作
协同网络安全管理部建设安全运维体系并维护;协同网络安全管理部完成年度网络安全审计计划、方案并执行工作

续表 5.14

主要职能
协同网络安全管理部对电力监控运维相关风险的识别、处置工作;协同网络安全管理部进行网络安全事件调查处置
跟踪和研究网络安全的物理、通信、系统与操作安全的发展趋势,引进和推广新的网络安全技术与应用
维护电力监控系统安全基线;承担必要的网络安全培训或分享工作

（3）风电场及各职能部门。

风电场及各职能部门属于网络安全管理的执行层,其负责人为本部门网络安全工作第一责任人。风电场及各职能部门应做到制订本部门的管理细则、维护本部门的信息资产、防范网络安全风险等工作（表 5.15）,落实网络安全管理制度要求。

表 5.15 风电场及各职能部门主要网络安全工作

主要工作
委派网络安全专责协助本部门负责人做好安全管理工作
遵守网络安全管理体系,制订本部门的管理细则
配合网络安全内部审计工作
维护本部门的信息资产、防范网络安全风险,制订风险处置计划并向网络安全管理部通报过程和结果
执行网络安全的整改工作,并向网络安全管理部通报整改结果
监控本部门的网络安全事件,向网络安全管理部报告事件并协助处理

（4）网络安全专责。

网络安全专责是网络安全执行层和管理层之间的桥梁,应负责在本部宣贯、解释网络安全管理体系,监督其执行情况等工作（表 5.16）。

表 5.16 网络安全专责工作

主要工作
在本部宣贯、解释网络安全管理体系,监督其执行情况
收集本部门员工有关网络安全方面的反馈意见,每季度向网络安全管理部门汇报沟通
协同网络安全管理部门进行信息资产维护、风险评估和风险处置
向网络安全管理部门及时汇报本部门网络安全事件,并建立部门与安全人员的互动通道
配合网络安全管理部门实施网络安全审计、分析网络安全状况、提出改进措施

续表 5.16

主要工作
负责落实风电场现场网络安全管理工作
向网络安全管理部门推送本部门网络安全建设需求
积极参与网络安全管理部门组织的安全专业培训和分享

▶▶ 5.4.3 网络安全管理体系制度文档管理 ▶▶ ▶

1. 网络安全管理体系制度文档分类分级

风电场网络安全管理体系由 4 个层级管理制度文档组成(表 5.17),其中 1、2、3 级制度文档是网络安全管理体系运行的依据,4 级制度文档为记录、表单类文档,是网络安全管理体系运行的痕迹。

表 5.17 体系文件层级

文件层级	文件定位、授权主体与发布范围	主要文件
1 级制度文档	阐明使命和意愿,明确安全总体目标、范围、原则和安全框架等,建立工作运行模式;由高级管理层发布,适用于整个组织所有成员及外部相关的第三方机构与人员	1级制度文档 方针、政策
2 级制度文档	对信息系统的建设、开发、运维升级和改造各个阶段和环节所应遵循的行为加以规范;由组织管理者代表签署发布;该级别文件针对组织宏观战略提出的目标建立组织内部的"法",发布范围通常在组织内部	2级制度文档制度、流程、规范
3 级制度文档	各项具体活动的步骤和方法,可以是手册、流程表单或实施方法;针对具体的岗位、角色建立发布和落实	3级制度文档 使用手册、操作指南、作业指导书
4 级制度文档	整个体系运行所形成的检查列表、表单、日志等记录性文档,每个制度理论上都应该形成相应的记录	4级制度文档 日志、记录、检查表、模板、表单

2. 制度文档生命周期管控

风电场网络安全制度文档生命周期管控涉及制度文档建立、批准与发布、评审与更新、保存及报废 5 个阶段,各阶段应具备相应控制措施(表 5.18)。

表 5.18　制度文档生命周期管控

阶段	控制措施
建立	保留管理层决策的记录,确保能够复现或者溯源
批准与发布	通过正式、有效的方式发布
评审与更新	形成审批事项列表
保存	建立制度文档的分类标识,并存储于安全可靠的物理环境中确保制度文档清晰且易于识别
报废	制度文档在更新后应该销毁旧版本

▶▶| 5.4.4　人员安全管理　▶▶ ▶

风电场应根据自身要求,规划安全管理岗位需求,并与上级公司人力资源部协同对人员录用、离职调岗等活动进行安全管理,按实际情况进行人员配备和职能、权限分离,避免权责界限不清的情况发生。重要岗位实施人员备岗管理,在合理分配人员工作岗位、完善安全管理职责的基础上,在相近职能的岗位间,建立互为备岗制,以应对临时有紧急任务时能及时处理;外部人员不能担任重要岗位。

1. 岗位配备

为确保风电场网络安全防护工作的顺利开展,风电场需配备安全管理员、安全审计员、系统管理员、机房管理员、网络管理员、应用系统管理员、数据安全管理员、数据库管理员等岗位并明确其工作职责。

(1)安全管理员。

安全管理员不能兼任其他岗位,其主要职责包括:

①负责对安全产品进行选型测试并提供采购建议,负责安全策略与安全规则的制定,负责安全产品上线后使用状况的跟踪和维护。

②负责监督并指导各安全岗位人员及普通用户的相关安全工作。

③负责组织电力监控系统的安全防护评估和等级测评工作,并定期进行系统漏洞扫描。

④根据网络安全需求,定期针对风电场网络安全现状提出优化意见并上报主管领导。

⑤跟踪各种最新的安全公告和通知,及时研究网上曝出的网络安全漏洞和新型攻击手段,在发现可能影响风电场系统安全的安全漏洞和攻击手段时,及时探究制订出处置措施,通知并指导系统管理员进行安全防范。

⑥负责整合各种安全方案、安全审计报告、应急计划以及整体安全管理制度并报主管领导。

(2)安全审计员。

安全审计员职责主要包括:

①负责根据系统管理员、网络管理员提供的日志进行安全审计工作,按时上报安全审

计报告。

②审计发现问题,及时上报主管领导和相关负责人进行备案并采取处置措施。

③对于审计记录,内容以及存储设施等制订安全策略并落实执行,避免被非授权访问。

④要搭建配合审计工作的相关监控措施,以保证相关方的操作活动在授权范围之内,并通过监控措施的回顾活动记录。

⑤制订审计日志储存和处理的安全策略,明确日志存储时间、存储介质和方式,制定日志访问控制规则和销毁方式。

(3)系统管理员。

系统管理员职责主要包括:

①负责操作系统的安全策略加固,安装系统应用软件,从系统层面实现对用户与资源的访问控制。

②负责与安全管理员制定操作系统的安全策略和系统访问控制规则,并贯彻落实。

③负责服务器、终端操作系统的日常运行维护与管理,保持设备运行状态良好。

④保证服务器、终端系统运行活动日志记录的完整性和准确性,并提供给安全审计员。

⑤服务器、终端发生异常或故障,应详细记录故障的处理记录,包括但不限于故障现象、发生时间、处理人员和处理方式,并及时上报给安全管理员。

⑥制订服务器、终端的维护计划,包括维修、报损、废弃等,并由主管领导审定。

(4)机房管理员。

机房管理员职责主要包括:

①负责继保室、主控室所有设备的台账和实物管理,固定资产台账、实物相符应达到百分之百。

②定期检查继保室内的空调、电源灯电器设备,发现安全隐患要及时整改和上报,重要设备故障应做好维修记录。

③定期向主管领导汇报机房设备运行状态。

④严格审核进出机房人员相关的审批手续,确保手续真实有效,监控进入机房人员的作业,保证其操作内容不超过审批手续规定的作业范围。

⑤机房内设备不允许非授权外借。

⑥负责定期对电器设备和线路等带电设备进行巡检,对可能引起火花线路、发热和即将破损、老化等情况,立即对设备进行断电,并向主管领导汇报进行维修。

⑦保持机房设备器材摆放整齐,环境卫生整洁,走道无堆积物。

(5)网络管理员。

网络管理员职责主要包括:

①负责网络系统的搭建,负责网络设备、安全设备的上线、运维管理,并备份关键网络设备的配置,跟踪网络设备的产品漏洞公告,及时修补漏洞。

②负责与安全管理员制订网络设备的安全策略和网络访问控制规则,并贯彻落实。

③保证网络设备运行活动和通信日志记录的完整性和准确性,并提供给安全审计员。

④网络设备、通信链路发生异常或故障,应详细记录故障的处理记录,包括但不限于故障现象、发生时间、处理人员和处理方式,并及时上报给安全管理员。

⑤制订网络设备的维护计划,包括:维修、报损、废弃等,并由主管领导审定。

（6）应用系统管理员。

应用系统管理员职责主要包括:

①负责保障应用服务器的安全管理工作,包括应用系统的安装、配置、维护、调整及更新。

②负责指导使用人员的操作和相关答疑工作。

③负责制定应用系统操作手册,并向使用人员进行培训。

④负责应用系统的技术问题、信息维护和故障应急处理。

（7）数据安全管理员。

数据安全员职责主要包括:

①负责所有数据的安全管理,按照数据安全策略及时对各类数据的做好备份、归档、保管等安全管理工作,并保证数据的保密性。

②负责数据的收集整理、汇总分析等工作,并详细记录工作内容,定期向主管领导汇报数据安全管理工作状况。

③负责项目资料的归类存档和保管维护工作。

（8）数据库管理员。

数据库管理员职责主要包括:

①负责保障数据库系统安全、可靠、正常地运行,承担数据库系统的安全管理工作。

②保证数据库系统的运行活动日志记录的完整性和准确性,并提供给安全审计员。

③负责数据库系统的建设,做好服务器的维护、数据库软件的安装、数据库的建立工作,定期对数据进行备份。

④负责数据库服务器的安全防范管理工作,当数据库服务器出现故障时,应详细记录故障的处理记录,包括但不限于故障现象、发生时间、处理人员和处理方式,并及时上报给安全管理员。

2. 人员录用、在职、离岗或离职管理

（1）人员录用管理。

风电场所属上级公司人力资源管理部门应对所有候选人与外委人员的背景进行核验,包括个人资料、个人履历、学术和专业资质、个人身份核查,未能通过审查或未能提供相关证明资料的人员禁止接触风电场电力监控系统。对于特定的网络安全岗位,上级公司要确定该候选人是否具备执行该安全角色所必需的能力,必要时可以开展针对性的任前考核。上级公司在岗位任用前与候选人或外委人员签订的合同协议中应该有保密条款,对于拟担任特定网络安全岗位的候选人在任用之前,要和候选人交流网络安全角色和职责相关信息并留存取得一致认识的正式文件,例如承诺书、任务书等;关键岗位不应由外委人员担任。

(2)人员在职管理。

风电场所属上级公司人力资源管理部门或网络安全管理部门应建立网络安全意识教育培训计划,每年需举办针对风电场电力监控系统的网络安全防护知识培训和安全意识培训,提高风电场现场工作人员的网络安全防护技能和意识。

(3)人员离岗或离职管理。

在员工离职或调岗、外委人员完成工作离场时,应由网络安全管理部门与其就任用终止或变化后的网络安全职责和义务取得一致并留存正式文件,例如《离职网络安全保密协议》。在员工、外委人员的合同中也应该包含工作职责和保密条款,并且确保在职责或任用变更后仍然受到必要的信息管理。

风电场在与员工终止任用合同或协议时,应确保所有员工、外委人员使用的所有公司资产已归还公司,网络安全管理部门应清除所有员工、外委人员对信息和信息处理设施的访问权限,包括物理访问控制和逻辑访问授权。

3. 外部人员管理

风电场应依据网络安全策略,制定外部人员管理制度,严格外部人员安全管理,包括外部人员的物理访问管理、保密管理、安全操作管理等。

(1)外部人员物理访问管理。

外部人员进入风电场时,须在门卫处出示有效证件,登记相关信息,包括来访人姓名、工作单位、接待人部门和姓名、进入时间等,领取临时出入证,由风电场接待人领进。接待人必须全程陪同临时外部人员,告知有关安全管理规定,不得任其自行走动和未经允许使用风电场的计算机设备。外部人员携带设备(如笔记本电脑、计算机及配件、网络设备等)进入,必须登记设备的型号和数量。携带设备离开,须经过按照事先登记的型号和数量进行检查,未经登记的设备,须有接待部门负责人签字、保卫部门盖章的放行条才能带出。

风电场与外部人员进行业务洽谈和技术交流应当在风电场的接待室、会议室或培训教室内进行,应在专门的会议室进行招标、谈判等正式洽谈和重大项目的会谈;须指定外部人员的办公区域,且只允许外部人员在指定区域范围内开展业务活动。外部人员工作完成后,风电场应组织相关人员对外部人员的工作进行安全检查和安全评估,办理相关离场手续,交还临时出入证,并由接待人陪送外部人员离开风电场,在访问登记表上登记离开时间和姓名。外部人员进出机房等重要区域时,须遵守机房管理规定。

(2)外部人员保密管理。

风电场应对外部人员做好保密管理。外部人员如因业务需要查阅风电场涉密资料或者接入网络系统,须事先获得风电场相关负责人批准并详细登记,确保签署有效的保密协议;未经批准,严禁外部人员私自携带移动存储介质进入机房等重要区域;如确因业务需要,移动存储介质须进行病毒检测查杀,并在接待人的监控下使用;未经许可,外部人员不得在办公区域和机房内摄影、拍照;禁止外部人员接触与其业务无关的信息资产。

（3）外部人员的安全操作管理。

风电场应对外部人员的相关操作进行严格管控。外部人员携带的电脑接入风电场网络,应事先经过授权审批。如因系统上线调试等工作需要访问风电场网络,须提前向有关部门提出接入与操作申请,提供操作实施方案,详细说明实施步骤、风险与应急处置措施。在现场实施过程中,外部人员须在现场监护人员的陪同下,开展有关工作,同时监护人员应做好监护的记录工作。值得注意的是,外部人员对现场有关硬件设备（服务器、UPS）的更换与维护、生产控制大区的网络访问等,风电场应高度重视,做好事前、事中及事后的全过程安全管控,确保其操作不影响风电场电力监控系统的正常运行。

▸▸┤ 5.4.5 资产管理 ▸▸ ▸

1. 资产分类分级

风电场电力监控系统的信息资产包括各种硬件设备（如网络设备、安全设备、服务器、终端、存储设备、电缆和通信线缆等）、各种软件（如操作系统、数据库、应用系统、中间件等）、各种数据（如配置数据、业务数据、鉴别数据、管理数据、备份数据等）和各种文件等。由于资产种类较多,编制资产清单是最有效的资产管理方法。资产清单应包括资产名称、责任部门、重要程度和所处位置等关键信息,清单中的资产信息可以按照资产类型可分为信息、软件、硬件、人员和系统5种表现形式（表5.19）。

表5.19　资产分类

类别	解释
信息	以物理或电子的方式记录的数据,或者用于完成组织任务的知识产权。系统存储、处理和传输驱动组织的关键信息
软件	软件应用程序和服务、如操作系统、数据库应用程序、网络软件、业务应用程序等,用于处理、存储和传输信息
硬件	信息技术的物理设备,例如路由器、交换机、工作站、服务器等。通常强调单独考虑这些物理设备的替代价值
人员	指组织中拥有独特技能、知识和经验的,他人难以替代的人
系统	处理和存储信息的信息系统,代表一组信息、软件和硬件资产

信息资产按照重要程度可分为非常重要、重要、比较重要、不太重要和不重要,同时可对其进行标识和等级划分（表5.20）。

表 5.20 资产等级划分

等级	标识	描述
5 级	很高	非常重要,其安全属性破坏后可能对组织造成非常严重的损失
4 级	高	重要,其安全属性破坏后可能对组织造成比较严重的损失
3 级	中	比较重要,其安全属性破坏后可能对组织造成中等程度的损失
2 级	低	不太重要,其安全属性破坏后可能对组织造成较低的损失
1 级	很低	不重要,其安全属性破坏后对组织造成很小的损失,甚至忽略不计

2. 资产标识

风电场应对电力监控系统各类资产进行标识管理,标识的内容应包括资产的名称、类别、编号、管理员及重要程度等信息。当资产的管理员、物理摆放位置、重要程度等信息发生变化时,资产管理员需及时对相应的信息进行变更,并保留变更记录,上报安全管理部门进行复核存档。风电场需要定期维护信息资产的分类清单,检查信息资产信息与信息资产清单中的信息是否一致并更新。

3. 资产维护

风电场应按规定要求对信息资产进行调查,并建立《信息系统资产清单》和记录信息资产状况的档案。当资产属性发生变动时,资产管理员需及时对清单进行变更、保存。变更内容包括但不限于物理位置、基本配置、补丁漏洞等信息。风电场信息资产设备由设备所属管理人员负责维护,应每季度检查设备资产的安全状况。风电场员工应根据资产管理制度中要求保护敏感性信息资产,如某种特定信息类资产的敏感性级别不确定时,应先按"敏感资产"进行保护。风电场信息资产设备应定期进行信息安全评估及安全加固,并根据不同信息资产设备的重要性,部署不同程度的安全保护措施。

4. 闲置、报废资产管理

风电场应对闲置资产进行分类归档管理,并在资产清单中进行标注,以降低闲置资产丢失的风险。对 3 级以上的闲置资产,风电场资产管理员应在安全管理员处进行备案。风电场应将所有资产分级 3 级及以上或涉及敏感信息的闲置资产存储在安全、保密的环境中;对 3 级以上的闲置资产或涉及敏感信息的闲置资产在重用前,应采用可靠措施保证闲置资产中的原有信息清除干净;对涉及敏感信息的介质或资产级别 3 级在销毁时,要做好相关记录,以便保持审计跟踪。

▶▶| **5.4.6 系统安全建设管理** ◀◀ ▶

1. 安全方案设计

风电场所属上级公司授权安全建设支持组统筹规划风电场电力监控系统的安全建设,制订短期及长期的安全工作目标和建设计划。安全建设支持组制订安全防护实施方案,在选择基本安全措施时应依据风电场电力监控系统的安全保护等级,满足等级保护的基本要求,同时,安全措施可结合风险分析的结果进行调整和补充;安全建设支持组应形成风电场电力监控系统安全方针、安全技术架构、安全管理策略、总体建设规划和设计方案等配套文件,并组织内部相关业务部门和行业的安全专家评审相关配套文件的正确性和合理性;安全建设支持组将审定结果、安全防护实施方案上报网络安全管理部门和风电场电网调度机构审核批准,审批通过后,方案才能正式实施。同时,风电场的设备和应用系统接入电力调度数据网络,应由电网调度机构的审批其接入技术方案和安全防护措施;风电场应配合电网调度机构对电力监控系统的安全防护实施安全监督。安全建设支持组应根据等级保护测评、安防评估以及内部安全检查的结果定期评审和修订安全方针、安全技术架构、安全管理策略、总体建设规划和设计方案等配套文件。

2. 系统外包开发管理

(1)供应商选择安全管理。

风电场上级公司应参照国家、监管部门及集团相关要求,由采购管理部门制定符合自身业务发展需求的供应商管理办法,明确供应商选取的原则、流程,以及对供应商进行评估的标准依据和方法等内容。采购管理部门核查供应商提供的产品和服务是否符合国家法律法规和各级监管机构的监管要求,并协同网络安全管理部门预先对安全产品进行选型测试,确定产品的候选名单,并定期对产品名单进行审定和更新。

(2)合同签订安全管理。

风电场所属上级公司在合同签订时应遵从公司相关合同签订的流程规范要求,其中合同文本审核环节应有法律相关部门参与。采购部门或归口管理部门与外包承包方签订书面外包服务合同及保密协议,明确规定外包承包方在服务内容、安全保密等方面的责任和义务,要求外包人员签署个人保密承诺。

合同中应明确项目最终交付物要达到的安全标准,如电力监控系统的安全功能,服务的连续性等,并将此作为验收的内容之一;约定供应商所提供产品及相关服务的知识产权归属,并确保选定的安全服务商有能力提供技术培训和完成服务承诺,必要时通过服务合同约定双方责任和义务;明确在项目中,供应商在使用与知识产权有关的材料和软件时应符合法律法规和合同要求。

(3)实施过程安全管理。

风电场所属上级公司应指定或授权专门的部门或人员负责工程实施过程中的安全管理,制定工程实施方面的管理制度,对实施过程的中工程安全控制方法和人员行为准则进行约定,并制订详细的工程实施方案控制实施过程,重大项目实施过程应聘请第三方工程监理单位监督。在实施过程中,安全建设支持组应监督供应商在服务执行过程中对信息安全要求的遵从情况,对于违反网络安全要求的行为要及时进行纠正。

风电场所属上级公司应根据项目实际需求,在实施方案中明确需要遵守的法律、法规和行业规范,在实施过程中,安全建设支持组定期对与电力监控系相关的采购与外包服务存在的风险进行评估,并对高风险情况采取控制措施。风电场所属上级公司应建立健全外包承包方考核、评估机制,定期对承包方技术实力、安全资质、风险控制水平等进行审查、评估与考核。

风电场所属上级公司在系统开发过程中应根据开发需求评估应用系统软件代码质量,在软件开发完成后检测软件包中是否存在恶意代码,并要求开发单位提供软件设计配套文件,以及软件开发源代码,风电场对软件中可能存在的后门和隐蔽信道进行审查。

安全建设支持组应制定规则管理和监视电力监控系统外包开发活动。在外包软件开发时,应明确代码所有权和知识产权归属,同时安全建设支持组应对外包开发商的开发环境、编码安全和开发流程进行要求。

①开发环境安全要求。

a. 操作系统、开发工具、数据库等在开发环境中须是正版软件。

b. 应统一安全加固开发环境中使用的开发用机,操作系统补丁和漏洞应及时修复和升级。

②编码安全要求。

a. 系统开发时应遵循代码编写安全规范和安全设计方案。

b. 遵循缓存溢出、输入验证、程序编译和安全调用组件等通用安全编程准则。

c. 系统开发时应保护用户访问信息的保密性,客户端中禁止存放敏感信息,避免内存溢出,输入输出时信息严格验证和检查。

d. 遵循结构化异常处理机制,捕捉并处理程序异常,防止系统信息泄露。

e. 对缓冲区溢出、SQL 注入、跨站脚本攻击、XML 注入 攻击、HTTP HEAD 注入等漏洞进行安全防范,减少系统受攻击面。

③开发流程安全要求。

a. 在开发过程中,应对各个阶段的开发成果进行安全管理,包括版本管理。

b. 应定期使用代码审核工具对源代码进行静态扫描分析,发现并汇报源代码中可能存在的安全漏洞。

c. 开发人员不得越权进行开发,禁止将后门或恶意代码程序设置在程序中。

d. 开发过程中应该采取措施保护所有的过程文档、系统配置文件、源代码等,避免未经授权的访问,并做好版本控制。

e. 不能使用生产数据进行测试,产生的测试报告也要进行合适的保护,严禁授权范围外的分发。

3. 验收与交付管理

风电场所属上级公司应书面规定包括系统测试验收的控制方法和人员行为准则,由安全建设支持组负责按照管理规定的要求进行系统测试验收工作。安全建设支持组相关人员在测试验收前,应依据设计方案或合同要求进行测试验收方案的编制,并在测试验收过程中对测试验收结果进行详细记录,最后完成测试验收报告的编制,并组织业务相关部门和人员评审确认系统测试验收报告。安全建设支持组制订详细的系统交付清单,根据交付清单清点交接的软硬件,确认是否提供系统建设和运维等配套文档,并按照合同要求系统开发商提供操作及运维等技能培训。

4. 等级测评与安防评估

风电场在电力监控系统上线时,应组织电力监控系统等级保护测评和安防评估,等级测评应选择国家网络安全等级保护工作协调小组办公室推荐的、安全可控的测评机构,安防评估宜选择国家或行业有丰富经验的稳定、可靠、可控的评估机构。各安全保护等级的电力监控系统应根据国家标准及行业规范要求进行等级测评和安全防护评估。

5. 产品采购与使用

风电场所属上级公司应制定产品采购与使用制度,规范产品的采购与使用准则,应明确由所属上级公司网络安全管理部门与采购部门共同参与安全产品、密码产品的采购与使用。

风电场电力监控系统在购置安全产品前应对产品进行选型安全性测试,确定产品的候选名单,并定期评审和更新名单;经国家相关管理部门检测认定或经电力行业主管(监管)部门通报存在漏洞和风险的系统及设备应禁止购买,生产控制大区除安全接入区外,其他安全区禁止选用具有无线通信功能的设备。3级及以上电力监控系统信息安全产品应符合国家及行业相关文件要求。

▶▶| 5.4.7 系统安全运维管理 ▶▶ ▶

1. 物理环境管理

物理和环境管理包括对风电场机房和办公环境的管理,一般来说,风电场电力监控系统所使用的硬件设备,如网络设备、安全设备、服务器和存储设备以及电缆和通信线缆等都放在机房内,因此要确保机房运行环境的良好和安全。同时,一些敏感或关键数据可能被工作人员接触,所以还需严格管理和控制环境安全。

(1)机房设备管理。

机房设备应专机专用,在投入使用前,须经负责人审批,由相关技术人员进行严格测试,并且安装防病毒软件,登记设备的配置信息,制作设备标签。设备升级、配置更新等变更操作,须经网络安全运维支持组负责人审批,并认真做好变更记录,及时更新相关技术文档。机房应保证随时关闭或锁门,门卡或钥匙由指定人员保管,不能随意转借他人,未经领导批准,不能随意复制及借用。机房设备应具有设备标签,明确设备责任人,责任人仅具有管理自己负责设备的权限,无权处置机房其他设备。未经授权不得私自挪用和外借公用物品;机房的电源上禁止随意连接电器设备,电闸和消防器材禁止乱动。

机房须按照规定配置消防器材,定期对消防器材进行安全检查,并做好防火防盗工作。同时机房配备温、湿度自动调节设施,且将温、湿度设置在设备运行所允许的范围之内。机房应保持清洁卫生,严禁在机房会客及从事任何与工作无关的活动,保障机房有良好的运行环境和工作环境。机房管理员负责机房设备管理工作,所有设备登记造册,并备足常用维修检测工具,机房的工具及配件概不外借。

业务系统新增电子设备必须经安全管理员进行安全检查后方可上线运行。任何人员对机房生产设备进行维修、更改相关参数或移动设备位置时,应及时通知机房管理员,如有必要,须经负责人同意后方可操作。机房计算机设备的出入应统一管理,设备进出机房前须填写设备进出机房审批表单,审批通过后方可进行设备出入操作。

(2)机房环境管理。

①环境管理。机房应具备防火、防水、防雷、防盗、防鼠害、防破坏、防静电等各类防护措施,关键设施须通过具有专业资质机构的检查和验收,并定期进行维护管理。机房管理员应定期对机房及其环境设施的运行情况进行总体评估,并合理制订机房发展规划。机房环境管理是指对机房供配电系统、空调系统、门禁系统、监控系统、消防系统、防雷接地等相关设备设施、环境和秩序等的管理。机房环境设施的故障和各类变更操作应严格按相关管理规定执行。

②机房应急管理。风电场应针对机房环境设施建立故障应急处理预案,明确机房环境设施发生故障时的应急处理流程。对于未安装环境监控系统的机房,至少每四个小时进行机房巡检。对机房关键设施的巡检次数每月不少于一次,并填写相应的巡检记录。

③机房基础设施管理。风电场应定期检查空调系统,如果发现问题应及时处理。机房内除自动消防灭火系统外,应配备手提式专用气体灭火器;灭火器应放置在固定的醒目位置,严禁随意挪动,并在保质期内及时更换。风电场应定期进行消防报警设备的检查、测试,对机房消防报警系统中的温感传感器应至少每半年进行一次测试,测试的数量不少于安装数量的30%,下次测试应选择不同位置的温感传感器;对机房中灭火钢瓶气压应每个季度至少检测一次,并做好记录。

④电力供应。机房电源应采用多路供电,应采用稳压、稳频的不间断供电系统。每个工作日应检查配电柜上的电流、电压参数并记录检查结果,应定期检查 UPS 电源运行状况。机房内要严格遵守用电安全,与生产系统无关的设备、维修工具等设施应使用市电电源插座;应每年定期检查备用发电设备的运行状况,并进行记录和存档。

⑤防静电。风电场应将机房配电柜和不间断电源插座标识清楚;机房接地装置的设置应确保人身的安全及设备的安全。可将四种接地可共用一组接地装置,包括交流工作接地、安全保护接地、直流工作接地、防雷接地等,但接地电阻应按四种接地方式中最小值确定;当多台设备共用一组接地装置时,应分别采用接地线将设备与接地体连接;同时设备采取接地方式可避免设备寄生耦合干扰和外界电磁干扰。每半年至少进行一次防静电地板的检查,检查防静电地板是否平整、稳固,防静电活动地板打开使用后应及时还原,并检查是否放置妥善。

(3)机房日常管理。

①机房值班管理。机房管理员负责机房日常管理。应制定机房安全工作守则,用以规范工作人员的安全行为,加强物理保护。机房至少安排一名现场值守人员,机房值守人员须严格遵守网络安全各项规章,认真履行值守职责。机房值守人员不能擅自离岗;因特

殊情况不能在岗的,须在征得负责人同意、并安排好代班人员后方可离开岗位。

②变更管理与故障处理。未经审批,现场人员不得擅自对生产系统进行版本升级、对参数进行调整或其他可能影响生产系统正常运行的操作。机房值守人员应定期巡检机房物理环境(包括供配电、温控、湿控、消防等)应用系统、网络通信系统、外围系统及附属设备的运行状况,仔细填写运行维护日志,将系统日常运行状况、故障处理等项内容记录在巡检日志中;当巡检发现系统运行过程中存在问题应妥善、及时解决。如生产系统发生故障,机房值守人员应在第一时间通知相关系统管理员进行处理,及时报告负责人,并详细记录系统故障现象及处理过程。对于未解决的问题,在与下一班机房值守人员交接时必须详细说明,并主动配合下一班机房值守人员跟踪和解决问题。

③监控管理。非工作时间,风电场必须安排保安人员值班监控,确保机房消防、视频监控等系统正常运行;机房管理员负责定期对监控探头位置进行检查,确保关键安全区域没有监控盲区。

④资料管理。机房运行日志作为重要的技术资料,必须妥善保存,禁止私自更改、销毁。任何外来软件、数据等文件在安装或导入生产系统之前,机房值守人员必须进行病毒和木马检测,并做好详细记录。严格控制移动存储设备在业务网段设备上的使用,确因业务需要,须预先用最新版的杀毒软件进行病毒查杀。

(4)机房出入管理。

①视频监控。机房出入口应安排值班人员值守,对进入的人员进行控制、鉴别和记录。机房进出入口及安全区域应安装 24 小时视频监控录像设施,监控录像记录保存时间应满足事件分析、监督审计的需要。

②门禁管理与出入审批。机房工作人员领取门禁卡,应填写相关机房门禁权限申请审批表单,审批通过后严格按照授权人员名单执行,安全管理员负责每半年对授权人员名单进行复核。应按照安全区域最小授权原则,设置门禁系统。实行 24 小时门禁管理,门禁信息的保存时间不少于 6 个月。

③机房外来人员管理。外来人员进入机房应严格按照要求,填写外来人员机房准入审批表单,经审批通过后在指定日期内进入机房等安全区域;未经部门领导同意,任何外来人员禁止出入机房;外来人员因工作需要进入机房时须登记,机房管理员应每月审核机房出入登记表。未经机房值守人员允许,外来人员不得对生产系统进行任何操作,如需要对生产系统进行操作,须事先向机房管理员提出需要访问的区域、系统、设备、信息申请,经批准后方可对相关设备或系统进行操作,在值班日志中详细记录操作的过程,由机房值守人员签字确认。外来人员进入中心机房时,应由相关项目组人员全程陪同,陪同人员应对外来人员的操作进行监督,防止外来人员越权运行程序、查阅无关参数,发现操作有异常时,必须立即终止操作并向机房值守人员报告。原则上不允许非机房工作人员携带笔记本电脑和移动存储设备进入机房,如因工作需要需携带笔记本电脑和移动存储等信息载体时,安全管理员须事先检测携带的信息载体是否含有病毒,确认无误后,才能同意带入机房。

（5）机房网络管理。

机房应严格控制与外界的数据交换,严禁外来笔记本电脑、U 盘、移动硬盘等设备接入中心机房网络。机房内所有机器严禁直接访问互联网,生产控制大区禁止与互联网相连;管理信息大区确因工作需要访问互联网时,应采取必要的安全措施,如配置防火墙。机房应保存一份完整的网络资料,并及时更新,网络资料至少包含网络拓扑图、IP 地址分配表、通信线路登记表、电源布线图等,网络资料由机房管理员负责编制和更新。安全管理员定期对机房的网络环境进行检查,根据检查结果提出改进意见并进行改进。

2. 介质管理

存储介质是用来存放系统相关数据的磁盘、光盘、(从设备内拆卸出的)硬盘、移动硬盘、U 盘、纸质文档,若存储介质保管不当,可能会丢失和损坏数据,需要对介质的存放、使用、传输、维护、销毁等加强安全管理,严格控制存储介质的访问。具体来说,风电场应首先应梳理当前系统使用的存储介质类型和数据存储方式,并指定专人对其进行管理,定期检查介质的使用情况和使用记录,记录内容包括介质的使用、归还、归档等;系统若存在离线备份存储机制,如对介质进行两地传输时,应在介质物理传输过程中遵循管理规定,对传送人员进行筛选,并对存储介质各个打包交付环节确认登记确认。

3. 网络和系统安全管理

网络和系统安全状况直接影响到风电场系统能否正常稳定运行,对于网络和系统安全的管理涉及多个方面,如访问控制策略、账号密码管理、系统安全配置管理、补丁与漏洞管理、日志管理、系统监控管理等方面的内容,需明确安全要求与原则。

（1）访问控制策略维护。

①最小化权限。系统管理应指定专人负责,分配管理员角色并明确管理员角色的权限、责任和风险,保障运维管理过程中,应遵循最小授权原则授予各管理员角色权限。

②职责分离。管理员不得同时兼任系统业务操作人员,管理员不得增加、删除、修改业务数据,确需对数据库系统进行业务数据维护操作的,应征得业务部门同意,并对操作内容、操作人员、操作时间、结果等信息详细记录,重要系统参数的设置至少需要两人在场。

（2）账号密码管理。

按照职责分离原则,风电场根据使用者角色规定可以访问的信息资源,账号的创建、变更、撤销必须遵循"申请—审批"流程;电力监控系统账号及密码应有一定的复杂性要求。

①账号变更。风电场电力监控系统的账号新增、更改及删除应执行"申请—审批"流程;应确保账号审批流程记录妥善保存,保存期限不得少于三年;人员离职时,应确保及时删除或停用该员工的用户账号。应至少半年一次对信息系统已有的账号及权限进行审计,验证用户的权限与其工作职责是否相符。

②账号维护。电力监控系统账号管理实行实名管理制度,原则上一人一账号。应确

立专人负责账号维护。对账号权限的设置应遵循"最小化原则",额外权限需评估后再确定是否赋予。

③口令更新。密码由于长期的使用有泄露风险,需对密码定期进行更改,参考时间为90天,更改的密码不应与旧密码相同。电力监控系统使用过程中只要出现系统或者密码可能被侵害的迹象,应立即更改密码,如密码保管人员发生轮换、系统提示的上次登陆时间未曾登录过、未曾做过的操作在系统中出现等情况。密码保管人员不应随意泄露密码,不应将密码书写在纸面或存放在电子文档中。禁止将记录有密码信息的载体任意放置在工作区域周围。

④口令复杂度。电力监控系统密码应为无意义的字符组;密码长度应不低于八位,且至少包含数字、字母、特殊字符等的组合。电力监控系统管理人员密码禁止与个人邮箱账号或其他社交账号密码相同或相似,禁止使用个人姓名、生日、身份证号码、员工编号、手机号等作为密码组成要素。

(3)系统安全配置管理。

系统安全管理员根据不同资产类型制定不同的安全配置规范(表5.21),定期(不少于1次/年)对负责系统进行自查,安全管理员不定期对系统进行抽查,以保证运行的系统符合安全配置要求。

表 5.21　不同资产安全配置要求

资产类型	具体设备	主要安全配置要求
主机系统	Linux、Windows 等	账号、口令、服务、访问控制、日志审计、登录显示、IP 协议、补丁等方面等
网络设备	交换机、路由器等	账号、口令、认证、日志、IP 协议、SNMP 协议等方面等
数据库	MySQL、SQL Server、Oracle 等	账号、口令、访问控制、日志审计等
中间件	Nginx、Tomcat、Weblogic	账号、口令、权限、日志、协议安全、登录超时退出、端口安全、禁止目录浏览等
安全设备	防火墙、IDS、堡垒机等	账号、口令、权限、日志审计、协议等

4. 补丁与漏洞管理

系统管理员应定期跟踪各产品的安全漏洞和补丁信息,对系统或网络可能造成严重损害的漏洞所必须修复,除非此漏洞补丁能中断系统或网络的正常运行。操作系统应及时更新补丁程序,系统管理员应先在测试环境中对补丁程序进行测试,保证补丁更新不会影响系统运行,且更新补丁时,需备份重要文件,才能安装系统补丁程序的,同时记录补丁更新情况;应在厂商工程师现场支持的情况下执行核心业务主机的补丁加载。补丁安装完成后,系统管理员必须查看系统信息,确保已成功加载安全补丁;补丁加载后的一周内,安全管理员须密切监控系统性能和安全事件。安全管理员应每月进行漏洞扫描,对扫描的系统安全漏洞进行分析评估,确认无误后及时进行修补,并及时上报主管领导扫描结果。

5. 计算机病毒防治管理

安全管理员应负责系统日常病毒防范管理工作,其为计算机病毒防治工作的第一负责人,有责任监控计算机防病毒软件的运行状况、了解病毒库的更新状态,员工本人负责其使用办公终端的病毒防范管理。风电场办公终端、测试终端与生产终端均须安装相应防病毒软件,服务器须安装防病毒软件,并启用实时保护功能,禁止未经主管领导同意卸载或中断防病毒软件的运行;对于经过技术论证和测试,确实无法安装防病毒软件的服务器或终端,应由安全运维支持小组制订安全管理方案,经审批后,可暂不安装影响业务应用的防病毒软件;办公终端、测试终端和生产终端均不得安装与工作无关的软件,严禁使用来历不明、可能引发病毒传染的软件;服务器、办公终端、测试终端与生产终端应按照统一防病毒管理策略定期更新病毒库;并且所有办公终端均不得安装两块以上(含两块)网卡。员工在发现计算机有疑似病毒症状后,应在第一时间报告安全运维小组,并配合安全运维小组进行病毒的查杀。计算机出现以下症状可被怀疑感染病毒:

(1)系统启动或运行速度明显慢于以往。

(2)可用盘空间忽然无故减少。

(3)硬盘驱动器无法访问。

(4)所有硬盘均被共享。

(5)其他可疑现象。

6. 日志管理

安全审计员应根据系统和设备的重要程度、性能设置合适的日志策略。安全审计员须将系统所有服务器、应用软件等系统审核、账号审核和应用审核的日志系统的功能打开,如有警报功能也须打开。

日志必须保存至少6个月以上,禁止以任何理由删除6个月以内的日志。安全审计员应定期检查,对特权使用、非授权访问、系统故障和异常等条目必须进行评审,以查找影响网络安全的风险来源和事实;发现的系统故障等情况,应及时报告安全管理人员;安全审计员应定期评审系统管理员和系统操作员的操作日志。

7. 系统监控管理

系统操作员每天对系统主机运行情况和日志内容进行检查,负责监控服务器系统的CPU利用率、进程、内存和启动脚本等的使用状况,当服务器系统出现异常进程或者进程数量有异常变化、系统突然不明原因的性能下降或重启、系统崩溃不能正常启动时,须进行安全问题的报告和诊断。系统操作员对系统异常操作进行监控,并产生告警,包括所有特殊权限操作、未授权的访问尝试、系统报警及故障。

系统应开启时钟同步功能,系统操作员在日常监控、维护过程中如发现可能会导致安全事件的产生和发展情况,按照网络安全事件管理程序进行处置。网络安全管理部门应制定计算机系统运行监测月报或季报制度,统计分析系统运行状况;建立安全管理中心,对系统运维、审计、安全防护等安全相关事项进行集中管理。

8. 应急响应和保障

为确保风电场电力监控系统的安全和业务的连续性,减少安全事件带来的负面影响及损失,风电场所属上级公司必须建立一套完整的应急响应体系,规范应急响应工作内容和流程,提高应急响应能力,做到有效预防、积极处理、快速管控、果断处置。

(1)事件分类分级。

①事件分类。从网络安全事件的起因、表现、结果等因素综合考量,网络安全事件可分为7个基本分类,包括:有害程序事件、网络攻击事件、信息破坏事件、信息内容安全事件、设备设施故障、灾害性事件和其他网络安全事件。

②事件分级。根据网络安全事件引起的后果严重程度,风电场电力监控系统网络安全事件可划分为5个等级,其中1级严重程度最高,5级严重程度最低,3级和3级以上网络安全事件统称为重大网络安全事件。

(2)组织结构及职责。

①应急组织体系结构。网络安全保障与应急工作的组织体系包括指挥层、运行层和保障层(图5.4)。指挥层是网络安全领导小组(以下简称"领导小组");运行层由网络安全保障与应急办公室(以下简称"应急办公室")、应急技术专家组、应急技术支撑组、各协调单位以及各专项保障组构成;保障层包括相关的软件开发商、系统集成商、服务提供商等。

网络安全领导小组对网络安全保障与应急工作进行统一指挥。应急办公室负责各类通报信息的收发和整体态势的研判,各专项保障组在应急办公室的领导下,承担风电场网络安全保障与应急处置工作。

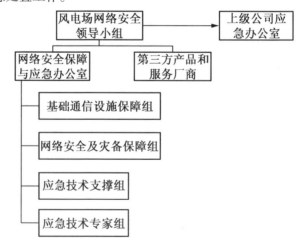

图5.4 风电场应急组织体系结构

②应急职责划分。

a. 网络安全领导小组。指挥层的工作由网络安全领导小组承担,负责总体指挥和决策。具体包括但不限于:网络安全应急响应总体规划的审核和批准;重大网络安全事件报告;网络安全应急基础设施建设的统筹规划;对重大网络安全事件的应急响应工作进行应急指挥和宏观决策;对重大网络安全事件的调查处理进行协调。

b. 网络安全应急办公室。网络安全应急办公室(以下简称"应急办")是网络安全应急工作领导小组的常设机构,负责领导小组的日常工作,应急办的具体职责包括:指导协调风电场及各部门开展重大网络安全事件应急处置工作;负责3级及3级以上重大网络安全事件信息的研判、通报工作,指导网络安全信息应急处置工作;事后调查、分析、总结工作并向领导小组提交相关工作报告;组织应急预案的宣传、培训和演练工作。

c. 专项保障组。风电场各保障组由相关专责部门人员联合组成,每个保障组设一名组长,其他成员参与协同工作。各专项保障组的工作职责如下:

网络安全及灾备保障组:计算机网络系统病毒防护;计算机网络系统入侵防护;网络安全事件监控;数据存储、备份、安全管理和应急恢复等工作。

基础通信设施保障组:负责保障服务器、通信链路、通信设备、网络设备和安全设备的正常运行;保证空调系统、电力系统、消防系统等系统的正常运行;提供特殊时期后勤保障。

③外部协调与应急保障。

a. 外部协调。应急办同其他通报、协调部门之间应紧密联系和沟通,及时通报相关情况,当出现1级突发事件时,风电场应急工作领导小组应及时上报上级公司应急办公,并按上级公司应急办的要求,快速开展应急通报及处置工作。

b. 应急保障。风电场应急保障层由第三方产品和服务厂商组成,包括设备提供商、软件开发商、系统集成商和服务提供商等,其在电力监控信息系统的日常运维和应急工作中发挥着重要的运行保障和应急保障作用,风电场应明确规范与第三方厂商合作流程、具体合作部门,与第三方厂商签订服务水平协议,明确双方的责任,确保当网络安全事件发生时能及时有效地进行响应和处置。

(3)预防和预警机制。

①预防。风电场应做好网络安全突发事件预防工作,及早发现事件隐患,并采取有效的处置措施,尽量避免网络安全事件的发生。具体做好如下预防管控工作:

a. 建立健全应急保障体系,采用多种技术手段监控和保障电力监控系统安全,不断完善各项网络安全管理制度。

b. 积极推行国家等级保护等制度,依据制度要求,制订有效的安全防护策略,设计总体安全方案,积极执行安全管控措施,定期对安全防护效果进行检查,跟踪并修复安全漏洞,保障网络安全。

c. 全面落实网络安全风险评估制度,定期组织开展网络安全检查,在系统上线、网络和系统变更、设备更换等关键资源发生重大变更及业务发生重大变化时,应重新识别、分析、控制风险并评估剩余风险,加强风险事件监测与预警。

d.为重要业务系统建设容灾备份系统,完善容灾备份相关制度、操作规范,并进行灾备演练。

e.应与主机、网络、存储等重要设备服务商,电力、通信等重要基础设施服务商,系统集成服务商以及其他服务商签订协议,当服务商的技术与产品政策、服务水平、服务能力发生变化时,风电场应对可能产生的影响及时进行风险评估和预警。

f.定期开展应急培训和应急演练,提高人员对网络安全事件的应急处理能力,加强对应急操作流程的熟练程度,并对安全事件保持高度的敏感;通过演练检查人员对应急响应相关知识的掌握程度,检验应急预案的在部门落实的实际效果。

g.风电场每年进行应急资源预算规划,保障应急资源能满足风电场应急工作的需要,应急资源包括人员、工具、仪器、设备、软件和资料等;风电场定期对应急资源准备情况进行盘查清点,在发生紧急网络安全事件时,保证这些资源能够及时投入使用。

②预警监测。

a.利用现有网络安全事件预警和监控系统,并结合相关方监测舆情信息,及时发现风电场网络安全威胁或事件发生的迹象和趋势。

b.各专项保障组依据各自职责分工开展预警监测工作,要及时收集、分析、汇总风电场电力监控系统运行情况、安全事件信息,及时上报应急办。

c.应建立关键节点监测与预警机制,加强重大业务活动、重大社会活动、系统重大变更等关键节点的风险监控和预警。

③预警响应。网络安全应急办公室要建立网络安全预警信息的汇总和研判制度,各应急保障组要监控预警事件的动态变化并及时报告,由上级公司应急办适时调整预警级别,并将调整后预警级别发布。

④应急处置。安全事件发生后,根据实际情况,按照应急处置流程(表5.22)采取相应处置措施。

表 5.22　应急处置流程

流程	具体内容
报告	接到安全事件报告后,通知相应专项保障组,专项保障组组织人员对安全事件进行调查分析和评估工作,并对安全事件级别做出初步判断,必要时向专家组咨询
应急处置	专项保障组接到报告后,启动系统应急预案进行应急处置,防止事态扩大,尽可能减少损失与影响;保护事件现场,获取安全事件证据,备份相关系统日志与审计记录
后期处置	专项保障组对事件造成的损失和影响以及恢复重建能力进行分析评估,确认隐患已消除,组织实施信息系统重建,恢复系统正常运行

⑤总结报告。应急工作结束后,各应急专项保障组向应急办提交以书面形式呈现的

由事件情况、处置工作总结以及症结分析和建议等3部分构成的应急工作总结报告,应急办对此进行汇总分析,并向领导小组汇报。

（4）应急响应保障措施。

风电场应事先制定好应急保障对策,在人员保障、技术资料保障、设备保障等方面风安排好相关应急保障措施,以此确保在发生应急事件后,能够有序地进行应急处置。

（5）应急预案的宣贯、培训、演练和更新维护。

①预案宣贯和培训。风电场针对全体员工应每年至少开展一次应急预案宣贯和培训,其目的是使公司内部人员明确自身在网络安全应急工作中所应承担的责任,以及当监测出网络安全事件时,员工应了解的各自需采取的行动。

②预案的演练和维护。为保证应急行动的能力,风电场每年至少组织一次应急行动演练,以提高处理应急事件的能力,检验物资器材的完好情况。在应急响应演练结束之后,针对应急响应工作过程中遇到的问题,应急专项保障组应向应急办提出应急预案修改意见;应急办组织相关人员评审修订应急预案,并上报领导小组,经批准后发布实施。

 ## 5.5 风电场电力监控系统安全管理的关键活动

▶▶ 5.5.1 等级保护 ▶▶ ▶

1. 等级保护实施概述

风电场电力监控系统安全等级保护的核心是对电力监控系统分等级、按标准进行规划、建设、使用。风电场电力监控系统安全等级保护实施过程应满足 GB/T 25058—2019 中对等级保护实施的基本原则,除此之外还应遵循结构优先、联合防护、安全可控、立体防御的原则。

（1）结构优先原则。

风电场电力监控系统安全防护应坚持"安全分区,网络专用,横向隔离,纵向认证"的总体原则。以结构安全为防护重点,通过优化结构,强化边界防护,实施纵深防御。

①联合防护原则。基于厂网联合防护的需求,风电场应参考电网调度侧等级保护分类定级标准,开展风电场电力监控系统的安全防护工作,实现风电场与电网调度侧两端边界之间的隔离、认证及统一监视。

②安全可控原则。关键装置(如单向隔离装置、纵向加密认证装置)应经国家有关机构安全检测认证。风电场电力监控系统在设备选型及配置时,不选用经国家相关管理部门检测认定或经电力行业主管(监管)部门通报存在漏洞和风险的系统及设备,生产控制大区除安全接入区外不选用具有无线通信功能的设备,电力监控系统在新建、改建、扩建时宜进行安全性测试。

③立体防御原则。风电场电力监控系统网络安全防护应逐步建立包括基础设施安全、体系结构安全、系统本体安全、可信安全免疫、安全应急措施、全面安全管理等措施形

成的多维栅格状立体防护体系。

2. 实施的基本活动

根据电力信息系统监管要求,风电场电力监控系统实施等级保护的基本活动涉及系统定级与备案、总体安全规划、安全设计与实施等多项内容(图5.5)。

在安全运行与维护阶段,风电场电力监控系统因需求变化等原因导致局部调整,而其安全保护等级并未改变,应从安全运行与维护阶段进入安全设计与实施阶段,重新设计、调整和实施安全措施,确保满足安全等级保护的要求;当电力监控系统发生重大变更导致安全保护等级变化时,应从安全运行与维护阶段进入等级保护对象定级与备案阶段,重新开始一轮网络安全等级保护的实施过程。

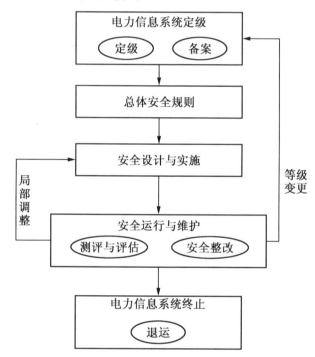

图5.5　电力监控系统安全等级保护实施基本活动

风电场应定期对电力监控系统安全状况、安全保护制度及措施的落实情况进行等保测评。第二级电力监控系统应当每两年至少进行一次等保测评;第三级电力监控系统应当每年至少进行一次等保测评;第四级电力监控系统应当每半年至少进行一次等保测评。

3. 定级与备案

(1)定级与备案阶段的流程。

风电场应按照国家和行业有关标准和管理规范,确定所管辖电力监控系统的安全保护等级,组织专家评审,经上级公司网络安全管理部门审核、批准后,报公安机关备案,获取《信息系统安全等级保护备案证明》,主管部门有备案要求的,应将定级备案结果报送其备案(图5.6)。

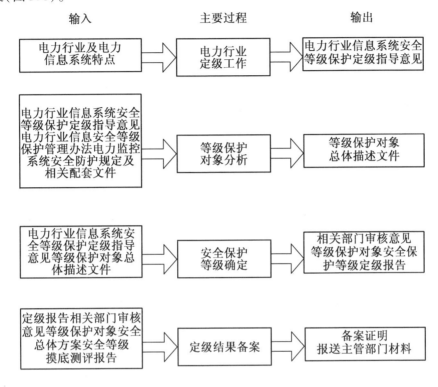

图5.6 电力监控系统定级与备案阶段的工作流程图

对于新建电力监控系统,第二级及以上电力监控系统,风电场应按照国家及行业有关要求(原则上在系统投入运行后30日内),到公安机关办理备案手续。对于在运第二级及以上电力监控系统,风电场应按照国家及行业有关要求(原则上在安全保护等级确定后30日内),到公安机关办理备案手续。

(2)定级对象分析。

①电力监控系统分析。电力监控系统分析的目的是通过收集了解风电场电力监控系统的信息,并对信息进行综合分析和整理,分析风电场电力监控系统处理的业务及服务范围,最后依据分析和整理的内容,依据电力行业定级指导意见,形成风电场电力监控系统的总体描述性文档。

a.识别单位的基本信息。调查了解风电场电力监控系统所属风电场单机容量、总装机容量、服务范围、电压等级、涉网范围、地理位置、生产产值、上级主管部门等信息,明确单位在保障国家安全、经济发展、社会秩序、公共服务等方面发挥的重要作用。

b.识别风电场电力监控系统基本信息。了解风电场电力监控系统业务功能、控制对象、业务流程、业务连续性要求、生产厂商以及其他基本情况。

c.识别电力监控系统的管理框架。了解风电场电力监控系统的组织管理结构、管理策略、责任部门、部门设置和部门在业务运行中的作用、岗位职责等,明确等级保护对象的安全责任主体。

d.识别电力监控系统的网络及设备部署。了解风电场电力监控系统的物理环境、网络拓扑结构和硬件设备的部署和设备共用情况,明确电力监控系统的边界。

e.识别电力监控系统处理的信息资产。了解风电场电力监控系统处理的信息资产的类型,这些信息资产在保密性、完整性和可用性等方面的重要程度。

f.电力监控系统描述。对收集的信息进行整理、分析,形成风电场电力监控系统的总体描述文件。

②定级对象确定。定级对象确定的目标是依据风电场电力监控系统总体描述文件,在综合分析的基础上将电力监控系统进行合理分解,确定所含的定级对象及套数。

a.划分方法的选择。以管理机构、业务类型、物理位置、所属安全区域等因素,确定风电场电力监控系统的对象分解原则。

b.等级保护实施安全责任主体。风电场所属上级公司通常作为风电场电力监控系统安全责任主体。

c.识别定级备案系统的基本特征。作为定级对象的电力监控系统应是由计算机软硬件、计算机网络、处理的信息、提供的服务以及相关的人员等构成的一个有机整体。单个装置或设施不具备定级备案系统特征。

d.识别电力监控系统承载的业务应用。作为定级对象的电力监控系统应该承载比较"单一"的业务应用,或者承载"相对独立"的业务应用,其中"单一"的业务应用是指该业务应用的业务流程独立,不依赖于其他业务应用,同时与其他业务应用没有数据交换,并且独享各种信息处理设备;"相对独立"的业务应用是指该业务应用的业务流程相对独立,不依赖于其他业务应用就能完成主要业务流程,同时与其他业务应用只有少量数据交换,相对独享某些信息处理设备。

对于承担"单一"业务应用的系统,可以直接确定为定级对象;对于承担多个业务应用的系统,应通过判定各类业务应用是否"相对独立",将整个电力监控系统划分为"相对独立"的多个部分,每个部分作为一个定级对象。应避免将业务应用中的功能模块认为是一个业务应用。

对于多个业务系统其流程存在大量交叉,业务数据存在大量交换或者业务应用共享大量设备等情况,也应避免将业务系统强行"相对独立",可以将两个或多个业务系统涉及的组件作为一个集合,确定为一个定级对象。

e.识别电力监控系统安全保护定级对象安全区域。应遵从安全分区原则,尽量避免将不同安全区的系统作为同一个定级对象,风电场应根据电力行业管理方式、业务特点、部署方式等要素在各安全区内自主定级。

f.识别需整合的定级备案系统。具有相同安全防护属性的同一安全区域业务子系统,可以整合为一个整体定级对象。

g.定级对象详细描述。输出为电力监控系统定级对象详细描述文件。

（3）安全保护等级确定。

①定级、审核和批准。风电场按照国家有关管理规范和定级标准,确定定级对象的安全保护等级,并对定级结果进行评估、审核和审查,保证定级结果的准确性。

a.定级对象安全保护等级初步确定。根据国家有关管理规范、行业领域定级指导意见(若有则作为依据)以及定级方法,风电场对定级对象确定初步的安全保护等级。

b.定级结果评审。风电场初步确定了安全保护等级后,必要时可以组织网络安全专家和业务专家对初步定级结果的合理性进行评审,并出具专家评审意见。

c.定级结果审核批准。风电场初步确定了安全保护等级后,有明确主管部门的应将初步定级结果上报行业/领域主管部门或上级主管部门进行审核、批准。行业/领域主管部门或上级主管部门应对初步定级结果的合理性进行审核,出具审核意见。风电场应定期自查等级保护对象等级变化情况以及新建系统定级情况,并及时上报主管部门进行审核、批准。

②形成定级报告。风电场对等级保护对象的总体描述文档、详细描述文件、定级结果等内容进行整理,形成文件化的定级结果报告。定级结果报告可以主要包含单位信息化现状概述、管理模式、定级对象列表、每个定级对象的概述、每个定级对象的边界等有关内容(图5.7)。

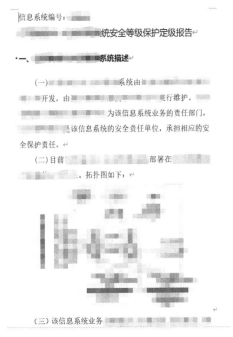

图5.7　信息系统定级报告

③定级结果备案。风电场应根据等级保护管理部门对备案的要求,整理相关备案材料,并向受理备案的单位提交备案材料。

a.备案材料整理。风电场在等级保护对象建设之初根据其将要承载的业务信息及系统服务的重要性确定等级保护对象的安全保护等级,并针对备案材料的要求整理、填写备案材料。

b. 备案材料提交。根据等级保护管理部门的要求办理定级备案手续,提交备案材料(新建等级保护对象可在等级测评实施完毕补充提交等级测评报告)、等级保护管理部门接收备案材料(图5.8、图5.9),出具备案证明。

表一 单位基本情况

01 单位名称				
02 单位地址	省(自治区、直辖市)_____地(区、市、州、盟) 县(区、市、旗)_____			
03 邮政编码		04 行政区划代码		
05 单位负责人	姓名		职务/职称	
	办公电话		电子邮件	
06 责任部门				
07 责任部门联系人	姓名		职务/职称	
	办公电话		电子邮件	
	移动电话			
08 隶属关系	□1 中央 □2 省(自治区、直辖市) □3 地(区、市、州、盟) □4 县(区、市、旗) □9 其他			
09 单位类型	□1 党委机关 □2 政府机关 □3 事业单位 □4 企业 □9 其他			
10 行业类别	□11 电信 □12 广电 □13 经营性公众互联网 □21 铁路 □22 银行 □23 海关 □24 税务 □25 民航 □26 电力 □27 证券 □28 保险 □31 国防科技工业 □32 公安 □33 人事劳动和社会保障 □34 财政 □35 审计 □36 商业贸易 □37 国土资源 □38 能源 □39 交通 □40 统计 □41 工商行政管理 □42 邮政 □43 教育 □44 文化 □45 卫生 □46 农业 □47 水利 □48 外交 □49 发展改革 □50 科技 □51 宣传 □52 质量监督检验检疫 □99 其他			
11 信息系统总数	0 个	12 第二级信息系统数 0 个	13 第三级信息系统数 0 个	
		14 第四级信息系统数 0 个	15 第五级信息系统数 0 个	

图5.8 备案单位表

④等级变更。当等级保护对象所处理的业务信息和系统服务范围发生变化,可能导致业务信息安全或系统服务安全受到破坏后的受侵害客体和对客体的侵害程度发生变化时,风电场需重新确定定级对象和安全保护等级。

表二（1/1）信息系统情况

01 系统名称				02 系统编号		
03 系统承载业务情况	业务类型	□1 生产作业 □2 指挥调度 □3 管理控制 □4 内部办公 □5 公众服务 □9 其他				
	业务描述					
04 系统服务情况	服务范围	□10 全国 □11 跨省（区、市） 跨个 □20 全省（区、市） □21 跨地（市、区） 跨个 □30 地（市、区）内 □99 其它				
	服务对象	□1 单位内部人员 □2 社会公众人员 □3 两者均包括 □9 其他				
05 系统网络平台	覆盖范围	□1 局域网 □2 城域网 □3 广域网 □9 其他				
	网络性质	□1 业务专网 □2 互联网 □9 其它 ________				
06 系统互联情况	□1 与其他行业系统连接 □2 与本行业其他单位系统连接 □3 与本单位其他系统连接 □9 其它					
07关键产品使用情况	序号	产品类型	数量	使用国产品率		
				全部使用	全部未使用	部分使用及使用率
	1	安全专用产品	0	□	□	□ %
	2	网络产品	0	□	□	□ %
	3	操作系统	0	□	□	□ %
	4	数据库	0	□	□	□ %
	5	服务器	0	□	□	□ %
	6	其他	0	□	□	□ %
08系统采用服务情况	序号	服务类型		服务责任方类型		
				本行业（单位）	国内其他服务商	国外服务商
	1	等级测评	□有□无	□	□	□
	2	风险评估	□有□无	□	□	□
	3	灾难恢复	□有□无	□	□	□
	4	应急响应	□有□无	□	□	□
	5	系统集成	□有□无	□	□	□
	6	安全咨询	□有□无	□	□	□
	7	安全培训	□有□无	□	□	□
	8	其它		□	□	□
09等级测评单位名称						
10何时投入运行使用						
11系统是否是分系统	□是 □否（如选择是请填下两项）					
12 上级系统名称						
13上级系统所属单位名称						

图 5.9 备案系统表

⑤等级的确立。总装机容量 200 MW 及以上的风电场电力监控系统的安全保护等级定为三级，以下定为二级。

4. 等级测评

风电场组织等级保护测评时，应选择国家网络安全等级保护工作协调小组办公室推荐的、安全可控的测评机构。

(1)行业要求分析。

由于电力监控系统的特殊性，风电场在选择测评机构时应优先考虑具备行业等级测评经验，符合行业政策要求的测评机构。

(2)服务能力分析。

风电场从影响电力监控系统、业务安全性等关键要素层面分析测评机构服务能力，根据国家及行业相关要求，选择最佳测评机构，这些要素可能包括：测评机构的基本情况、企业资质和人员资质、信誉、技术力量和行业经验、内部控制和管理能力、持续经营状况、服务水平及人员配备情况等。

（3）安全风险分析。

在选择测评机构时，风电场需要识别其测评可能产生的风险，防止测评次生风险，测评次生风险包括但不限于以下几点：

①测评机构可能的泄密行为。

②测评机构服务能力及行业系统特性了解不够导致误操作等。

③物理和系统访问越权、信息资料丢失等。

④测评机构企业资质不全、人员资质管理不善，口碑、业绩不良等引发测评质量问题。

⑤测评机构以往服务项目案例未覆盖本类系统测评导致的经验不足等。

（4）服务内容互斥分析。

在选择服务商时，风电场需要识别测评机构提供的服务与之前或后续提供的服务之间没有互斥性。承担等级测评服务的机构不应同时提供安全建设、安全整改等服务。

▶▶| 5.5.2 安全评估 ▶▶ ▶

风电场电力监控系统网络安全评估工作应常态化、定期进行。风电场电力监控系统的规划、设计阶段要进行安全审查，实施、运行维护和废弃阶段均应进行安全评估，各阶段结合本阶段的实际情况开展安全评估工作。

风电场在开展安全评估工作前，应根据确定的评估范围，对评估过程中可能引入的安全风险进行分析，编制应急预案并落实相关安全措施。电力监控系统完成安全评估工作后，风电场应将电力监控系统安全评估结论上报调度机构和主管部门。

1. 安全评估的工作形式

风电场电力监控系统网络安全评估工作可以4种方式开展，分别为自评估、检查评估、上线安全评估和形式安全评估。各种方式的监督要求具体如下：

（1）风电场对本单位安全保护等级为第二级和第四级的电力监控系统定期组织开展自评估，评估周期原则上不超过一年；安全保护等级为第二级的电力监控系统定期开展自评估，评估周期原则上不超过两年。

（2）业务主管部门根据实际情况对风电场的电力监控系统组织开展检查评估。

（3）电力监控系统投运前或发生重大变更时，安全保护等级为第三级和第四级的电力监控系统，由风电场委托评估机构进行上线安全评估；安全保护等级为第二级的电力监控系统可自行组织开展上线安全评估。

（4）电力监控系统供应商在安全保护等级为第三级和第四级的电力监控系统设计、开发完成后，风电场委托评估机构进行形式安全评估；安全保护等级为第二级的电力监控系统可自行组织开展形式安全评估。

2. 安全评估流程

电力监控系统网络安全评估实施流程分为4个阶段：启动准备阶段、现场实施阶段、风险分析阶段和安全建议阶段。在安全评估实施完毕后，应根据评估结论进行安全整改。以上4种工作形式的安全评估宜根据所示的实施流程（图5.10）制订相应的评估方案。

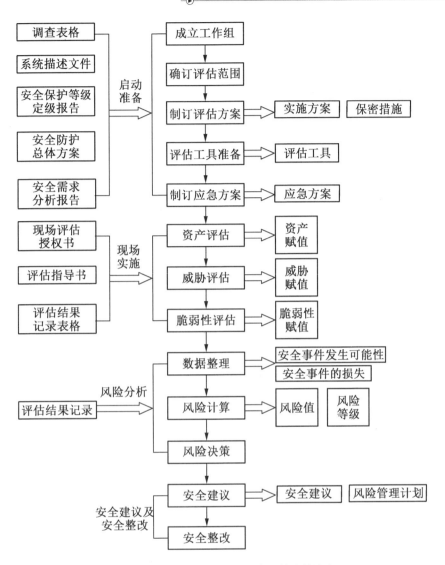

图 5.10　电力监控系统网络安全评估实施流程

（1）评估形式选择。

本活动的目标是根据风电场管辖范围内电力监控系统级别选择合适的安全防护评估形式。风电场根据国家及行业政策文件、管辖范围内电力监控系统所在的生命周期、安全保护级别等要素分析评估周期和评估形式。

（2）评估准备。

本活动的目标是掌握被评估系统的详细情况，准备评估工具，为现场评估做好项目计划书、调查表格、评估工具清单及各类表单。

①成立评估工作组。风电场组建安全评估项目组，获取被评估系统的基本情况，从基本资料、人员、计划安排等方面为整个安全评估项目的实施做基本准备。

②确定评估范围。评估项目组召开评估组工作会议确定评估范围，评估范围包括代

表被评估系统的所有关键资产。评估范围确定后,风电场管理人员根据选定的内容进行资料的准备工作。

③评估工具准备。评估项目组根据收到的评估资料,进行评估工具的准备。

④准备应急措施。风电场应配合评估项目组制订应急预案,确保在发生紧急事件时不对电力监控系统正常运行产生大的影响。

（3）现场评估。

本活动的目标是对被评估系统的资产、威胁、脆弱性和已有安全措施进行识别和赋值。

①资产评估。评估人员依据电力监控系统安全防护总体方案和国家等级保护相关要求对电力监控系统的评估对象进行资产识别和赋值,确定其在电力生产过程中的重要性。

②威胁评估。根据电力监控系统的运行环境确定面临的威胁来源,通过技术手段、统计数据和经验判断来确定威胁的严重程度和发生的频率,对威胁进行识别和赋值。

③脆弱性评估。确认信息资产的自身的缺陷,发现管理方面存在的漏洞,对该信息资产或资产组（系统）的脆弱性进行综合评估,从而确定脆弱性并对脆弱性赋值。

④安全防护措施确认。对已有安全防护措施进行识别,确定防护措施是否发挥了应有的作用。

（4）分析与报告编制。

本活动的目标是对风电场安全事件发生的可能性和造成的损失进行风险分析,以了解系统的真实保护情况,获取足够证据,发现系统存在的安全问题,从而给出安全评估结论,形成评估报告文本。

①数据整理。将资产调查、威胁分析、脆弱性分析中采集到的数据按照风险计算的要求,进行分析和整理。

②风险计算。采用矩阵法或相乘法,根据资产价值、资产面临的威胁和存在的脆弱性赋值等情况对资产面临的风险进行分析和计算。

③风险决策。在风险排序的基础上,分析各种风险要素、评估系统的实际情况和计算消除或降低风险所需的成本,并根据分析结果决定接受风险、消除风险或转移风险。

④安全建议。根据风险决策提出的风险处理计划,结合资产面临的威胁和存在的脆弱性,经过统计归纳形成安全解决方案建议。

⑤评估报告编制。评估人员整理前面几项任务的输出/产品,编制评估报告相应部分。评估报告的内容应该包括但不仅限于:概述、评估对象描述、资产识别与赋值、威胁分析、脆弱性分析、安全措施有效性分析、风险计算和分析、安全风险整改建议等。

3. 评估方法

电力监控系统网络安全评估涉及的评估方法主要包括:

（1）文档检查。

检查被评估单位提交的有关文档（如系统配置文档、安全防护方案、自评估报告等）

是否符合相关标准和要求。

（2）人工核查。

根据评估方案、评估指导书和设计文档，对电力监控系统进行系统配置核查与文档核查，检查其安全防护能力是否满足相关标准。

（3）工具检查。

根据评估方案，在被评估单位授权的前提下，选择适用的评估工具实施评估，工具可包括网络评估工具、主机评估工具、资产识别工具等。

4. 评估注意事项

（1）保密管理。

评估项目组应对评估资料和评估结果按照国家相关要求做好保密工作，可采取签订保密协议、最小接触原则、职业道德评估、人员保密管理、设备保密管理、文档保密管理等控制措施，建立问责和追责管理制度，并按照规章制度严格管理评估过程中产生和接触的所有记录文件数据、数据评估结果，确保数据和结果的安全性及保密性。

（2）风险控制。

风电场应对安全评估实施过程进行风险控制，可采取严格操作的申请和监护、操作时间控制、制订应急预案、搭建运行系统模拟环境、关键业务系统采用人工评估、评估人员选取、评估现场安全培训等风险控制手段，防止安全评估过程中引入的风险。

▶▶| **5.5.3　安全整改**　◀◀▶

1. 安全整改的流程

电力监控系统安全整改是等级保护和安全评估的重要环节。本活动主要针对等级测评、安全评估、安全自查、监督检查工作中发现的安全问题进行有计划的建设整改，确保风电场电力监控系统安全保护能力满足相应等级的安全要求。安全整改阶段的工作流程如图5.11所示。

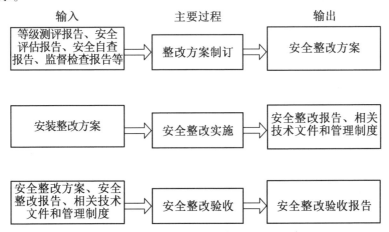

图5.11　电力监控系统安全整改流程

2. 整改方案制订

本活动的主要目标是风电场依据等级测评、安全评估、安全自查、监督检查的结果,组织电力监控系统安全服务机构、电力监控系统安全供应商、电力监控系统安全产品供应商、电力监控系统设计单位、电力监控系统开发单位等开展安全整改方案设计,为后续的安全整改实施提供基础。

(1)安全整改立项。

风电场根据等级测评、安全评估、安全自查以及监督检查的结果确定安全整改策略,如果涉及安全保护等级的变化,则应进入安全保护等级保护实施的一个新的循环过程;如果安全保护等级不变,但是调整内容较多、涉及范围较大,则应对安全整改项目进行立项,重新开始安全实施/实现过程;如果调整内容较小,则可以直接进行安全整改。

风电场根据安全问题类型确定整改优先级:首先整改因不满足"安全分区,网络专用,横向隔离,纵向认证"原则导致的安全问题,强化边界防护;配置等较易整改的技术问题,尽快整改;整改周期长、难度大的安全问题,制订长期整改计划,按照整体设计、逐步实施的原则进行。管理类安全问题应尽快整改,完善管理制度体系。

风电场应明确整改配合单位,技术类安全问题,应联合设计单位、开发单位、供应商以及其他运行单位共同进行,并在上级主管部门的指导下开展。风电场在针对评估或测评中发现的问题进行安全整改时,从开发单位、设备供应商获得技术支持有难度的,应上报所属上级公司、上级主管部门或行业主管部门统一规划部署,以合适的方式督促系统和设备原厂商提供支持、配合风电场电力监控系统的安全加固整改,有效落实网络安全整改措施。

(2)制订安全整改方案。

风电场应该制订安全整改方案,方案应包括整改工作目标、工作方法、计划进度要求、人员分工。小范围内的安全改进,如安全加固、配置加强、系统补丁、管理措施落实等也需制订安全整改方案控制整改次生风险;大范围的改进,如系统安全重新设计等需纳入技术改造项目。整改时间计划应综合考虑业务运行周期及特点,所有整改工作应以不影响生产运行为前提条件。应对整改措施的有效性和可行性进行评估。

(3)安全整改方案审核。

风电场依据行业相关要求将电力监控系统安全整改方案上报所属上级公司网络安全管理部门以及相应电力调度机构审批,经通过后方可实施。

3. 安全整改实施

本活动的目标是保证风电场按照安全整改方案组织电力监控系统安全服务机构、电力监控系统供应商、网络安全产品供应商、电力监控系统设计单位、电力监控系统开发单位等实现各项补充安全措施并使补充的安全措施与原有的技术措施和安全措施,组成一个高效且安全的风电场电力监控系统运作体系。

（1）安全整改实施控制。

风电场在安全整改方案实施过程中,应对实施质量、风险服务、变更、进度和文档等方面的工作进行监督控制和科学管理,保证系统整改处于等级保护制度所要求的框架内。另外,整改实施过程中应做好保密措施。

（2）技术措施整改实施。

风电场主要工作内容是依据整改方案落实技术整改,如安全加固、配置加强、系统补丁等。技术措施整改实施首先在测试环境中测试和验证通过后,再部署到实际生产环境中,并尽量选择大小修期间、停机状态进行,避免对生产过程造成影响。

（3）配套技术文件和管理制度的修订。

安全整改技术实施完成之后,风电场应调整和修订各类相关的技术文件和管理制度,保证原有电力监控系统安全防护体系的完整性和一致性。

（4）管理措施整改实施。

风电场管理类安全问题的整改可与技术类安全问题的整改同步进行,确保尽快完善管理制度体系,并实现技术措施和管理措施相互促进、相互弥补。

4. 安全整改验收

本活动的目标是风电场组织安全服务机构、安全等级测评机构以及其他相关单位检验风电场安全整改实施是否严格按照安全整改方案进行,是否实现了预计的功能、性能和安全性,是否确保原有的技术措施和管理措施与各项补充的安全措施一致有效地工作,保证电力监控系统的正常运行。

风电场安全整改验收应先聘请等级测评机构进行测评并出具评估报告,作为验收技术依据,再邀请主管部门以及其他相关单位参与。根据验收结果,出具安全整改验收报告。

▶▶ **5.5.4 应急处置** ▶▶ ▶

风电场发生安全事件后,应判断安全事件类别与等级,并启动相应的应急预案,根据实际情况,采取相应处置措施。主要流程如下:

1. 安全事件报告

（1）报告流程。

①有关人员接到安全事件报告后,应立即通知相应专项保障组,专项保障组应立即组织相关系统责任人、网络管理人员、设备责任人及其他相关人员对安全事件进行调查分析和评估工作,并对安全事件级别做出初步判断,必要时向专家组咨询。

②若初步判断为4级安全事件,各专项保障组协同进行技术处置,并密切关注安全事件的发展,并分别通知涉及的部门、人员做好安全事件事态恶化的有关应急处置准备工作。

③若初步判断为3级以上(含3级)的安全事件,专项保障组在实施前期应急处置的同时应立即向应急办报告并提出应急处置建议。应急办对安全事件进行进一步分析、评

估,若确认为3级安全事件的,由应急办进行统一指挥和决策,事后向领导小组报告;若认为属2级(含2级)以上安全事件的,立即向领导小组报告。

④安全事件为3级的,由应急办组织向所属上级公司应急办报告安全事件情况;安全事件为2级及以上的,经领导小组批准,由应急办及时向所属上级公司应急办报告安全事件情况。

⑤应急专项保障组应将相关信息通报相关设备及服务提供商,以获得必要的应急响应支持。

(2)报告要求。

在安全事件应急响应过程中,为保证信息传递的效率,报告应以事实清楚、简明扼要为基本要求,使信息快速、及时传递到相关部门联系人。

①报告方式。根据以下顺序选择紧急报告工具:手机、电话、短信、E-mail、传真等。

②报告内容。应急办向有关部门报告时,可酌情选择以下信息:

a.发生安全事件的单位、时间。

b.涉及的信息系统。

c.安全事件的级别。

d.安全事件分类。

e.系统运行影响情况:安全事件发生后对信息系统、业务造成的影响程度、影响范围、影响时间及其他潜在的影响。

f.原因分析、判断。

g.已采取、拟采取的应急处置方案。

2. 应急响应

(1)先期处置。

应急专项保障组接到报告后,要立即采取临时应对措施,防止事态扩大,尽可能减少损失与影响。同时,保护事件现场,获取安全事件证据,备份相关系统日志与审计记录。

(2)启动预案。

安全事件为3级的,由应急办启动特定系统应急预案;2级及以上安全事件,领导小组启动或授权应急办启动特定系统应急预案。

3. 应急处置

在应急处置过程中,风电场如果发现应急处置措施确实存在缺陷,应根据安全事件级别由相应管理组织决定应急处置措施的调整:4级安全事件由各应急专项保障组决定是否变更和如何进行调整;3级安全事件由应急办研究决定是否变更和如何进行调整;2级以上安全事件由领导小组组织研究和分析,决定是否变更和如何进行调整。

应急处置中,如果因事态变化而造成安全事件等级变化,各应急专项保障组应当立即向应急办报告,由应急办与领导小组共同研究决定,各应急专项保障组按照新的事件等级进行处置。应急处置结束后,各应急专项保障组要继续监控电力监控系统的运行,直至确定可持续正常运行为止。

4. 信息发布

风电场安全事件为 4 级或 3 级的,由应急办按要求对外统一发布;安全事件为 2 级及以上的,经领导小组审核批准后,由应急办按要求对外统一发布。其他部门或个人不得擅自对外发布或回应任何有关系统异常的信息。

5. 应急结束

安全事件经应急处置并得到有效控制后,安全事件为 4 级或 3 级的,由应急办宣布应急结束;安全事件为 2 级及以上的,由应急办提出应急结束的建议,经领导小组批准后执行。应急结束必须同时具备以下条件:

(1)应急专项保障组确认技术故障已排除,可恢复至正常工作状态。

(2)应急专项保障组确认业务已得到有效恢复。

6. 后期处置

(1)恢复正常。

在应急结束后,应急专项保障组要迅速采取措施,对事件造成的损失和影响以及恢复重建能力进行分析评估,确认隐患已消除,解除临时应对措施,迅速组织实施电力监控系统重建,恢复系统正常运行。

(2)总结报告。

①流程。应急工作结束后,各应急专项保障组向应急办提交书面应急工作总结报告,由应急办进行汇总,并向领导小组汇报。

②内容。总结报告应包括事件情况、处置工作总结以及症结分析和建议 3 部分。

a. 事件情况。事件的表现、影响范围、影响程度等;事件损失评估:损坏设备价值、购置或维修设备资金数额、其他成本等。

b. 处置工作总结。总结分析采取的主要处置措施:技术救治、报告、应急处置、业务持续、组织领导、内部协调配合、后勤支持保障、外单位支持、信息通报、媒体公关及信息发布,分析处置工作中存在的问题。

c. 症结分析和建议。事件发生原因:从业务、技术、管理等方面进行分析。

③报告。总结结束后,安全事件为 3 级的,由应急办组织及时向所属上级公司应急办报告事件情况、处置过程、处置结果等详细情况;安全事件为 2 级及以上的,经领导小组批准,由应急办向所属上级公司应急办报告事件情况、处置过程、处置结果等详细情况。

6.1 新能源产业大发展引发安全理念提升

"力争 2030 年前二氧化碳排放达到峰值,努力争取 2060 年前实现碳中和",这是习近平总书记在 2020 年 9 月 22 日召开的第七十五届联合国大会期间,对国际社会做出的重要承诺,也是对国内的动员令。2021 年在我国开启"碳中和"征程的元年开启之际,中央财经委员会第九次会议明确指出,"十四五"是碳达峰的关键期、窗口期,要构建清洁低碳安全高效的能源体系,控制化石能源总量,着力提高利用效能,实施可再生能源替代行动,深化电力体制改革,构建以新能源为主体的新型电力系统。这是我国第一次正式提出构建以新能源为主体的新型电力系统,新能源产业从未被提升到如此高度。

国家能源局官方数据显示,截至 2020 年底,我国风电装机 2.81 亿千瓦、光伏发电装机 2.53 亿千瓦,合计达 5.34 亿千瓦。业内研究表明,若要保障"30 · 60"碳达峰、碳中和目标的实现,到 2030 年我国风电、太阳能发电总装机容量将要在原定 12 亿千瓦的基础上进一步上调,达到 16 亿千瓦,即当前装机总量的 3 倍。这也意味着新能源产业要在未来 10 年的时间内完成过去 15 年产业积累的 2 倍。值此能源清洁化加速之际,国家电网、国电投等电力央企等均纷纷出台了各自的新能源产业十四五规划。作为全球风电行业的龙头企业,龙源电力基于"三驾马车、双核并发、四轮驱动"的核心发展思路,明确提出要在十四五期间实现装机容量翻番,再造一个龙源的发展战略。在国家产业政策支持与行业技术快速迭代的双重推动下,我国新能源产业必将迎来一波大发展的黄金时期。

与此同时,随着近年来新能源行业信息化建设的快速推进,在风电大基地、远程集控、运检分离、智慧电站等新发展思路的引领下,新能源工控网络系统的功能与边界的不断拓展,企业及行业效率与效益显著提升,产业规模迅速壮大。然而,巴西电力公司 Light S. A. 被黑客组织入侵与勒索(2020)、美国最大燃油管道公司 Colonial Pipeline 因网络攻击而瘫痪(2021)等事件的频发,也引发了全社会对能源电力等工控网络安全的普遍焦虑与关注。为此,公安部相继出台了《信息安全技术 网络安全等级保护基本要求》《贯彻落实网络安全等级保护制度和关键信息基础设施安全保护制度的指导意见》(公网安〔2020〕1960 号)等系列文件,就新能源等工控领域等级保护、商用密码、关键信息基础设施保护的实施与落地进行政策性的引导和规范。

面对新形势、新任务和新挑战,以风电场电力监控系统为代表的新能源工控系统在网络安全防护方面的重点也在正发生转变。传统电力工控系统主要是通过与互联网环境物理隔离的方式保障自身网络运行安全,因而其工控网络防护的重点在于强化物理环境、网络环境和控制设备的可控、在控能力,保持业务高可用性下的网络整体安全。然而,对于新能源行业而言,随着其产业规模化水平的不断提高,其工控系统通信网络节点的地理位置将愈加分散、接入环境将愈加复杂,更易于遭受敌对势力或有组织的新型网络攻击与入侵。因此,以风电为代表的新能源企业需在做好传统防护措施的基础上,进一步将强化网络安全的监测水平、有效实施全网络化的态势感知能力、建立企业级快速通报及预警机制、提升应急响应处置等能力与水平,以及加强关键岗位人员管理、实施供应链安全和数据资产安全管控等工作作为风电工控网络防护的重点,以构建完备的安全防护技术与管理体系,切实提升风电场网络安全防护水平。

6.2 风电场电力监控系统防护技术发展展望

在国家等级保护制度和关键信息基础设施安全保护制度的贯彻落实的大背景下,随着新能源产业规模化发展战略布局工作的快速开展,风电企业出于抵御网络安全风险的强烈的内生动力需求,将在多个方面推动风电场电力监控系统网络安全防护技术的发展。

▶▶ 6.2.1 网络安全需求从单一合规性驱动转向"合规＋防护效果"双轮驱动

合规需求是过去几年推动我国风电场工控网络安全建设和产业发展的主要动力。在原有的政策驱动下,风电企业的安全投入以单场、分散式采购部署为主,缺少行业化、集团级、体系化的安全规划和布局。风电场网络安全建设仍以技术应用和产品部署为主,缺少与安全技术相匹配的专职人员、流程和管理手段,往往导致风电企业无法对安全产品和服务质量进行有效的评估。此外,随着近年来各类实战化网络攻防演练行动的常态化开展,单纯依靠合规驱动而建设网络安全防护体系暴露出安全投入不足、主体责任落实不到位等诸多问题。为此,风电企业不得不采取临时协调、突击建设等方式以勉强应对。

笔者相信,随着行业内信息化建设水平与网络安全防护意识得不断提升,风电新能源产业网络安全的发展将从单一合规驱动逐步转向"合规＋防护效果"双轮驱动,安全产品和服务的实际效果将受到越来越多的重视,风电场电力监控系统网络安全技术将从被动防御加快向动态防护、精准防护、整体防控、主动防御方向升级。同时,风电企业的安全需求也将推动工控安全厂商加快技术创新,丰富安全产品类型,加大服务场景的垂直落地,从而切实提升安全服务的实效性。目前,已有部分安全厂商就针对风电场工控网络中私有协议开展研究,提出了一种基于深度解析和白名单自学习的工控复合入侵检测训练的方法,利用深度机器学习算法,在线学习捕捉控制设备的网络通信行为特征,实现对工控协议包的深度解析;进而通过自学习动态构建白名单网络特征,利用白名单检测和异常行为检测相结合的入侵检测方法来发现网络中隐匿的异常流量和攻击行为,达到精准防控、有效防御的目的。

►►► 6.2.2　自主创新与安全可控步伐加快,本体安全性将得到有效保障　►►　►

据国家能源局行业调查资料显示,十三五期间行业我国电力监控系统的软、硬件在自主可控方面存在较多的安全隐患。例如,部分变电站和电厂工控系统关键主机采用非国产品牌的服务器、工作站,大量操作系统、应用软件及数据库由国外厂家供应与部署,不满安全可控的要求。正因为如此,近年来国家号召大力开展工控网络安防领域产品与技术研发,吹响了自主创新的号角。国家能源集团、国电投集团、大唐集团、华能集团、华电集团等各大发电企业和电网企业纷纷在国产化方面发力,重点培育自主可控的前沿技术,且已在可编程逻辑控制器(PLC)、实时操作系统(RTOS)、分散控制系统(DCS)、网络隔离装置、纵向加密装置等工控关键技术领域实现了相关产品/技术的部分或全面的国产化替代。相信随着我国新能源电力行业自主创新与安全可控步伐的加快,自主可控水平的不断提升,风电场电力监控系统本体安全将得到进一步的保障。

►►► 6.2.3　全面推进风电企业集团级电力监控系统网络安全态势感知平台建设　►►　►

近年来,我国新能源装机比重稳步上升,新增装机量连续多年保持世界首位。为进一步推动能源产业高质量发展、加强产业融合,2020年国资委联合工信部、国家能源局等共同推动了"网络安全及智慧能源信息平台"的建设工作。作为新时期推进能源领域供给侧结构性改革方面的重要举措,全天候、全方位感知网络安全态势已被提升到了战略高度。

相关调查数据显示,截至目前,电网侧已在全国110 kV及以上厂站实现网络安全监测终端全覆盖,全国省级调度机构、4万座变电站和8千余座并网电厂接入态势感知终端。实现了电网企业网络安全防护从"静态布防,边界监视"向"实时管控,纵深防御"的转型升级。作为新能源革命的生力军,以龙源电力为代表的新能源发电企业也正在打造覆盖全国的"集团级网络安全状态数据采集、监测与分析平台"。该平台通过整合终端、网络设备、业务系统、企业内部网络流量、工业控制系统基础数据等,捕获异常状态,并充分利用先进信息技术,构建起集网络安全的态势感知分析、安全事件通报及应急处置管理等功能于一体的综合防护解决方案,从而实现对安全事件的全过程闭环管理,有效增强企业信息安全在预测、防护、检测、响应、协同方面的能力,全面提升网络安全感知能力和预判处置能力。

风电企业集团级网络安全状态数据采集、监测与分析平台架构示意图如图6.1所示。

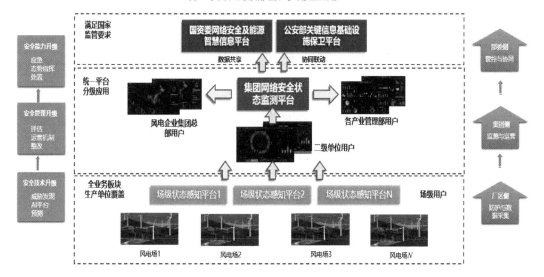

图 6.1　风电企业集团级网络安全状态数据采集、监测与分析平台架构示意图

参 考 文 献

[1] 李欲晓,邬贺铨,谢永江,等.论我国网络安全法律体系的完善[J].中国工程科学,
     2016,18(06):28-33.

[2] 陈雪鸿,李焕.国家标准《电力信息系统安全等级保护实施指南》导读[J].自动化博
     览,2019,36(S2):24-28.

[3] 陈雪鸿,杨帅锋,孙岩.工业控制系统安全等级保护测评研究[J].信息安全研究,
     2020,6(03):272-278.

[4] 陈雪鸿,叶世超,石聪聪.浅谈工业控制系统信息安全等级保护定级工作[J].自动
     化博览,2015(05):66-70.

[5] 张旭刚,谢宗晓.网络安全等级保护及其相关标准介绍[J].中国质量与标准导报,
     2019(09):12-15.

[6] 郑秀佳.安全防护技术在电力监控系统的应用研究[D].广州:广东工业大
     学,2019.

[7] 姚元军.国家治理现代化视域下的网络信息安全探究[J].中共太原市委党校学报,
     2017(03):41-44.

[8] 朱世顺,郭其秀,程章滨.电力生产控制系统信息安全等级保护研究[J].电力信息
     化,2012,10(01):72-75.

[9] 张红瑞.新形势下的网络文化安全策略研究[J].无线互联科技,2013(09):6-7.

[10] 何占博,王颖,刘军.我国网络安全等级保护现状与2.0标准体系研究[J].信息技
      术与网络安全,2019,38(03):9-14+19.

[11] 魏军,公伟,肖扬文,等.信息安全监管工作评价指标设计浅谈[J].信息安全与通
      信保密,2017(10):35-41.

[12] 李琪.配网信息安全风险评价及控制研究[D].北京:华北电力大学,2015.

[13] 贺二博.基于风险权值的信息系统安全等级评测模型的研究[D].郑州:郑州大
      学,2012.

[14] 谷神星网络科技有限公司.工业控制网络安全系列之四 典型的工业控制系统网络
      安全事件[J].微型机与应用,2015,34(05):1+5.

[15] 全国信息安全标准化技术委员会(SACTC 260).信息安全技术 网络安全等级保
      护基本要求:GB/T 22239—2019[S].北京:中国标准出版社,2019.

[16] 全国信息安全标准化技术委员会(SACTC 260).信息安全技术 网络安全等级保
      护测评要求:GB/T 28448—2019[S].北京:中国标准出版社,2019.

[17] 全国信息安全标准化技术委员会(SACTC 260).信息安全技术 网络安全等级保
      护安全设计技术要求:GB/T 25070—2019[S].北京:中国标准出版社,2019.

［18］ 全国信息安全标准化技术委员会(SACTC 260).信息安全技术 网络安全等级保护定级指南:GB/T 22240—2020［S］.北京:中国标准出版社,2020.

［19］ 中华人民共和国公安部.计算机信息系统 安全保护等级划分准则:GB 17859—1999［S］.北京:中国标准出版社,2001.

［20］ 全国信息安全标准化技术委员会(SACTC 260).信息安全技术 网络安全等级保护测评过程指南:GB/T 28449—2018［S］.北京:中国标准出版社,2019.

［21］ 全国信息安全标准化技术委员会(SACTC 260).信息安全技术 网络安全等级保护实施指南:GB/T 25058—2019［S］.北京:中国标准出版社,2020.

［22］ 国家电力监管委员会.电力信息系统安全检查规范:GB/T 36047—2018［S］.北京:中国标准出版社,2018.

［23］ 国家能源局.电力行业信息化标准体系:DL/Z 398—2010［S］.北京:中国电力出版社,2010.

［24］ 国家能源局.电力信息安全水平评价指标:GB/T 32351—2015［S］.北京:中国标准出版社,2016.

［25］ 国家电力监管委员会.电力信息系统安全检查规范:GB/T 36047—2018［S］.北京:中国标准出版社,2018.

［26］ 中国电力企业联合会.电力监控系统网络安全防护导则:GB/T 36572—2018［S］.北京:中国标准出版社,2019.

［27］ 国家能源局.电力信息系统安全等级保护实施指南:GB/T 37138—2018［S］.北京:中国标准出版社,2019.

［28］ 中国电力企业联合会.电力监控系统网络安全评估指南:GB/T 38318—2019［S］.北京:中国标准出版社,2020.

［29］ 梁宁波.电力监控系统漏洞隐患排查及风险管理技术研究［J］.自动化博览,2019(z1):41 – 45.

［30］ 薛诚星.电力系统通讯协议及 IEC61850 体系的研究与应用［D］.厦门:厦门大学,2007.

［31］ 白宇涛.变电站综合自动化系统中的通信网络［J］.供用电,2006(05):39 – 41.

［32］ 颜河恒,王晓华,佟为明.Modbus 关键技术分析及节点开发［J］.自动化技术与应用,2006(05):49 – 51.

［33］ 王照,任雁铭,高峰,等.IEC 61850 客户端应用程序的实现［J］.电力系统自动化,2005(19):76 – 78.

［34］ 赵德益.电气自动化系统中的 PLC 编程技术运用［J］.建筑工程技术与设计,2017(18):3165 – 3165.

［35］ 李勇鑫.PLC 控制系统的组成及其在工厂中的应用［J］.科技与生活,2011(24):152 – 153.

［36］ 任健.浅谈 PLC 在电气控制中的应用［J］.河北企业,2013(12):109 – 109.

［37］ 李波.当前电力调度自动化处缺流程的分析［J］.通讯世界,2014(19):99 – 99 +100.

［38］ 钱薇. 220kV 变电站自动化系统改造技术研究［D］. 北京:华北电力大学,2015.

［39］ 董元菊. 远程监控数据传输标准研究与应用现状概述［J］. 中国卫生监督杂志, 2018(06):554－558.

［40］ 潘悦. Modbus 协议研究及其实验系统的设计［D］. 哈尔滨:哈尔滨工业大学,2007.

［41］ 谢大为. 电网调度系统远动技术网络化的研究［J］. 现代电力,2003,(05):56－60.

［42］ 杜龙. 基于 TCP/IP 的 IEC60870－5－104 远动通信协议在直调厂站中的应用［J］. 电力系统保护与控制,2008(17):51－55.

［43］ 康建辉. RTU 通信软件的设计［D］. 保定:河北大学,2003.

［44］ 王晓东. 直驱永磁同步型风力发电机组的介绍及优缺点分析［J］. 内蒙古石油化工,2012(23):52－57.

［45］ 杨慧. 基于身份认证的风电场 SCADA 系统安全访问技术研究［D］. 北京:华北电力大学,2016.

［46］ 周强. 风电接入对电力系统的影响［J］. 城市建设理论研究(电子版),2015(21): 2917－2918.

［47］ 刘兴杰. 风电输出功率预测方法与系统［D］. 北京:华北电力大学,2011.

［48］ 郝志娟. 二次防护系统在发电厂的应用［J］. 电子世界,2014(14):69－69.

［49］ 李震领. 风电场生产实时监测系统的应用研究［J］. 风能,2013(01):58－63.

［50］ 陈志勇. 继电保护及故障信息系统运行实践研究［J］. 电工电气,2014(10): 52－55.

［51］ 于广琛. 风电优先调度下的广义预测控制策略［D］. 北京:华北电力大学,2015.

［52］ 刘威. 智能调度系统中的厂站电压协调控制研究［D］. 北京:华北电力大学,2014.

［53］ 李红伟,王耘翔,王成. 主机操作系统指纹探测技术分析［J］. 网络安全技术与应用,2020(12):17－19.

［54］ 陈铁铮. 电力监控系统网络安全防护现状及建议［J］. 通信电源技术,2020,37 (04):109－110.

［55］ 李小燕. 网络可信身份认证技术演变史及发展趋势研究［J］. 网络空间安全,2018, 9(11):6－11+18.

［56］ 张键红,肖晗,王继林. 高效的基于身份 RSA 多重数字签名［J］. 小型微型计算机系统,2018,39(09):1978－1981.

［57］ 郭抒然,凌芝. 新一代电力监控系统网络安全管理平台建设及告警分析［J］. 中国新通信,2018,20(17):149－150.

［58］ 朱建军,安攀峰,万明. 工控网络异常行为的 RST－SVM 入侵检测方法［J］. 电子测量与仪器学报,2018,32(07):8－14.

［59］ 宋宪荣,张猛. 网络可信身份认证技术问题研究［J］. 网络空间安全,2018,9(03): 69－77.

［60］ 王蕊. 网络系统安全分析与检验检测［J］. 网络安全技术与应用,2017(07):11－13.

［61］ 董士猛,公茂彬. 基于 IPSec 的 VPN 网络设计研究［J］. 通信管理与技术,2017

(01):60 - 63.

[62] 吴玉宁,王欢,苏伟,等.OpenStack 身份认证安全性分析与改进[J].长春理工大学学报(自然科学版),2015,38(05):112 - 115 + 119.

[63] 魏艳娜,刘雪丽.基于 RSA 的数字签名体制研究[J].北华航天工业学院学报,2014,24(05):20 - 22.

[64] 肖振久,胡驰,姜正涛,等.AES 与 RSA 算法优化及其混合加密体制[J].计算机应用研究,2014,31(04):1189 - 1194 + 1198.

[65] 董辉,于润桥,沈翀.SSL VPN 隧道技术研究与应用[J].微型机与应用,2012,31(24):54 - 57.

[66] 郭晓彪,曾志,顾力平.电子身份认证技术应用研究[J].信息网络安全,2011(03):21 - 22 + 25.

[67] 周广辉.USBKey 用户认证平台的研究和实现[J].信息安全与通信保密,2009(09):113 - 118.

[68] 徐忻.利用开源软件实现基于 SSL VPN 的图书馆远程访问[J].现代情报,2009,29(04):160 - 163.

[69] 袁晓铭,林安.几种主流快照技术的分析比较[J].微处理机,2008(01):127 - 130.

[70] 黄家林,姚景周,周婷.网络扫描原理的研究[J].计算机技术与发展,2007(06):147 - 150.

[71] 曹水仁,龙华,刘云,等.基于椭圆曲线和 RSA 的数字签名的性能分析[J].现代电子技术,2006(17):29 - 31.

[72] 俞芯,王以刚.基于计数器同步的动态身份认证系统设计与实现[J].网络安全技术与应用,2006(07):41 - 43.

[73] 周敬利,曾海鹏.SSL VPN 服务器关键技术研究[J].计算机工程与科学,2005(06):7 - 9.

[74] 王树鹏,云晓春,余翔湛,等.容灾的理论与关键技术分析[J].计算机工程与应用,2004(28):54 - 58.

[75] 王轶骏,薛质,李建华.基于 TCP/IP 协议栈指纹辨识的远程操作系统探测[J].计算机工程,2004(18):7 - 9.

[76] 徐家臻,陈莘萌.基于 IPSec 与基于 SSL 的 VPN 的比较与分析[J].计算机工程与设计,2004(04):586 - 588.

[77] 蒋卫华,李伟华,杜君.缓冲区溢出攻击:原理,防御及检测[J].计算机工程,2003(10):5 - 7.

[78] 谢长生,韩德志,李怀阳,等.容灾备份的等级和技术[J].中国计算机用户,2003(18):30.

[79] 蒋卫华,李伟华,杜君.IP 欺骗攻击技术原理、方法、工具及对策[J].西北工业大学学报,2002(04):544 - 548.

[80] 蒋建春,马恒太,任党恩,等.网络安全入侵检测:研究综述[J].软件学报,2000(11):1460 - 1466.

[81] 王煜林. 网络安全技术与实践[M]. 北京:清华大学出版社,2013.

[82] 户根勤. 网络是怎么样连接的[M]. 北京:人民邮电出版社,2020.

[83] 国家电力调度控制中心. 电力监控系统网络安全防护培训教材[M]. 北京:中国电力出版社,2019.

[84] 国家电力调度控制中心. 厂站电力监控系统网络安全监测装置部署操作指南[M]. 北京:中国电力出版社, 2020.

[85] 国网浙江省电力有限公司. 电力监控系统安全防护设备培训教材[M]. 北京:中国电力出版社,2021.

[86] 罗普. 浅析风电场的智能化发展历程[J]. 智能建筑与工程机械,2019(3):69 – 72.

[87] 杨辉虎. 网络安全技术在风电场运营中的应用[J]. 网络安全技术与应用,2016(9):107 – 108.

[88] 张晓东. 探析网络安全管理防火墙存在的问题及改善策略[J]. 网络安全技术与应用,2019(11):10 – 11.

[89] 还约辉. 等级保护 2. 0 下的工控系统安全思考[J]. 自动化博览,2019(z1):86 – 91.

[90] 侯丽娟. 网络交换机安全加固措施的实现[J]. 科技传播,2017,9(24):117 – 118.

[91] 魏文. 一种基于工业互联网平台的安全防护体系设计[J]. 网络空间安全,2020(7):1 – 8.

[92] 李光灿. 浅谈计算机网络的安全防护技术[J]. 网络安全技术与应用,2020(8):5 – 7.

[93] 张树晓. 风电企业集控中心网络安全防护体系建设及管理探讨[J]. 网络安全技术与应用,2019(11):128 – 131.

[94] 严益鑫. 工业控制系统 IDS 技术研究综述[J]. 网络空间安全,2019(2):62 – 69.

[95] 余勇. 电力系统信息安全防护关键技术的研究[J]. 信息技术与标准化,2004(8):17 – 20.

[96] 段垚. 谈 LINUX 服务器的安全加固[J]. 数码世界,2019(5):262 – 263.

[97] 丁伟. 风电场电力监控系统网络安全威胁防控体系[J]. 电信科学,2020,36(05):138 – 144.

[98] 陈征宇. 并网风电场全景监控系统建设思路浅析[J]. 机电信息,2020(9):16 – 17,20.

[99] 何文砚. ORACLE 数据库安全研究[J]. 信息通信,2014(6):125 – 126.

[100] 朱颖琪. 利用 SHELL 脚本实现 对 ORACLE 数据库的备份管理[J]. 中国科技纵横,2017(20):16 – 17.

[101] 梁岩. 基于等级保护 2. 0 下的电力企业网络安全体系建设[J]. 网络安全技术与应用,2020(07):119 – 120.

[102] 黄敏,郭念文,冯敬磊. 基于"白名单"技术的电力监控系统安全解决方案[J]. 信息技术与标准化,2019(09):42 – 45.

[103] 王玉敏. 工业自动化和控制系统安全产品开发全生命周期要求的介绍[J]. 中国

仪器仪表,2020(7):8.

[104] 霍华德.软件安全开发生命周期[J].计算机安全,2008(2):1.

[105] DISTERER, GEORG. ISO/IEC 27000, 27001 and 27002 for information security management[J]. Journal of information security, 2013,04(2):92-100.

[106] MICHAEL H, STEVE L. 软件安全开发生命周期[M]. 北京:电子工业出版社,2008.

[107] 岳浩.电力监控系统安全防护管理与技术研究[J].科技创新与应用,2019(31):155-156.

[108] cisp 注册信息安全专业人员[J].中国信息安全,2011(02):69.

[109] 国家能源局印发《关于加强电力行业网络安全工作的指导意见》[J].能源研究与利用,2018(06):7.

[110] 李宇峰,臧磊.浅谈电力监控系统二次安全防护的解决方案[J].水电自动化与大坝监测,2013,37(05):32-36.

[111] 王颉,万振华,王厚奎.从软件安全开发生命周期实践的角度保障软件供应链安全[J].网络空间安全,2020,10(6):1-6.

[112] 杨义先,钮心忻.网络安全理论与技术[M].北京:人民邮电出版社,2003.

[113] CALDER A, WATKINS S G. Information security risk management for ISO27001/ISO27002[M]. It Governance Ltd, 2010.

[114] 吕晓强,张磊,汤志刚.信息系统开发全生命周期安全管理研究与实践[J].金融电子化,2016(08):75-76.

[115] 陈正.电力监控系统网络安全防护体系建设[J].电工技术,2019(03):106-107.

[116] 陆燕锋.电力监控与系统安全防护分析[J].集成电路应用,2019,36(01):59-60.

[117] 杨延栋,刘威麟,於湘涛.关于电力监控系统安全防护问题的思考[J].通信电源技术,2018,35(02):267-268.

[118] 景乾元.信息安全等级保护管理办法[J].电力信息化,2007,5(9):5.